2024

中国宠物医疗行业研究报告

东西部兽医平台　编

金盾出版社
JINDUN PUBLISHING HOUSE

图书在版编目（CIP）数据

2024 中国宠物医疗行业研究报告 / 东西部兽医平台编 . -- 北京：金盾出版社，2025. 1. -- ISBN 978-7-5186-1843-9

Ⅰ . S858.93

中国国家版本馆 CIP 数据核字第 2024YM7835 号

2024 中国宠物医疗行业研究报告
2024 ZHONGGUO CHONGWU YILIAO HANGYE YANJIU BAOGAO
东西部兽医平台 编

出版发行：金盾出版社

地　　址：北京市丰台区晓月中路 29 号

邮政编码：100165

电　　话：（010）68276683　68214039

印　　次：2025 年 1 月第 1 次

印刷装订：北京印刷集团有限责任公司

开　　本：710mm×1000mm　1/16

印　　张：24.5

字　　数：437 千字

版　　次：2025 年 1 月第 1 版

经　　销：新华书店

定　　价：489.00 元

宠物保健品行业发展报告

本报告由华驰千盛联合美国动物保健品协会共同发布

国际宠物医疗行业概况

国际宠物医疗部分相关内容所涉及的信息、数据和分析
均由硕腾公司提供

香港特别行政区宠物医疗行业概况

香港特别行政区宠物医疗行业概况由东西部兽医联合
福莱事诊断有限公司（香港）共同发布

《2024 中国宠物医疗行业研究报告》编委会

专 家 顾 问	才学鹏　辛盛鹏
主　　　编	赖晓云
副 主 编	刘业兵　刘秀丽　黄逢春　马 迁　张亚娟
编　　　委	陈向前　魏仁生　朱孟玲　张振亚　吴悦婷　牟 立　卢 晓　张雄方竹
	李晶晶　姜子楠　冯亚楠　狄 慧　刘 祥　赵 峻　袁 强　陈梦琴
报 告 调 研	赵星星　许婷婷　袁 强　陈 杰　延 杉
版 面 设 计	吴云飞
出 品 方	东西部兽医平台
联 合 出 品 方	国家兽药产业技术创新联盟
	中国兽药协会
	中国兽医协会
	爱宠 iCHONG
	华驰千盛
特 别 鸣 谢	硕腾（上海）企业管理有限公司
	美国动物保健品协会
	福莱事诊断有限公司（香港）
	青岛东方动物卫生法学研究咨询中心
	参与调研的各省及地市宠物诊疗相关协（学）会、宠物诊疗机构及宠物医药等相关企业

寄语

随着生活水平的提高，养宠人数不断增加，宠物经济持续升温。2023 年我国城镇犬猫饲养数量就超过了 1.2 亿只，促进了整个中国宠物医疗行业的蓬勃发展，宠物用药市场大幅扩容，成为重点关注的板块。我国的宠物用药产业起步晚，在短时间内难以改变宠物用药紧缺和依赖进口的现状。而人均可支配收入的提升、宠物数量的快速增长、宠主消费意愿的增强，将进一步推动宠物用药市场的繁荣。因此，今后将有众多动物保健企业积极布局进入这一领域，宠物用药板块增长空间巨大。

2024 年，宠物医药产业虽然规模增长，但受整体经济形势的影响，其发展也面临着严峻挑战。每一个企业必须坚定信心，准确定位，从容应对，创新发展，勇闯难关。

为满足宠物用药市场需求，农业农村部兽药评审中心将宠物用药纳入优先评审的范畴，积极加快推进宠物用药的注册工作。同时，鼓励相关单位采取"洋为中用、古为今用、人药兽用、老药新用"的研发路径，不断创制新产品。农业农村部《"十四五"全国畜牧兽医行业发展规划》提出，要加快中兽药产业发展，加快发展宠物专用药。国家政策的大力支持，将有利于推动宠物用药品的研发和上市，促进宠物用药品行业的高质量健康发展。

为梳理我国宠物用药品及其供需关系的现状和未来发展趋势，紧跟时代发展潮流，研发高质量的宠物用药品，助力宠物医疗产业高质量发展，国家兽药产业技术创新联盟、中国兽药协会、中国兽医协会、东西部兽医和爱宠 iCHONG 在对宠物用药品、保健品、器械及其企业相关情况进行调查、统计、研究基础上，发布了《2024 中国宠物医疗行业研究报告》，旨在洞察行业发展方向，预测分析市场规模，指导宠物产品创新，评估社会经济效益，希望能为行业投资决策和企业发展提供参考依据，为促进宠物医疗行业的健康发展尽微薄之力。

作为行业研究报告，我们秉承科学严谨的态度，通过专业精准的数据分析和符合市场规律的思辨逻辑去开展这项有意义的工作。大家始终坚持高效务实的工作理念，努力为行业提供有实际参考价值的数据及其分析结果，力求对兽医职业、企业发展和行业进步做出贡献！

中国兽药协会会长、国家兽药产业技术创新联盟理事长随着全球经济格局的不断演变和国内经济结构的持续优化，2024 年的中国经济正站在新的历史起点上，展现出复杂而多元的发展态势。在全球化加速推进与地缘政治风险交织的背景下，中国经济面临着前所未有的机遇与挑战。2024 年上半年，全球经济增长相对放缓，我国消费也呈现弱复苏态势，对经济增长的支撑作用边际走弱。受总体经济环境影响，中国宠物医疗行业虽保持稳健增长，但同样竞争加剧，增速放缓。

党的二十届三中全会通过了《中共中央关于进一步全面深化改革、推进中国式现代化的决定》，提出："高质量发展是全面建设社会主义现代化国家的首要任务。必须以新发展理念引领改革，立足新发展阶段，深化供给侧结构性改革，完善推动高质量发展激励约束机制，塑造发展新动能新优势。"

随着我国整体经济稳中向好以及人口结构、家庭观念、健康理念等社会变化，我国宠物家庭渗透率以及宠物医疗市场规模相比发达国家还有较大的提升空间。与此同时，宠物医院数量趋于饱和，行业竞争激烈，连锁医院、个体医院、教学医院、专科医院多种类型医院并存，不同类别医院管理水平差异大以及从事宠物医疗的博士、硕士和本科毕业生占比不高，执业兽医职业发展路径不明，优秀人才流失等问题也依然存在。宠物医疗服务能力和服务质量与人们对美好生活需求之间的矛盾将推动动物诊疗从高增速向高质量发展转变。

为多维度，全方位解读宠物医疗行业发展现状，为新时代下宠物医疗行业高质量、规范化发展提供基础数据，挖掘新方向，把握新机遇，中国兽医协会、国家兽药产业技术创新联盟、中国兽药协会、东西部兽医联合出版《2024 中国宠物医疗行业研究报告》，希望能够为行业内的企业单位制定战略布局和确定发展方向提供参考和借鉴，为宠物医疗从业者的职业规划带来启发。

同时，为推动宠物医疗高质量发展，助力宠物医疗行业在人员素质、医疗技术、标准化诊疗、服务质量、经营管理等方面持续提升，实现全面、协调、可持续的发展，中国兽医协会搭建了团体标准平台、继续教育平台，持续推进兽医专科体系建设和动物医院分级评价体系建设，各位读者也可在《2024 中国宠物医疗行业研究报告》中看到详细进展，期待大家共同参与。

"沉舟侧畔千帆过，病树前头万木春"。中国兽医协会将始终与各位兽医同仁携手并进，共赴未来！

中国兽医协会常务副会长兼秘书长

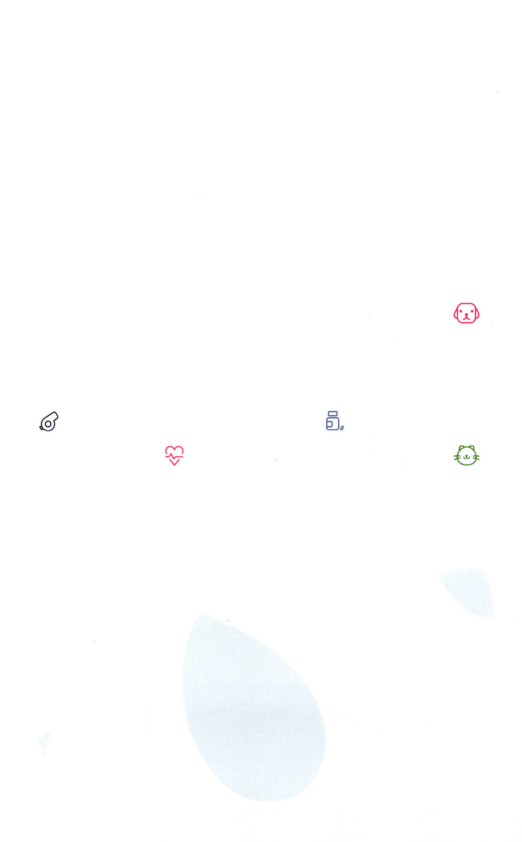

推荐语

在快速变迁的时代背景下，中国宠物医疗行业迎来了前所未有的艰难挑战与发展机遇。"言有物，行有恒"，《2024 中国宠物医疗行业研究报告》承载着丰富的内涵如约而至，带领大家回顾这"稳中求进、以进促稳、先立后破"的一年，为宠物医疗行业的"新质生产力"作出解读。

中国兽医协会作为行业的引领者与守护者，始终站在兽医的角度，为宠物健康保驾护航。2024 年，统筹协调推动兽医专科体系建设，健全组织架构，细分发展目标，完善发展模式，为临床宠物医生和动物医院赋能；同时，我们致力于动物医院分级评价体系的完善，确保服务质量与宠物福祉同步提升。在国际舞台上，协会积极搭建交流平台，推动国际合作与互鉴，让中国兽医融入世界。

展望未来，我们坚信，在全体兽医同仁的共同努力下，中国宠物医疗行业将迈向更加辉煌的未来，为构建人类与动物和谐共生的美好世界贡献力量。

——中国兽医协会常务副秘书长　刘秀丽

《2024 中国宠物医疗行业研究报告》运用信息技术 + 传统调研模式，深入宠物医疗行业全产业链开展深度调研，以翔实、崭新的案例及数据，展现了真实的中国宠物医疗行业现状。通过对宠物医药市场规模、新兽药证书、临床紧缺的药品、宠物用药品发展方向等内容的深度分析，科学预测了宠物医药行业未来的发展方向，是已经步入或即将步入宠物专用药品领域企业重要的参考文献。

——中国兽药协会副秘书长　黄逢春

《2024 中国宠物医疗行业研究报告》就要面市了，作为中国宠物医疗行业数据的"深耕者"，全面地向公众展示了宠物医疗行业的发展概貌，用数据透视宠物医疗行业的格局、动态和趋势，详细地解析了宠物医院运营的方方面面，系统地介绍了宠物医疗行业向外延伸的相关产业，为从业者提供了极有价值的参考，成为同行经常翻阅和引用的手册。

随着我国经济社会的发展，养宠家庭数量不断增加，宠物医疗行业蓬勃兴起，宠物医疗已成为一个"刚需"市场的核心，催生出诸多产业，从医疗设备、医疗器械到宠物专用疫苗和药品，从宠物需要的日粮到宠物专用保健品及多种宠物用具，涉及宠物与人类生活的方方面面。这是一个新兴的产业集群，同时面临着巨大的商机和竞争性挑战。我们需要对这个行业及关联产业有一个全面深入的了解，需要基于对行业多维度的大数据分析与客观评判，从而更加深入理解中国宠物医疗行业的发展现状与趋势。

这本《2024 中国宠物医疗行业研究报告》会给大家一些帮助。

——中国农业大学教授、中国兽医协会监事长　汪明

大数据和云计算已成为行业、企业和客户的重要信息来源、分析手段和参考依据。宠物医疗作为蓬勃发展的宠物行业的核心，催生和引领整个产业链，激发了宠物保健品、宠物用药品、兽医器械、宠物诊疗服务等产业的快速健康发展，并已然深入宠物与人生活的方方面面。《2024 中国宠物医疗行业研究报告》聚焦宠物医疗行业的发展概况和共性问题，结合当下宠物医疗存在的挑战和机遇，对中国宠物医疗行业的大数据进行了全面、深度且客观的分析和研究，对行业前景进行了全域性、多维度、多层次预测，向广大读者描绘了完整的宠物医疗行业蓝图。希望研究报告的数据、观点和预测能够助力广大同仁进一步明确产业发展方向、优化产业结构，促进行业健康快速发展。

——华中农业大学教授、博士生导师　邓干臻

近年来，宠物行业的政策环境持续规范化，移动互联网技术推动了行业商业模式和服务模式的创新，激发了巨大的市场潜力，备受资本青睐。"萌宠经济"的崛起，反映了新一代养宠人从传统养宠逐步向精细化、科学化养宠理念的转型。随着宠物主养宠健康意识的提升和宠物养护知识的普及，宠物医疗服务也日益呈现多元化发展的趋势。

豫园股份旗下的爱宠 iCHONG 联合出品的《2024 中国宠物医疗行业研究报告》，以更全面翔实的数据、深入的行业洞察和前瞻性的分析，为行业从业者、投资者及相关政策制定者提供了重要参考。这本书不仅能助力我们进一步提升专

业能力，迎接市场的多变挑战，更将为行业的可持续发展和规模化增长带来新的机遇。

——豫园股份副总裁、豫园美丽健康集团董事长　陈晓燕

宠物医疗行业是打开宠物产业空间的关键节点之一，面临着很多挑战。养宠消费者的宠物医药知识掌握程度还没有达到与自身常备药知识储备相匹配的水平，因此市场的需求未被充分开发。未来几年，宠物产业规模将持续平稳增长，互联网医疗的加入将使宠物诊疗呈现线上、线下相结合的方式。同时，专科化是宠物医疗行业发展的必然趋势，兽医继续教育将更加有秩序、有规划地推动行业发展。《2024 中国宠物医疗行业研究报告》能够向大众解析宠物医疗行业面临的问题，并提出对未来的预测，对各相关人群都有参考价值。

——南京农业大学教授、博士生导师　张海彬

时间过得真快，又到了《中国宠物医疗行业研究报告》发布的日子。今年是爱宠 iCHONG 和东西部兽医一起，连续共同出品《中国宠物医疗行业研究报告》的第 5 年了。2025 年，是爱宠 iCHONG 成立的第十年，十年来，在宠物医疗服务领域，爱宠 iCHONG 始终走在行业前列，我们持续努力用自己的一点微薄之力，为报告提供坚实的数据支撑，为行业输出自己的一点价值。十周岁的爱宠 iCHONG 和五周岁的《中国宠物医疗行业研究报告》，共同见证着中国宠物医疗行业的成长。这份承载着行业最真实数据的研究报告，我相信，它不仅可以揭示宠物医疗行业的发展趋势和市场需求，也一定可以为宠物医疗行业的发展提供清晰的方向和深刻的洞察。

——爱宠 iCHONG 董事长兼 CEO　马迁

华驰千盛亲历了宠物行业由小到大的过程，我们深知宠物面临哪些健康风险，也同样了解宠物医生所面对的挑战，知道宠物主人在养宠过程中的无助，我们希望通过我们的产品和商业模式的不断创新来帮助他们，为行业发展贡献力量，守护宠物健康、让宠主更轻松的享受养宠生活。

华驰千盛自成立以来，始终致力于宠物保健品领域的深耕细作，我们坚信，通过科技与自然力量的融合，能够为宠物健康带来前所未有的提升。此次联合东

西部兽医共同编撰行业研究报告，是我们践行这一理念的重要一步，我们希望通过对宠物保健品行业端和宠主端展开深入充分的调研，取得翔实的数据并进行分析以及前瞻的预测，为行业内外人士提供一份权威、全面的行业指南。

——华驰千盛品牌创始人、CEO　张谦

由东西部兽医平台联合多方共同编写的《中国宠物医疗行业研究报告》自面世以来，以权威的数据和翔实的案例，深度剖析行业现状，多维度探索未来发展前景，已成为把握行业脉搏的风向标。在行业面临深刻转型和多元挑战的大背景下，《2024 中国宠物医疗行业研究报告》的发布，也将进一步以数据赋能价值，帮助从业者积极寻找破局之道，构建行业互惠互信新生态。作为最早一批进入中国市场宠物食品企业之一，皇家宠物食品（中国）在过去三十年间始终坚持以全球视野助力中国宠物诊疗行业高质量、可持续发展。未来，皇家将继续携手东西部兽医，以知识赋能专业人才，推动兽医师继续教育，不断引入全球领先的精准营养解决方案，促进海内外学术资源共享与人才交流，为帮助宠物创造一个更加美好的世界而不懈努力。

——皇家宠物食品中国区总经理　徐娟

中国宠物医疗行业在经历了十年的飞速增长和扩张时期后，进入了新的阶段。行业的发展从规模与投资驱动向服务和精细化管理驱动转变，这也是一个推动宠物医疗行业向高质量、可持续发展转化的阶段。在此期间，中国宠物医疗行业面临兽医短缺、成本上升，监管压力和消费者价格敏感度等挑战，但在高级医疗服务、技术创新和中产阶级崛起等领域存在显著机遇。能够应对这些挑战并抓住市场机会的宠物医院将拥有更好的发展前景。硕腾携手《中国宠物医疗行业研究报告》团队在 2024 年更新了国际宠物市场的数据分析，增加了国际宠物医疗市场的分析维度，扩大了分析的范围，希望能为宠物医院及行业从业者提供最新的国际宠物医疗行业的参考信息，帮助他们了解中国宠物医疗行业与国际水平的差距和异同，也可以通过与先进市场的对比发现中国宠物医疗行业在未来的发展潜力和方向。我始终相信，中国宠物医疗行业在经历了这个大浪淘沙的阶段后，会迎来更精彩的发展篇章！

——硕腾全球副总裁、硕腾中国宠物业务总经理　李毅美国拥有全球最大的宠物保健品市场，产品种类繁多并仍在不断创新，能为宠物提供全面细致的呵护，满足宠物主人情感的需求。在其发展的历史进程中，如产品品质，行业格局和监管体系等也都在不断地发展。美国动物保健品理事会在过去二十多年里，一直致力于推动美国宠物保健品产品质量的提升和行业的健康发展。本次美国动物保健品协会联合东西部兽医平台推出了美国宠物保健品发展报告，希望中国的动物保健品从业者能更直观地了解全球最大的动物保健品发展现状和前景，我们介绍了相关的产业政策和准入原则，以期增加合作新机遇，并期待和中国同行互相交流学习，共同进步。

——美国动物保健品协会中国部主任　王宏

迈瑞动物医疗始终坚定看好宠物医疗行业的长远发展，并将与中国动物医疗专业人士携手共进，风雨同舟，给坚持以支持，共同迎接未来的挑战与机遇。

自公司成立以来，我们的研发团队始终深入临床一线，广泛吸收国际领先的动物诊疗经验。这些宝贵的实践智慧，使我们不断推出备受好评的超声、麻醉、监护及检验等动物专用设备，成为兽医师的得力助手。不仅如此，我们还致力于打造全球交流与合作的平台。2024 年初，我们再次成功举办了迈瑞动物医疗全球合作伙伴大会，汇聚了来自全球的 500 多位合作伙伴及 140 余位行业专家。其中在 2024 瑞兽医谷学术高峰论坛上，我们共同分享经验，探讨前沿趋势，助力动物医疗行业的发展。展望未来，我们将继续推动国际化的合作与交流，致力于将全球先进经验带给中国的动物医生，同时将中国优秀的动物医疗实践推广至全球。

我们也对本次宠物行业研究报告的发布深表感谢。这份研究报告不仅为我们提供了市场趋势、竞争态势与消费者需求的深刻洞察，更为我们的业务发展提供了宝贵的参考与启示。我们期待与行业同仁携手，共同开创行业新篇章。

——深圳迈瑞动物医疗科技股份有限公司总经理　陈星

2024 年福莱事诊断持续与东西部兽医合作，更新香港特别行政区宠物医疗行业概况。我们也将持续的与东西部携手，为内地与香港宠物医疗行业奋斗的协会、医院、高校研究机构、企业、金融服务和投行等从业者提供更为便捷和有效的交流窗口，服务协会、服务兽医。福莱事诊断十分珍视能为行业服务的机会，感谢在这个时代下，有赖晓云博士和东西部的同事们这样不惧烦琐，慷慨而杰出的实干人。这本书是百科，是教材，是我们行业人跟上信息时代的法宝。

——福莱事诊断有限公司（香港）联合创始人、CEO　卢晓

对于动保行业来说，2024 年无疑又是充满挑战的一年。大家期待行业在 2023 年后能从新冠的影响中恢复，但这似乎并没有发生。宠物医院竭尽全力为宠主提供更好的服务，而宠主就诊的频率却在降低，价格战和无休止的促销活动也损害了诊所的利润，诊所运营充满挑战。在这样的情况下，保持诊所医疗的专业定位和服务，维护宠医的专业形象显得尤为重要。

对于维克来说，这也是我们的承诺，我们将秉承创始人的传统和坚持，提供高效、安全的产品，同时分享最佳医疗实践案例和指南，不断为行业的发展做出贡献。

我期待《2024 中国宠物医疗行业研究报告》的发布，它不仅对中国的动保行业发展具有参考意义，而且对全球更好了解中国市场有极高价值，从而促进行业更快更好的可持续性发展。

——法国维克中国区总经理　周国风

很高兴能够见证《2024 中国宠物医疗行业研究报告》的出版，感谢编写方持续为行业做出的贡献，同时也很欣喜地看到这本书把其他领域先进的技术和创新理念带到了宠物行业。它山之石，可以攻玉，希望编写《2024 中国宠物医疗行业研究报告》的团队成员能够坚守初心，探索新的模式，为宠物行业赋能。

——礼蓝（四川）动物保健有限公司大中华区总经理　陆智斌

《中国宠物医疗行业研究报告》是我们每年必看的一本书，这对宠物诊疗机构的经营者，服务于医院的厂商、品牌方，以及所有关注宠物医疗板块的投资方来说都是一份极具参考价值的资料。不论是行业的现状、宠物诊疗标准化工作相关进展，还是医院经营的关键性指标分析，又或是宠物主人的消费偏好和趋势，皆能在本书中找到。这几年中国经济环境并不是很理想，对行业的诊疗机构还有我们品牌方都有或多或少的影响，那么行业的发展趋势、格局具体产生了怎样的变化？相信这本研究报告会给我们提供各方面的数据供我们参考分析，指导我们下一步的工作，所以我非常期待！

在此由衷感谢东西部兽医平台为记录并推进宠物医疗行业的发展一直以来的付出，也祝未来会更好！

——法国威隆大中华区总经理　林永伟

经过 30 余年的快速发展，中国宠物医疗行业已经日趋成熟，并进入全新的发展模式中。《2024 中国宠物医疗行业研究报告》用翔实而精准的数据，为大家呈现了中国宠物医疗行业的发展历程、现状及未来趋势，帮助大家在宏观层面更好地了解中国宠物医疗行业，为行业发展赋能，是中国宠物医疗行业从业者不可多得的参考书。

感谢《2024 中国宠物医疗行业研究报告》团队的辛勤付出，你们的努力将会助力宠物医疗行业未来持续健康发展！

——勃林格殷格翰伴侣动物事业部负责人　陈美恩

《2024 中国宠物医疗行业研究报告》以其丰富翔实的数据和深入透彻的分析，全面描绘了中国宠物医疗行业现状及其对未来发展的推测，是一本难得的全面了解和研究行业发展的参考工具书。

自博莱得利成立来，我们很值得骄傲的一件事情就是在 12 年前就与东西部兽医平台建立了紧密的合作关系，双方就赋能行业发展、助力青年兽医成长成才等方面做了大量卓有成效的工作，表彰和激励了全国 600 多名优秀青年兽医师，为推动宠物医疗行业的持续进步和发展做出了卓有成效的贡献。未来，博莱得利仍将与东西部兽医平台一起多元化赋能宠物医疗行业，为青年兽医提供更多展示个人才华的舞台，鼓励青年兽医勇于探索宠物医疗领域的前沿技术和创新实践，为宠物的健康保障和社会和谐发展贡献力量。

——泰州博莱得利生物科技有限公司董事长　王宏伟

近年来，随着宠物地位提升和科学养宠观念普及，人们对于宠物角色意识从"看家"向"陪伴"转变，宠物也逐渐成为新的情感寄托。

宠物主对宠物食品、用品、医疗以及服务等质量的严格把关，正驱动整个宠物行业不断以科学性进一步强化产品的研发与品质，提升品牌专业性，在增强宠主信任感的同时，促进产品结构的精细化与高端化转型。从业以来，我们深刻洞察到中国宠物行业作为后起之秀地非凡崛起，其市场规模迅速扩大，家庭渗透率持续攀升，2024年，中国宠物行业更是展现出勃勃生机与无限可能，预示着其未来具备着极高的成长潜力和广阔的发展空间。当前，面对快速变化的行业格局，如何精准预判未来趋势并据此制定前瞻性的发展战略，已成为我们各家公司共同面临的重大课题与挑战。《中国宠物医疗行业研究报告》，立足于宠物医疗行业从业者，通过详尽的行业数据报告，全面覆盖了宠物诊疗机构、宠物药品与保健品、宠物医疗设备与器械、行业政策及法律法规等的最新动向与技术革新，深刻剖析宠物医疗的消费行为。本书不仅是洞悉市场发展趋势的窗口，更能作为企业规划长远发展路径、追求良性成长的参考依据。

爱德士作为专注宠物临床诊断服务的生物科技公司，将坚定不移地与东西部兽医携手并进，积极联动其他行业力量，坚持健康、科技和可持续发展，共同推动中国宠物医疗行业繁荣发展。期待2024年研究报告的发布！

——爱德士中国区总经理　陆兵兵

随着移动互联网及AI技术的发展，当今世界已经全面进入数字化时代，宠物行业亦是如此。东西部兽医平台编著的《中国宠物医疗行业研究报告》就是行业数字化的体现，其中全面、客观、详细的数据对行业的发展具有很好的指导意义。书中对宠物诊疗机构调研的数据非常详尽、全面，从诊疗机构的规模、财务数据、服务内容、营销获客、专科特色及经营现状与展望等多个维度帮我们呈现中国诊疗机构的现状。同时也对宠主端的概况、画像、消费偏好、对各项检查项目的接受程度及消费行为分析做了全面的数据收集和分析。不管是B端还是C端，《中国宠物医疗行业研究报告》在力所能及的范围内，给我们做了全面的数据呈现。

我依然记得在今年的一些重要会议上引用《2023中国宠物医疗行业研究报告》中的一些数据，引起了听众的广泛关注和共鸣，让我们对宠物行业特别是宠物医疗行业有了更加客观和深入的了解。这个对我们上游品牌方及供应链方具有非常重要的指导意义，让我们能够及时准确地做好策略的调整，以便更好地适应市场的变化。

2024年是宠物行业发展非常艰难的一年，是每个从业人员深刻反思的一年，也是企业发展业务转型的一年，我们将充分利用书中给我们的数据和信息，结合客户及用户的痛点和需求做好调整。2024年是海正动保宠物业务变革的一年，围绕客户的需求，我们在医疗技术、运营管理、品牌建设、专项推广及价值链保护上做了一些工作，希望能为客户提供一定的帮助，也希望为行业发展做一点贡献。

独行快，众行远，感谢《中国宠物医疗行业研究报告》每年都为我们提供行业的数据和分析，让我们清晰地了解行业现状，在我们前进的道路上给予方向，让我们不再迷茫，让我们一起携手共渡难关，给坚持以支持，迎接行业发展美好的明天。

——浙江海正动物保健品有限公司宠物事业部总经理　王俊

2024 年已近尾声，虽然中国经济受到国际、国内多重因素的影响，但仍保持较强的韧性。宠物诊疗行业在保持增长的同时，也面临需求下降、竞争加剧情况，同时宠物主人对医院的专业性、合规性、服务能力等方面的要求不断提高。面对挑战，中国宠物诊疗行业仍然坚韧不拔，砥砺前行，响应国家发展新质生产力的要求，在技术、服务等方面坚持高质量发展，宠物医院数量、从业兽医人数和设备设施数量仍持续增长。宠物专用药物注册和新药开发进入快速发展阶段，宠物医药也开始了国际化进程，更多的优秀制药公司加入行业发展共同推动宠物医药行业规范、健康、高质量发展。

《2024 中国宠物医疗行业研究报告》在兽药行业概况、宠物医疗需求、宠物诊疗机构调研和国家政策法规等方面，通过深入分析市场大数据和政府机构资料，为我国宠物诊疗及相关行业提供了最新、最有价值的专业信息，为了解中国宠物诊疗行业真实发展状况起到了巨大作用。特别感谢国家兽药产业技术创新联盟、中国兽医协会、中国兽药协会、东西部兽医等机构对此项目在人力、物力上的公益投入，希望这份研究报告能对中国正在快速发展的宠物医疗及相关行业的科学研究、企业决策起到借鉴和指导作用。

——上海汉维生物医药科技有限公司董事长　韩志宏

随着中国宠物经济的蓬勃发展，宠物医疗行业已成为不可忽视的增长极。《2024 中国宠物医疗行业研究报告》深入探讨当前宠物医疗行业的多维面貌，为行业内及社会各界提供宝贵参考。

近年来，中国宠物医疗行业市场规模持续扩大，年复合增长率显著，彰显出强劲的发展势头。技术创新成为推动宠物医疗行业发展的关键力量。从智能诊断设备到院内核酸检测服务，新技术的应用不仅提高了诊疗效率，还提升了宠物主人的满意度。宠物主人的健康意识和消费能力不断提升，对高品质、个性化医疗服务的需求日益增长，推动宠物医疗行业向精细化、专业化方向发展。今年开始政府出台了一系列针对可饲养宠物的新政策法规，除了规范宠物医疗行业的发展，也减少了对特殊宠物的饲养限制，透过这些改革和政策的开放不仅保障了宠物及其主人的权益，并为行业健康发展提供了有力支撑。

当前的宠物医疗行业面临人才缺口问题、技术更新迭代快等挑战，但宠物数量的增加、健康意识的提升及新技术的不断涌现，为行业带来了广阔的发展空间。因此，宠物医疗行业需注重永续发展、技术创新与人才培养，以可持续发展理念引领行业前行。《2024 中国宠物医疗行业研究报告》是一本完整且系统性地呈现中国宠物医疗行业发展趋势，分析宠物医疗行业现状与展望未来的报告。百卫身为中国宠物医疗行业的一员，我们同舟共济，与宠物医师们携手向前，而这本《2024 中国宠物医疗行业研究报告》将会是我们在行业及公司发展上最好的引领者。

——百卫动物临床检验实验室董事长　赖建宏

回顾过去一年，随着宠物在家庭中扮演的角色愈加重要，宠物主们对医疗服务的需求与日俱增，中国宠物医疗行业在这一背景下继续保持着强劲的增长势头。

《2024 中国宠物医疗行业研究报告》作为行业的权威指南，通过深入的行业洞察与全面的数据分析，展示了行业的最新发展动态。报告不仅从市场规模、政策环境等多个维度剖析了行业全貌，还针对未来的市场机遇和挑战，提供了专业的分析。它为业内人士提供了系统性的指引和启示，帮助从业者更清晰地看清行业的机会与挑战。

天然百利作为 ADVANCE 爱旺斯在中国的代理商致力于和万千爱宠者一起，为爱宠更健康，更有活力，更长寿的生活而努力。未来，我们将继续坚持为宠物主提供优质的产品和服务，共同推动宠物医疗行业的进步与发展。

——天然百利中国有限公司 CEO　李震

随着宠物在人们生活中扮演的角色日益重要，宠物医疗需求呈现出前所未有的增长。从预防性护理到个性化治疗方案，宠物医疗正在逐步从传统治疗模式向综合健康管理转型，涉及营养、预防、诊断和治疗等多个层面。

《2024 中国宠物医疗行业研究报告》以全面的行业数据、深度的趋势分析，以及前沿的技术洞察，针对中国市场的独特需求进行了深入剖析，为宠物行业从业者、决策者提供了清晰的方向和实用的战略指引。它不仅帮助行业专业人士深入了解宠物健康护理的最新进展，还为整个行业的持续发展提供了宝贵的参考。

ADM 宠物营养深信优质的营养是宠物健康的基础，而科学的医疗保健是保障宠物全生命周期健康的关键。报告的发布将有效推动宠物医疗与营养相结合，促进从营养预防到医疗干预的全面提升。ADM 宠物营养将继续通过创新的营养方案与全球领先的技术力量，与行业伙伴携手，共同推动宠物健康管理的升级，为宠物主人和爱宠提供更全面的健康保障。

——ADM 宠物营养中国总经理　陈宏锋

作为行业发展中信息和数据的重要来源，《2024 中国宠物医疗行业研究报告》一如既往为所有从业者带来了直观的研究报告，通过分析国内外的数据及情况，深度透视当下宠物行业的发展及趋势，帮助行业内临床医生明确自己的发展方向，同时也更好的帮助如瑞普生物一样，愿为宠物带来福利、为行业带来更多优质能量的企业，做出明确的未来规划。由衷感谢东西部兽医平台为行业发展做出的努力及付出。同时瑞普生物也希望紧贴行业发展，利用研产的优势，不断输出助力于行业的优质资源！非常期待《中国宠物医疗行业研究报告》一直伴随着行业发展，给行业带来新的契机。

——瑞普生物宠物 CBU 负责人　张成

在宠物行业既面临诸多挑战又蕴含无限机遇的当下，我们非常荣幸地迎来了这份极具价值的《2024 中国宠物医疗行业研究报告》。在此，我谨代表诗华公司，向东西部兽医平台致以最诚挚的敬意！

报告以其专业的视角、全面深入的调研和科学严谨的分析，为我们呈现了一幅全面而清晰的宠物医疗行业发展画卷。将成为我们把握行业动态、洞察市场趋势的重要指南，为整个宠物行业的持续进步做出了卓越贡献。

诗华旗下的费利威作为猫行为学的全球领导品牌，我们深知宠物的情绪健康对于每一只宠物、每一个养宠家庭的幸福有多重要，因此诗华公司不断努力创新，为宠物医生和宠物提供最优质的抗应激产品和服务。为宠物医院和猫咪们提供更有效的抗应激解决方案。

我强烈推荐这份报告给各位同行。它不仅能帮助我们更好地了解行业现状和未来发展方向，也为我们提供了交流与合作的平台。让我们共同携手，为宠物行业的繁荣发展贡献自己的力量，为可爱的宠物们创造更加美好的生活。

——法国诗华中国区执行副总裁　李万猛

伴侣动物是家人一样的宝贵存在，作为一名猫主人，我深知宠物的健康牵动着万千宠主的喜怒哀乐。

作为宠物医疗行业的一员，默沙东动物保健承担着推动动物健康、保障动物福利的重要责任与使命。我们一直并持续与宠物医生、行业协会及社会各界合作，共同推动动物健康事业的发展。我们相信，通过秉承科学让动物更健康的理念，和持续提供创新的产品和服务，我们一定能够为持续的改善动物健康出力，以造福中国社会。我对于即将出版的《2024 中国宠物医疗行业研究报告》充满期待，报告以更丰富的内容，更翔实的数据，全面地展现了行业现状及发展趋势，为从业者们提供了非常有价值的参考。未来默沙东动物保健会继续努力，持续为宠物和宠主们带去更好的产品和服务！默家有宠，护你所爱！

——默沙东动物保健中国区总经理　滕峰

《2024 中国宠物医疗行业研究报告》汇聚大量数据，并通过分析全方位揭示了当下宠物医疗行业的整体现状与发展趋势，是从业者们了解市场动态、把握行业脉搏的权威指南。由衷感谢参与编写此书的同仁们，正是他们的辛勤付出才为我们带来了如此宝贵的行业洞察和专业信息。

当下，宠物主对宠物医疗保健的关注度正在不断提高，行业的整体发展前景值得期待。卫仕在宠物行业已深耕 19 年，始终专注于宠物营养研发，坚持用科技守护中国宠物健康，不断创新产品与服务，期待未来能携手众多行业伙伴，共同打造宠物健康新生态，为中国犬猫开创美好未来。

——卫仕宠物联合创始人　吕少骏

《2024 中国宠物医疗行业研究报告》以其高度的专业性和权威性，对复杂的宠物医疗行业动态进行了全面剖析。无论是资深专家还是初入行业的新人，都能从中汲取宝贵的知识和见解，为决策提供坚实的依据。如果你正在寻找一份能够真正帮助你在行业中立足和发展的资料，那么这份行业研究报告绝对是你的不二之选。它以实用为导向，提供了切实可行的方法和建议，让你在激烈的竞争中脱颖而出。

——中科拜克（天津）生物药业有限公司总经理　陈黄实

每年的《中国宠物医疗行业研究报告》编撰都十分用心，大量深入地调研和走访，获取第一线翔实和及时的数据，在资料整理上，每一年都会进行创新，能充分感受到编者们殷切希望能给大家揭示更多行业的发展态势和潜力，助力宠物医院、供应商等整个生态链健康可持续发展。

2024 年消费降级情况明显，消费者对治疗的精准有效和费用实惠提出更高要求。宠物医院出现了两极分化，精致的基层夫妻宠物诊所和高端宠物医院的流水保持较好的上升势头，作为中间层的宠物医院基数最大，同质化竞争加剧，流水受限。

今年以来，中间层的宠物医院敏锐地感觉突围已势在必然，与其同质化互卷，不如上到更高平台。有的加入到连锁机构，由连锁机构赋能更上一层楼，有的开拓新的高精尖特色专科赛道。宠物核磁和宠物 CT 作为宠物医院的升级良将，在神外专科、肿瘤专科、牙科专科、危重病专科等方面发挥了较大作用。美时医疗作为进入宠物赛道的 9 年老兵，将一如既往做好宠物核磁和宠物 CT 的服务。

感谢东西部兽医团队在行业报告一直以来的杰出工作和对行业带来的及时帮助！特别期盼《2024 中国宠物医疗行业研究报告》的发布。

——美时医疗宠物影像事业部总经理　赵大庆

作为中国宠物行业消费报告和派读宠物行业大数据平台的创始人，我有幸见证了中国宠物行业数据"从无到有"的积累，也亲历了整个行业蓬勃向上的发展征程。

宠物医疗作为宠物行业必不可少的"基石"，也正迎来欣欣向荣的大发展时期。但在高速发展的背后，我们也必须承认，当下中国宠物医疗市场在面对"精准医疗""预防医疗"等全新发展挑战时，依然缺乏统一的标准以及完善的基础数据服务的支持，很多宠物医疗企业在发展过程中只能"摸着石头过河"，极大地限制了企业的运营效率和进步。

因此，我要向各位隆重推荐《2024 中国宠物医疗行业研究报告》。该报告以客观数据为基础，用深入的研究和专业的分析，全面地展示了当下宠物医疗行业的发展现状，能帮助每一位业界同仁更好地理解宠物医疗市场的发展趋势，为宠物医疗行业的发展提供了宝贵的参考和指引。

——中国宠物行业消费报告和派读宠物行业大数据平台创始人　刘晓霞

忆往昔，中国宠物经济创奇迹；看今朝，蓄势待发续辉煌。目前中国宠物市场蓬勃发展，消费热度也在不断提升，宠物医疗作为宠物经济的核心板块之一，越来越受到各方关注。《2024中国宠物医疗行业研究报告》用翔实、可信的数据，为我们概括了宠物医疗行业的基本现状和发展趋势，特别是宠物用药品、宠物诊疗机构、宠物用设备及器械等与宠物健康息息相关的产业。它通过数据和对未来行业的预测分析，让我们在快速变化的市场环境中找准定位，更好地把握发展方向。报告数据显示，尽管受各种因素影响，宠物医疗复苏艰难，但宠物医院数量仍在持续增长。瑞派宠物医院将以"以客户为中心，以奋斗者为本"的理念为导向，不断探索前行，通过医疗专业化、管理信息化，构筑和夯实企业发展的基础，推进互联网＋宠物医疗市场布局落地，在医疗技术、医疗设备、医师队伍建设、专科化、标准化管理方面，与业内同行携手合作，为宠物健康保驾护航，共同推动中国宠物医疗行业健康可持续发展。

期待《2024中国宠物医疗行业研究报告》的出版，感谢中国兽药协会、中国兽医协会、东西部兽医及行业同仁为行业做出的贡献。

——瑞派宠物医院管理股份有限公司轮值总裁　胡文强

年终岁末，行业同仁期盼的《2024中国宠物医疗行业研究报告》终于与大家见面了。近年来，伴随着中国宠物诊疗行业的高速发展，很多行业从业人员亟须了解宠物诊疗的发展现状、变化和发展潜力，《中国宠物医疗行业研究报告》自推出以来，一直以科学的数据洞察、专业的调研分析，全方位展示中国宠物医疗行业发展。瑞辰宠物医院集团是一家以宠物医疗服务为主营业务、多元化发展的大型综合性企业。公司在宠物医疗保健、实验室诊断、宠物美容造型、宠物商品贸易、宠物文化传播等领域"多位一体"协同发展，业务范围覆盖了宠物领域产业链的多个主要环节。报告中的数据也很好地帮助我们了解行业现状、市场趋势以及宠主的消费行为。衷心感谢中国兽药协会、中国兽医协会以及东西部兽医团队为这本研究报告付出的心血以及为行业所做出的贡献。

——瑞辰宠物医院集团有限公司联席 CEO　刘西亚

中国宠物医疗行业飞速发展了 30 余年。2020 年以来宠物诊疗机构过得并不是很好。2024 年，宠物诊疗机构也并未迎来期待中的快速发展，反而很多宠物医疗机构效益下滑。但很多人仍在坚持，因为中国的养宠人数不断增加，且年轻化、高学历人群地加入和科学养宠理念地传播，也给了我们宠物医疗机构强大的信心，我们相信坚持终究会迎来美好的明天。《2024 中国宠物医疗行业研究报告》通过客观的数据和科学的分析，清晰描绘宠物医疗行业现状，洞察了未来趋势，帮助我们多维度、多角度地看待宠物医疗行业的发展，让我们身处不确定的环境中，坚信未来发展的确定性。

感谢东西部兽医团队的辛苦付出，让我们共同祝愿中国宠物医疗行业越来越好！

——新瑞鹏宠物医疗集团副总裁、青岛爱诺动物医院创始人　魏仁生

《中国宠物医疗行业研究报告》 是国内宠物医疗行业权威、专业的调研报告，是我必读的书。我们从中可以获得最新、最全面的行业发展资讯。其中"宠物诊疗机构调研"的数据就像是一份宠物诊疗机构的体检表，能帮助从业者了解行业现状，为医院的经营分析提供参考，为公司的战略决策提供依据。希望《中国宠物医疗行业研究报告》持续为宠物诊疗行业发展赋能！

——上海领华宠物医院总经理　吴能飞

编制说明

天空一直下着淅淅沥沥的小雨，进入十月，似乎更忙碌了，也许是到了收获的季节，大家都期盼着有个好的结果。一年一度的《中国宠物医疗行业研究报告》即将与大家见面。

看了今年的数据后，有些安慰，更有些忐忑。内卷依然继续，规模性的数据仍然呈上升趋势，全国范围内，宠物诊疗机构数量比去年增加了 10.5%，宠物用药品、宠物医疗器械的市场规模，均有不同程度的增长。然而行业的效益型数据仍处于下滑状态，特别是宠物医院的单店效益仍不容乐观。我想起了狄更斯《双城记》中的一句话：这是一个最好的时代，也是一个最坏的时代。简单说，机遇与挑战并存，逆水行舟，不进则退。

2023 年是《中国宠物医疗行业研究报告》首次出版发行，报告甫一问世，受到了行业同仁的广泛关注。我们认真吸收专家和同仁的意见建议，对调研纬度和内容进行讨论和改进，以期更加符合行业发展所需。今年更是通过多方渠道对全国各省市宠物诊疗机构的数量反复核实，力求这一数据更加客观，在去年的基础上增加了不同城市线的宠物诊疗机构比例；首次增加了异宠诊疗和中兽医诊疗数据，力求更准确、更全面地反映宠物医疗行业现状；首次增加美国宠物保健品数据，更宏观地了解全球宠物保健品发展趋势。

众人拾柴火焰高，今年的研究报告继续得到了各方的大力支持。

今年是东西部兽医与爱宠 iCHONG 连续五年共同出品《中国宠物医疗行业研究报告》，感谢爱宠 iCHONG 总经理马迁及其团队对报告的鼎力支持。

今年是与华驰千盛携手合作保健品报告的第二年，在去年的基础上华驰千盛将宠物保健品市场的调研报告继续补充完善，对行业来说，是值得庆贺的事情。在这里，感谢华驰千盛品牌创始人兼 CEO 张谦先生的大力支持和无私奉献。

硕腾进一步完善了国际宠物医疗行业概况的内容，增加了部分国家开设兽医专业的大学、宠物医院品牌以及相关协会情况，让我们以更开阔的视野来了解国际宠物医疗发展情况。感谢硕腾李毅女士的大力支持，同时特别感谢牟立团队对内容深入的解读和分析。

香港福莱事诊断有限公司在今年完善了香港特别行政区宠物诊疗概况，感谢 CEO 卢晓女士不遗余力地提供香港特别行政区宠物诊疗数据以及对研究报告工作给予的无私帮助。

2024 年东西部兽医首次携手美国宠物保健品协会，将美国宠物保健品概况呈现给大家，让我们更加客观地了解美国保健品市场，感谢美国动物保健品协会总裁比尔 - 波科奥特、MarketPlace 策略高级总监尼可 - 希尔、美国动物保健品协会中国部主任王宏对于数据调研和分析所做的努力。

今年的研究报告对动物诊疗行业政策法规的新变化进行了详细解读。在去年解读《执业兽医和乡村兽医管理办法》《动物诊疗机构管理办法》的基础上，特别有针对性增加了兽医处方格式及应用规范、动物诊疗病历管理规范的深入解读，对我们广大从业人员颇有帮助。感谢青岛东方动物卫生法学研究咨询中心的陈向前、陈向武老师的付出。

还要感谢全国各地协（学）会提供的宠物诊疗机构的数据，感谢全国各地宠物医院院长和医生们对调研的大力支持。在这里，也特别感谢任秋敏医生对于中兽医临床诊疗调研数据的辛勤付出。

最后要特别感谢中国兽药协会、中国兽医协会一如既往的支持，感谢两家协会提供宝贵的数据支持以及对研究报告的悉心指导。

衷心希望《2024 中国宠物医疗行业研究报告》的发布，能对大家有所帮助。我们也将持续努力，不断完善和丰富报告内容，力求更精准呈现宠物医疗行业现状和发展趋势。

天空渐渐放晴了，我相信我们的行业经历了风雨之后，必将会蓬勃发展，这种朝气和力量也会让我们每个人感受到行业的希望，让我们一起努力，携手创造更加美好的未来。

（主编：兽医博士　赖晓云）

2024 年 12 月 31 日

调研说明

本报告由国家兽药产业技术创新联盟、中国兽药协会、中国兽医协会、东西部兽医、爱宠 iCHONG、华驰千盛、硕腾、福莱事诊断（香港）、美国动物保健品协会基于协会公开数据、行业公开信息和市场报告以及行业资深专家观点进行研究分析。采用问卷调查、桌面研究等方法，整理收集来自全国各城市宠物诊疗机构，宠物医疗相关生产企业、品牌方，宠物主人的问卷调查结果，并通过统计获得数据。

本报告在数据监测的基础上，深入产业链，归纳总结行业发展路径，对宠物医疗行业未来发展方向和潜在风险进行预测，为宠物医疗行业从业者、创业者和投资者提供参考借鉴。

国家兽药产业技术创新联盟

国家兽药产业技术创新联盟（以下简称联盟），英文名称 National Veterinary Drug Industry Technology Innovation Alliance（NVDTIA），成立于 2017 年 9 月，是国家农业科技创新联盟框架下的专业性联盟。由涉及兽药的相关国家工程中心、重点实验室、科研机构、高校、龙头企业、协会等兽药产业科技创新的优势单位共同组成，着力解决兽药产业在研究和应用中的关键性、公益性技术问题，是开展兽药产业科研协同创新和共享利用的联盟组织。

联盟由中国兽医药品监察所、中国农业科学院哈尔滨兽医研究所、中国农业科学院兰州兽医研究所等 15 家常务理事单位发起，目前拥有会员单位 77 家，其中包括 15 家科研院所、8 家高校、45 家企业、1 家国家级协会、4 家国家级研究中心、4 家国家级农业农村部重点实验室。

中国兽药协会

中国兽药协会（以下简称协会），英文名称 China Veterinary Drug Association（CVDA），原名中国动物保健品协会，成立于 1991 年。是由从事兽药及相关行业的企事业单位、社会团体和个人自愿联合组成的全国性、行业性、非营利性的社会组织，属国家一级协会，是我国畜牧兽医行业成立较早的行业协会。协会登记管理机关是中华人民共和国民政部，党建领导机关是中共中央社会工作部。协会接受登记管理机关、党建领导机关、有关行业管理部门的业务指导和监督管理。

截至 2023 年年底，协会拥有单位会员 638 家，分布于全国 28 个省（区）市，包括兽药生产、经营、质量监督管理、科研院校、行业媒体等企事业单位，以及养殖、制药设备、包装材料、实验检验仪器设备等行业上下游企业。

协会下设 1 个办事机构和 11 个分支机构。秘书处作为协会的办事机构，承担协会的日常工作，设综合部、财务部、会展部、会员部、信息部。11 个分支机构分别是行业自律工作委员会、专家咨询工作委员会、经营与使用指导工作委员会、生物制品专业委员会、化学药品专业委员会、畜牧兽医器械专业委员会、进出口贸易促进分会、DVM 兽药使用指导委员会、病原微生物培养基及培养工艺委员会、宠物医药分会、兽医诊断制品分会。

中国兽医协会

中国兽医协会是按照国务院 2005 年 15 号文件的要求，由中国动物疫病预防控制中心、中国农业大学、中国兽医药品监察所、中国动物卫生与流行病学中心

4 家单位发起，经过几年的筹备，于 2009 年 10 月 28 日正式成立的全国性、行业性、非营利性的社会组织，登记管理机关是中华人民共和国民政部，党建工作机构是中共中央社会工作部。

中国兽医协会的使命是：敬佑生命，守护健康。愿景是：致力于使兽医成为社会尊敬的职业，致力于使协会成为卓越的社会组织。宗旨是：团结、务实、创新、服务。中国兽医协会的职能是：发挥行业指导、服务、协调、维权和自律等作用，团结和组织全国兽医，提高业务素质、医疗水平和服务质量；整合行业资源、规范行业行为、开展行业活动，促进兽医工作的全面、健康发展。

中国兽医协会最高权力机构为全国会员代表大会，每 5 年召开一次，选举产生理事会。理事会选举协会会长、副会长、秘书长和常务理事。协会内设秘书处、2 个工作委员会和 25 个分会。工作委员会包括专家工作委员会、兽医教育工作委员会；分会包括宠物诊疗分会、动物福利分会、中兽医分会、兽医实验室检测分会、实验动物兽医分会、野生动物兽医分会、兽医病理师分会、家禽兽医分会、马兽医分会、兽医文化分会、兽医职业技能发展分会、兽医器械分会、兽医寄生虫病防治分会、猪兽医分会、水生动物分会、牛羊兽医分会、特种经济动物兽医分会、兽医公共卫生分会、鸽健康产业分会、大熊猫分会、资源昆虫分会、数字与信息化分会、无害化处理与资源化利用分会、兽医科学用药分会、新质生产力发展分会。秘书处为日常办事机构，设综合办公室、宣传外联部、会员管理部、继续教育部、会议会展部和标准与评价部。

东西部兽医

东西部兽医是面向宠物医疗行业上中下游（宠物诊疗机构及其他宠物医疗服务机构，宠物医疗产品的生产方、品牌方、渠道商及相关高等院校、研究机构、投资机构等）的垂直服务平台。2009 年成立以来，东西部兽医一直致力于为行业从业者及大众提供兽医继续教育、科普教育服务，为行业内企业提供顾问咨询、营销策划、品牌推广、新产品新技术推广等服务，引导并推动宠物诊疗水平提高和行业发展，是宠物医疗行业产、学、研、用资源对接平台，是行业大数据及资源的集合服务机构。

平台围绕宠物医生的职业成长路径开展服务，满足学术交流、继续教育、职业发展等多维度需求；从品牌输出、资源输出、服务输出和运营输出等方面赋能宠物医疗行业，是一个深耕宠医行业、懂宠医群体的服务平台。

爱宠 iCHONG

爱宠 iCHONG(原爱宠医生) 成立于 2015 年 6 月，坐落于上海浦东大族科技中心，核心管理团队均为原互联网上市公司核心人员和宠物行业资深人士。爱宠 iCHONG 以数字化 + 信息化为核心 , 以科技赋能宠物产业为使命围绕"开源、节流、效率、成长"四个方面，为全国宠物医院和宠物店提供一站式信息化解决方案。公司旗下产品包括爱宠采购 App、爱宠 SaaS、爱宠金服、爱宠云店以及爱宠学苑。目前合作超过 500 家国内外一线宠物品牌，业务覆盖全国 20 多个省份 20000 多家宠物医院，40000 多家宠物店。

华驰千盛

北京华驰千盛生物科技有限公司（简称华驰千盛）成立于 2020 年 2 月。同年 12 月，华驰千盛旗下全资子公司河北华盈谊帮生物科技有限公司成立。

华驰千盛是一家集宠物健康领域相关产品研发、推广、销售与服务为一体的综合性公司。华驰千盛专注于宠物诊疗及宠物大健康两大板块，主张将天然植物成分与前沿生物技术相结合进行产品研发，产品以预防性、保健性产品为主，为宠物成长提供全方位所需营养，让养宠生活更轻松。

华驰千盛三大品牌线并行：优养 + 主打治疗性保健品，主攻线下渠道；P&N 以药品（喵灵清）、过敏原检测（宠敏盾）为主 , 主攻医疗机构渠道；八福喵主打功能零食（猫条、冻干、罐头），主攻电商渠道。

优养 + 品牌产品：保湿修护滴眼液、贝特赛特滴眼液（猫）、肝脏营养保护剂、犬猫关节保护剂、猫泌尿系统保护剂、情绪舒缓剂、犬猫消化促进剂、幼猫免疫保护剂等。

福莱事诊断有限公司（香港）

福莱事诊断 (FLASH Diagnostics Limited) 成立于 2022 年 6 月，总部位于中国香港特别行政区，是一家集革命性诊断新技术和新产品开发、诊断服务、前沿科学咨询、国际贸易等于一体的生物科技公司。拥有多种样本单管多重现场诊断技术的全自主知识产权，包括全球领先的常温一步法复杂样本核酸固相提取技术 (Sample Direct)、超高特异性和选择性的单管环引物介导等温扩增反应、条形码加密、微纳尺度传热及液体精确控制等技术，曾获亚洲创新发明大奖。核心技术团队均具备全球 TOP100 高校博士学位，创始人为香港科技大学信和百万创业大赛的金奖、全球投资奖和广发创新奖三大奖项获得者。具有独家特色的现场核酸诊断方案 Flash Test 拥有广阔的应用场景，能满足动物健康、医疗卫生、食品安全、疾控防疫、医药产业等现场检测的需求。

美国动物保健品协会

美国动物保健品协会（NASC）成立于 2001 年，是一个独立的非营利性贸易协会，代表动物保健品行业的公司和业内同仁，为"非人类食物链动物"（主要是犬、猫和马）营销、制造或提供保健品。NASC 的使命是通过向宠物主人提供动物营养保健品来促进宠物的健康和福祉，以及保护和提升动物保健品行业。

NASC 的成员是来自世界各地的动物保健品企业和供应商。他们共同致力于提高这些出售给消费者的产品的质量和一致性，以造福他们的犬、猫、马和其他伴侣动物。NASC 成员公司共同解决问题并产生重要影响，最终提升行业并带来更好的实践经验、流程和产品。

NASC 及其成员公司与各州、联邦和国际政府官员合作，创造一个提供公平、合理、负责任和全国一致框架的立法和监管环境。这种安全、合规和标准的环境，确保整个行业遵守道德和规定，以保护 NASC 成员的利益。

免责声明

受研究方法和数据获取资源的限制，本报告内容仅供参考，国家兽药产业技术创新联盟、中国兽药协会、中国兽医协会、东西部兽医、爱宠iCHONG、华驰千盛、硕腾、福莱事诊断（香港）、美国动物保健品协会任何一方对该报告的数据和观点不承担法律责任。任何机构或个人援引或基于本报告数据信息所采取的任何行动所造成的法律后果均与国家兽药产业技术创新联盟、中国兽药协会、中国兽医协会、东西部兽医、华驰千盛、硕腾、福莱事诊断（香港）、美国动物保健品协会任何一方无关，由此引发的相关争议或法律责任皆由行为人承担。

版权声明

本报告版权归东西部兽医平台所有。

目录

01

第 1 章
宠物医疗行业基本情况

1.1 中国内地宠物医疗行业基本情况

1.1.1 中国内地宠物医疗行业的发展

经过 30 余年发展，我国宠物医疗行业经历了萌芽期、孕育期、发展期等多个阶段，现已步入稳定发展阶段，特别是随着资本入局，宠物医疗服务能力和水平不断得到提升。

宠物医疗行业的发展与经济社会发展水平，人均可支配收入水平，养宠人数和宠物数量密不可分。从全球主要发达国家的经验来看，人均宠物数量、宠物诊疗机构规模、人均宠物医疗消费水平与 GDP 呈现正相关。数据显示，对标主要发达国家宠物行业高速发展期，当今中国社会在人均收入、人口结构、商业模式、养宠文化等方面与其具有诸多相似点，但对比发达国家成熟的宠物市场，中国内地家庭养宠率不到 20%，中国内地宠物医疗率仅为美国等发达国家平均医疗率的 1/3，存在较大的增长空间。

宠物医疗作为刚需市场，相较于其他宠物消费赛道，具有高壁垒性、强专业性的特点，在宠物行业中是仅次于宠物食品的第二大市场。特别是随着居民生活水平提高、宠物家庭地位提升以及年轻一代对宠物健康意识不断增长，预计国内宠物医疗市场将持续扩容。

1.1.2 中国内地宠物医疗行业发展驱动因素

1. 经济因素

　　国家统计局数据显示，2023 年中国居民人均可支配收入为 39218 元，并逐年呈增长态势。随着中国居民人均可支配收入的增加，宠物医疗消费逐年增长，宠物医疗市场潜力巨大。

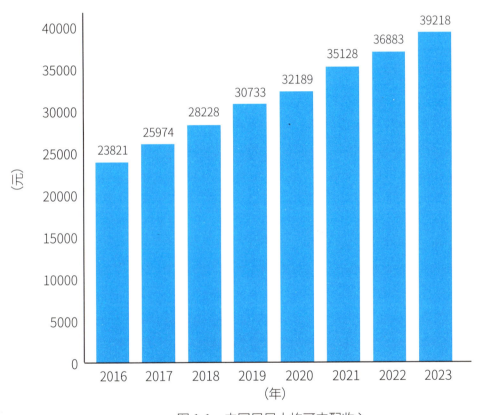

图 1-1　中国居民人均可支配收入

2. 社会因素

老年人口和单身人口比例增加，持续驱动养宠率稳步提升，为宠物医疗行业扩大客户群体。

目前我国人口结构的变化也朝着有利于宠物医疗行业发展的方向演进，数据显示，自 2013 年后中国结婚登记人数开始逐年下降，宠物具有陪伴的功能，可缓解其工作与生活压力，更多的单身男女开始饲养宠物。

据国家统计局数据显示，2023 年年末，我国老年人口 2.97 亿人，占比 21.1%。宠物成为了老人寄托情感、疗愈孤独的选择，老龄化人群也成为促进宠物医疗快速发展的重要推动力量。

3. 政策规范

近几年，宠物医疗行业得到了国家相关部门的重视，多项专项政策和行动的开展不断推动行业健康发展。农业农村部不断强化宠物用药、诊疗、防疫管理，引导宠物健康服务发展。通过支持专用、鼓励转化、优化审批等综合举措，不断丰富宠物用药品种；完善动物诊疗行业相关法规制度，进一步规范从事动物诊疗活动的机构和兽医人员管理；联合市场监管总局集中开展规范宠物诊疗秩序专项整治行动，有力维护了宠物诊疗秩序。市场监管总局批准发布多项宠物诊疗领域国家标准，为宠物疫病防控、疾病诊疗、诊疗场所管理提供标准支撑。此外，金融监管总局鼓励和支持财险公司针对宠物相关健康风险和责任风险特点，开发设计差异化的保险产品。

4. 网络平台

随着抖音、小红书、快手、视频号等新媒体平台上关于宠物话题的火爆，人们对宠物的关注度也大幅增加，这些平台一定程度上吸引了更多的人加入养宠队伍，扩大了宠物医疗行业的潜在客户群体，特别是 Z 世代养宠群体增长迅速。

5. 养宠理念

90 后、Z 世代与资深白领成为养宠主力人群，他们多为高学历、高收入群体，消费能力更强。随着宠物主人养宠理念和认知的不断升级，科学养宠和宠物大健康理念逐渐成为共识。

在收入水平和宠物家庭地位不断提升的背景下，宠物主人愿意为宠物健康购买高质量的医疗服务，为宠物医疗行业带来更大的发展空间。

1.1.3 中国内地宠物医疗产业链图谱

中国内地宠物医疗产业链逐步完善，但宠物医疗市场集中度和宠物医疗率较低，与较为成熟的欧美市场相比仍有较大差距，市场仍有较大的发展潜力。

上游：宠物药品、保健品和宠物医疗器械快速发展，目前头部品牌尚未形成规模效应，集中度低。在宠物药品领域，国际品牌占据主导地位，国内品牌奋起直追，在宠物医疗器械领域国产品牌异军突起，占有一席之地。

中游：宠物医疗渠道商及供应链平台由小规模、布局分散逐步向规模化、数智化、专业化方向发展，通过提供多样化的产品和服务，不断探索新的销售渠道和服务模式，以适应快速发展的宠物诊疗行业。宠物医院 SaaS 系统领域，大型连锁医院倾向于自主研发系统；小型连锁和个体医院市场主要被迅德、小暖、爱宠医生等软件系统占据；同时谛宝医生、它它医生等新兴品牌也在崛起。目前国内第三方医学诊断市场的份额还较小，但随着诊断项目的日益增多，第三方医学检测的需求大增，未来发展的空间较大。

下游：竞争相对激烈，宠物医院向连锁化方向发展。随着对宠物服务的需求不断增加，宠物服务的形式和内容也在不断延伸和创新。最近几年，宠物医疗保险作为新兴产业，发展迅速，同时互联网问诊崛起，线上 + 线下或成为宠物诊疗发展的新趋势。

1.1.4 中国内地宠物诊疗机构数量及其分布

截至 2024 年 9 月，中国内地备案有效的动物诊疗机构数量达 22320 家，有两个省份宠物诊疗机构数量超过 2000 家，其中广东最多，达 2408 家，其次是江苏，达 2218 家。山东、四川、浙江、河南、河北的宠物诊疗机构数量超过 1000 家。

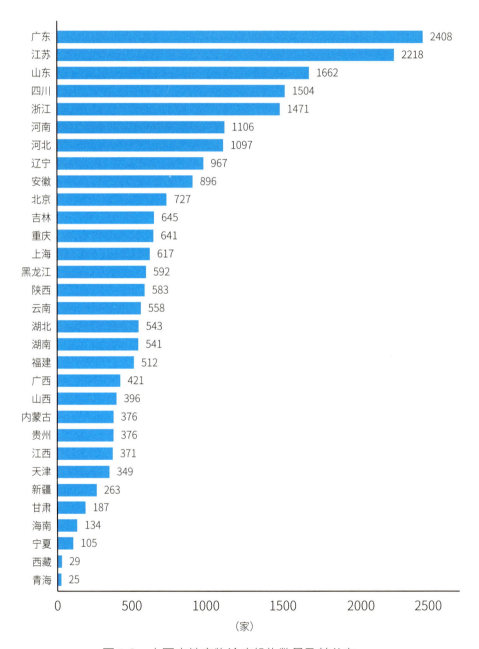

图 1-2　中国内地宠物诊疗机构数量及其分布

宠物诊疗机构数量与城市的发展水平密切相关，数据显示，一线城市（北上广深）的宠物诊疗机构数量约占全国总数量的 11.0%，新一线城市 ① 宠物诊疗机构数量占比约为 25.3%，一线和新一线的 19 个城市宠物诊疗机构数量占全国总数的 36.3%。

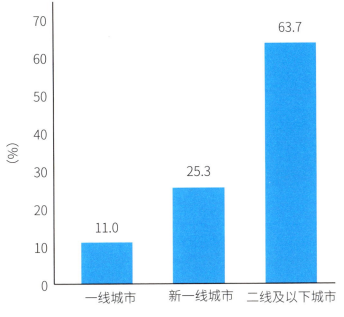

图 1-3　宠物诊疗机构数量城市线分布

截至 2024 年 9 月，宠物诊疗机构数量超过 200 家的城市共计 25 个，分布在 13 个省和 4 个直辖市。

表 1-1　宠物诊疗机构数量超过 200 家的城市统计表

省　份	城市（宠物诊疗机构 >200 家）	城市数量
广东	广州、深圳、东莞、佛山	4
江苏	南京、苏州、无锡、徐州	4
浙江	杭州、宁波	2

① 新一线城市：成都、杭州、重庆、苏州、武汉、西安、南京、长沙、天津、郑州、东莞、无锡、宁波、青岛、合肥。

续表

省　份	城市（宠物诊疗机构 >200 家）	城市数量
辽宁	沈阳、大连	2
山东	青岛	1
四川	成都	1
河南	郑州	1
云南	昆明	1
北京	北京	1
吉林	长春	1
湖北	武汉	1
上海	上海	1
重庆	重庆	1
安徽	合肥	1
陕西	西安	1
湖南	长沙	1
天津	天津	1

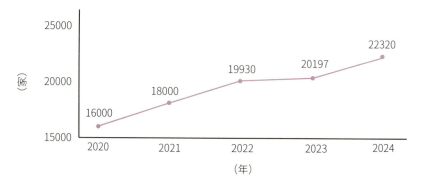

图 1-4　2020—2024 年全国宠物诊疗机构数量

1.1.5 全国连锁与非连锁宠物诊疗机构比例

从诊疗机构数量上看，非连锁宠物诊疗机构占比远高于连锁宠物诊疗机构[①]（≥5 家）占比，截至 2024 年 9 月，连锁宠物诊疗机构占比约 21.1%（2023年 21.0%），非连锁宠物诊疗机构占比 78.9%，单体医院仍为宠物诊疗机构的主要形态。

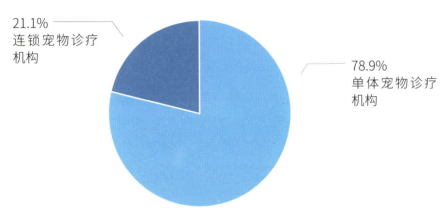

21.1%
连锁宠物诊疗
机构

78.9%
单体宠物诊疗
机构

图 1-5　中国内地单体与连锁宠物诊疗机构比例

1.1.6 中国内地宠物医疗行业市场规模

2024 年中国内地宠物医疗行业市场规模约 735 亿元人民币，约占整个宠物市场的 24.5%。宠物医疗在整个宠物市场规模的占比呈现上升趋势。

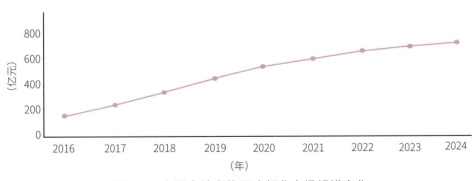

图 1-6　中国内地宠物医疗行业市场规模变化

[①] 对于连锁宠物诊疗机构和单体宠物诊疗机构，目前行业内通常将拥有 5 家及以上店面的机构被称为连锁宠物诊疗机构。而 5 家以下（包含只有 1 家）店面的机构，统称为单体宠物诊疗机构。

1.1.7 执业兽医继续教育

1. 执业兽医整体情况

2005 年《国务院关于推进兽医管理体制改革的若干意见》（国发〔2005〕15 号）文件发布，首次提到我国要逐步推行执业兽医制度，通过成立兽医行业协会的方式，实行行业自律，规范从业行为，提高服务水平。2008 年 11 月 26 日农业部令（第 18 号）公布《执业兽医管理办法》，规定国家实行执业兽医资格考试制度，执业兽医资格考试由农业部组织，全国统一大纲、统一命题、统一考试。2009 年开始在吉林、河南、广西、重庆、宁夏等 5 省（区、市）试点执业兽医资格考试，2010 年在全国推广执业兽医资格考试。2009 年 10 月 28 日，由中国动物疫病预防控制中心、中国兽医药品监察所、中国农业大学、中国动物卫生与流行病学中心四家单位发起，中国兽医协会正式在北京成立，团结和组织全国兽医，发挥行业指导、服务、协调、维权和自律等作用。

自 2009 年开始试点执业兽医资格考试，2010 年在全国推广以来，我国执业兽医队伍规模不断扩大，截至 2024 年 9 月，全国共有 169302 人具备执业兽医资格，其中执业兽医师 133927 人，执业助理兽医师 35375 人，为动物医疗行业发展提供了强有力的人才支撑。

2. 执业兽医继续教育

为适应现代执业兽医发展形势，提升执业兽医综合素质，维护兽医行业形象，推动执业兽医继续教育成为亟待加强的重点工作。农业农村部于 2022 年 2 月印发了《2022—2025 年全国官方兽医培训计划》，2022 年 10 月 1 日正式施行《执业兽医和乡村兽医管理办法》规定，农业农村部和省级人民政府农业农村主管部门制定实施执业兽医和乡村兽医的继续教育计划，鼓励执业兽医和乡村兽医接受继续教育。为落实《中华人民共和国动物防疫法》《执业兽医和乡村兽医管理办法》，规范、普及、强化执业兽医和乡村兽医继续教育，提升兽医人员综合素质和业务水平，2024 年 2 月 28 日，农业农村部办公厅发布《农业农村部办公厅关于做好执业兽医和乡村兽医继续教育工作的通知》（农办牧〔2024〕3 号）。

中国兽医协会自 2009 年正式成立以来，秉持团结、务实、创新和服务的宗旨，发挥行业指导、协调、维权和自律等作用，致力于使兽医成为受社会尊重的职业。在执业兽医继续教育方面，中国兽医协会通过不断的调查研究和道路探索，结合兽医继续教育有关政策、行业需求、培训机构活动实际情况以及执业兽医参与继续教育情况等，联合相关会员单位于 2019 年 5 月正式成立了"中国兽医协会兽医继续教育联合体"（以下简称联合体）。

联合体在统一组织协调的基础上，实行合约化合作形式，按照统一规划、统一制度、统一标准、统一学分、统一颁证的原则，由中国兽医协会牵头统筹规划、联合体成员单位具体设计实施继续教育项目，通过开展继续教育培训活动，持续提高兽医从业人员职业道德水平和专业技术能力，提升兽医执业质量，推动行业持续健康发展。经过 5 年多的发展，联合体逐渐规范，行稳致远。目前联合体内共有 54 家成员单位。截至 2024 年 6 月底，联合体共通过备案项目 232 个，涉及小动物的内科、软外科、猫科、异宠、眼科、骨科、牙科、口腔科、影像科、神经科、心脏科、肿瘤科、皮肤科、急诊麻醉、中兽医、病理科、动物福利、行为学、管理学，涉及经济动物的疫病防控、生物安全、繁育、病例撰写、实验室检测技术和其他涉及团标编制、实验室认证认可、综合等 27 个学科和分类，项目总学时达到 13084 学时。

参与联合体备案项目的学员，每学习一个继续教育备案项目，即可获得一张学分证书。联合体已为 28000 余名学员授予了 48000 余张学分电子证书，为参与继续教育项目学习的学员提供了学习记录，为用人单位提供了人才评价的参考，为宠物医疗行业健康可持续发展提供了人才培养上的支撑。

3. 联合体成员名单

表 1-2 中国兽医协会兽医继续教育联合体成员名单

序　号	学校名称	序　号	学校名称
1	中国农业大学动物医学院	6	郑州中道生物技术有限公司
2	皇誉宠物食品（上海）有限公司	7	东西部小动物临床兽医师大会
3	铎悦教育科技集团有限公司	8	亚洲小动物专科医师大会
4	维特新锐国际兽医学苑	9	江苏农牧科技职业学院
5	北京中科基因技术股份有限公司	10	CSAVS 国际兽医培训机构

续表

序 号	学校名称	序 号	学校名称
11	欧洲兽医高级学苑（ESAVS）	34	中国兽医协会动物福利分会
12	宠医客教育科技（上海）有限公司	35	宠壹堂（天津）科技有限公司
13	北京小动物诊疗行业协会	36	深圳迈瑞动物医疗科技股份有限公司
14	上海市动物疫病预防控制中心	37	赛威特兽医诊断实验室
15	北京市动物疫病预防控制中心	38	上海汉维生物医药科技有限公司
16	北京德铭联众科技有限公司	39	中国动物卫生与流行病学中心
17	硕腾（上海）企业管理有限公司	40	浙江海正动物保健品有限公司
18	南昌全鑫动物科技服务有限公司	41	宠知教育咨询（东莞）有限公司
19	瑞派宠物医院管理股份有限公司	42	深圳市天天学农网络科技有限公司
20	深圳市红瑞生物科技股份有限公司	43	北京兆波科技有限公司
21	上海信元动物药品有限公司	44	天津迈达医学科技股份有限公司
22	辽宁农业职业技术学院	45	达硕集团·成都森威实验动物有限公司
23	安徽佰陆小动物骨科器械有限公司	46	北京振兴中兽医科技有限公司
24	青岛东方动物卫生法学研究咨询中心	47	河南牧业经济学院动物医药学院
25	上海基灵生物科技有限公司	48	上海宸曦瑛宠教育科技有限公司
26	勃林格学苑	49	兽易通（杭州慧语教育科技有限公司）
27	世信朗普国际展览（北京）有限公司	50	尚农乐耕精准医疗技术（上海）有限公司
28	内蒙古农业大学	51	勃林格殷格翰动物保健（上海）有限公司
29	礼蓝（四川）动物保健有限公司	52	爱德士缅因生物制品贸易（上海）有限公司
30	中国兽医协会		
31	广州威南兽医教育科技有限公司	53	华中农业大学动物科学技术学院动物医学院
32	爱凡特（上海）医疗咨询服务有限公司		
33	浙江农林大学		

4. 兽医继续教育在线公益课程

为进一步贯彻落实二十大报告精神，加强兽医继续教育资源整合与创新，中国兽医协会在线培训平台（以下简称"平台"），作为兽医领域教育资源共享载体，通过优势互补、共建共享提供多样化学习资源与课程内容，促进个性化、灵活化、自主化学习，持续提升我国兽医领域技术人员能力水平，高质量服务兽医职业成长。平台课程涉及兽医学基础知识、兽医法律法规与职业道德、兽医文化、兽医公共卫生、兽医医疗设备使用和维护、动物疫病净化与防控、养殖技术、兽医临床技术与案例分析及产业发展趋势等相关内容。2023 年 12 月，平台发布《关于征集 2024 年继续教育在线公益课程的通知》，截至 2024 年 9 月，平台用户近 5 万人，上线公益课程共计 374 节。

5. 兽医专科发展情况

宠物诊疗从 20 世纪 90 年代初期开始到现在已经过 30 多年的发展沉淀，尤其是《动物防疫法》《动物诊疗机构管理办法》《执业兽医资格考试管理办法》《执业兽医和乡村兽医管理办法》等制度的制修订为行业的规范发展提供了制度保障，诊疗机构和临床兽医师队伍快速成长壮大起来。伴随宠物医疗行业的发展成熟，临床兽医师诊疗水平不断提升，在全科基础上推进专科发展成为必然趋势。专科化有利于提高兽医技术水准从而提供更精准的医疗服务，同时也将提高动物健康和福利水平，促进构建人与动物更和谐的关系。中国兽医协会在调研国外兽医专科发展历史和经验基础上，研究探索我国兽医专科体系建设和专科医师评定。2019 年 5 月在东西部小动物医师大会上，中国兽医协会举办第一次兽医专科发展论坛；2019 年 8 月，先后组织华北、华东专科体系发展建设座谈研讨会；2020年起草《中国兽医协会兽医专科体系建设管理办法（试行）》，向业内各方广泛征求意见并于 2021 年 4 月正式发布；2021 年 5 月举办第二次专科发展论坛，在会上成立了专科建设委员会，标志着中国兽医协会专科体系建设工作正式启动；2023 年 2 月，印发《中国兽医协会关于推进兽医专科发展的意见》，修订《中国兽医协会专科体系建设管理办法》；2023 年 3 月，印发《中国兽医协会兽医专科体系建设经费管理办法》，并于同年 11 月完成修订；2024 年 7 月，印发《中国兽医协会关于推进兽医专科医师培养和申报评定工作的意见》，兽医专科体系建设进入全面推进阶段。

截至 2024 年 9 月，中国兽医协会已成立 20 个专科委员会，分别是：兽医实验室诊断（小动物）专科委员会、兽医影像（小动物）专科委员会、兽医骨科（小动物）专科委员会、兽医异宠专科委员会、兽医猫科专科委员会、兽医口腔（小动物）专科委员会、兽医心脏（小动物）专科委员会、兽医外科（小动物）专科委员会、兽医内科（小动物）专科委员会、兽医麻醉科（小动物）专科委员会、兽医皮肤（小动物）专科委员会、兽医眼科（小动物）专科委员会、兽医神经（小动物）专科委员会、中兽医（小动物）专科委员会、兽医肿瘤（小动物）专科委员会、兽医临床营养（小动物）专科委员会、马兽医专科委员会、牛兽医专科委员会、中兽医（农场动物）专科委员会，以及实验动物专科委员会。评定了 29 家单位的 61 个专科培养机构，评定推出专科医师 262 人次。中国兽医协会将继续引领、推动兽医专科体系建设，按照成熟一个发展一个的原则逐步成立专科委员会，旨在有秩序、有标准、有规划地推动兽医专科发展，为临床兽医师的职业规划铺设路径。

表 1-3 中国兽医协会专科培养机构名单

专科委员会	专科培养机构
兽医实验室诊断（小动物）专科	中国农业大学教学动物医院
	中国农业大学教学动物医院
	上海顽皮家族宠物医院（虹桥总院）
兽医影像（小动物）专科	瑞派太安宠物医院（深圳）有限责任公司
	北京十里堡关忠动物医院
	华中农业大学动物医院
兽医异宠专科	北京祥云关忠动物医院
	北京恒爱动物医院（双泉堡店）
	宠爱国际动物医院（诊疗中心）
	中国农业大学教学动物医院
兽医骨科（小动物）专科	华中农业大学动物医院
	广州博仕动物医院
	四川瑞派华茜宠物医院（高新店）
	北京派仕佳德动物医院
	北京芭比堂国际动物医疗中心
	上海市闵行区鹏峰宠物医院
兽医猫科专科	宠颐生北京中心医院
	中国农业大学教学动物医院
	华中农业大学动物医院

专科委员会	专科培养机构
兽医口腔（小动物）专科	北京美联众合动物医院转诊中心
	广州瑞鹏动物医院有限公司第二十五分公司
	广州爱诺百思动物医院有限公司骏景分公司
	中国农业大学教学动物医院
	维特（深圳）动物医院
兽医肿瘤（小动物）专科	中国农业大学教学动物医院
兽医临床营养（小动物）专科	中国农业大学教学动物医院
兽医心脏（小动物）专科	北京美联众合动物医院转诊中心
	上海蓝石动物医院
	广州爱诺百思动物医院
	中国农业大学教学动物医院
兽医内科（小动物）专科	中国农业大学教学动物医院
	宠颐生北京中心医院
	北京芭比堂国际动物医疗中心
	华中农业大学动物医院
兽医麻醉科（小动物）专科	中国农业大学教学动物医院
	广州爱诺百思动物医院
	上海顽皮家族宠物医院（虹桥总院）
	南京农业大学动物医院
兽医外科（小动物）专科	中国农业大学教学动物医院
	南京农业大学动物医院
	上海领华动物医院
	浙江大学动物医学中心
兽医眼科（小动物）专科	中国农业大学教学动物医院
	北京芭比堂国际动物医疗中心
	四川瑞派华茜宠物医院（高新店）
	上海菲丽丝宠物医院
牛兽医专科	中国农业大学动物医学院
中兽医（农场动物）专科	中国农业大学中兽医药创新中心

续表

专科委员会	专科培养机构
中兽医（小动物）专科	中国农业大学教学动物医院
	中国传统兽医学国际培训研究中心
	美联众合动物医院转诊中心
兽医皮肤（小动物）专科	美联众合动物医院转诊中心
	中国农业大学教学动物医院
	上海顽皮家族宠物医院（虹桥总院）
	维特（深圳）动物医院
马兽医专科	中国农业大学动物医学院天津武清教学马医院
	内蒙古农业大学兽医学院
	上海顽皮家族宠物医院
兽医神经（小动物）专科	中国农业大学教学动物医院
	北京派仕佳德动物医院
	华中农业大学动物医院

表 1-4 中国兽医协会兽医专科医师名单

专科委员会	姓 名	单 位
兽医影像（小动物）专科	谢富强	中国农业大学动物医学院
	傅梦竹	北京中农大动物医院有限公司
	张晓远	北京农业职业学院
	魏琦	瑞派太安宠物医院（深圳）有限责任公司（深圳瑞派宠物中心医院）
	戴榕全	北京中农大动物医院有限公司
	游程皓	新瑞鹏宠物医疗集团
	邱昌伟	华中农业大学动物医学院
	姚大伟	南京农业大学动物医学院
	许明	华中农业大学动物医学院
	王仲慧	上海领华动物医院中心医院
	董海聚	河南农业大学动物医学院
	陈义洲	华南农业大学动物医院
	陈立坤	北京维多动物医院

续表

专科委员会	姓　名	单　位
兽医骨科（小动物）专科	潘庆山	新瑞鹏宠物医疗集团
	丁明星	华中农业大学
	陈宏武	北京恒爱动物医院（双泉堡店）
	彭广能	四川农业大学
	袁占奎	中国农业大学
	石磊	中国农业大学
	高晓刚	北京恒爱京冠动物医院
	许超	北京美联众合动物医院转诊中心
	李代兵	四川瑞派华茜宠物医院
	郭宇萌	宠爱国际动物医疗中心
	吴仲恒	广州博仕动物医院
	李生元	北京美联众合动物医院转诊中心
	吴俊杰	南京市艾贝尔动物诊疗中心
	姚海峰	北京派仕佳德动物医院
	毛军福	北京芭比堂国际动物医疗中心
	黄薇	北京中农大动物医院有限公司
	邱志钊	新瑞鹏宠物医疗集团
	郭志胜	北京纳吉亚志胜动物医院
	罗倩怡	广州凯特喵百思猫专科医院
	方开慧	合肥瑞鹏转诊中心
兽医猫科专科	王权勇	上海萌兽医馆动物医院
	叶海涛	重庆瑞派名望动物医院
	胡长敏	华中农业大学
	毛双兰	北京中农大动物医院有限公司
	邵知蔚	上海朋朋宠物有限公司
	朱国	杭州全域动物医院
	杨其清	瑞辰宠物医院集团有限责任公司
	牛光斌	上海派菲尔德宠物医院
	李叶	上海市闵行区鹏峰宠物医院

续表

专科委员会	姓 名	单 位
兽医口腔（小动物）专科	陈瑜	广州爱诺百思动物医院
	张欣珂	西北农林科技大学
	周彬	浙江农林大学
	朱军	北京中农大动物医院有限公司
	刘光超	北京美联众合动物医院转诊中心
	许欣荣	安安成都中心医院
	傅雪莲	北京美联众合动物医院转诊中心
	彭诗皓	维特深圳动物医院
	郭宇萌	宠爱国际动物医疗中心
	陈德举	瑞派上海乔登宠物医院
	黄建瑞	济南韦恩动物医院
	曾平	广州市联合友好宠物医院
	姚志权	上海霍夫动物医院
	余来森	广州市瑞鹏动物医院
	周紫峣	四川农业大学动物医学院
	张志红	新瑞鹏宠物医疗集团有限公司
	陆梓杰	北京中农大动物医院有限公司
	刘萌萌	海南大学
兽医心脏（小动物）专科	孙莉苑	北京美联众合动物医院转诊中心
	黄奇	宠爱国际动物宠立方动物医院
	谢琨	北京美联众合动物医院转诊中心
	刘传敦	瑞派宠物医院福华南山分院
	李静	福建农林大学
	曹燕	上海蓝石宠物医院
	蔡亮	上海辂阳宠物医院
	肖园	北京中农大动物医院有限公司
	吴悦婷	上海菲拉凯蒂宠物医院
	郭魏彬	广州爱诺百思动物医院
	陈睿杰	深圳市卡拉宠物医院

续表

专科委员会	姓　名	单　位
兽医内科（小动物）专科	夏兆飞	中国农业大学
	邱志钊	新瑞鹏宠物医疗集团
	刘小萍	北京中农大动物医院有限公司
	周东海	华中农业大学
	孙艳争	中国农业大学
	毛军福	北京芭比堂国际动物医疗中心
	王姜维	上海蓝石宠物医院
	张海霞	瑞辰宠物医院集团
	陈艳云	天津启晨动物医院管理有限公司
	王璐	北京中农大动物医院有限公司
	刘爱国	瑞派华茜小天宠物医院
	李德印	河南牧业经济学院动物医药学院
	耿文静	北京美联众合动物医院转诊中心
	董悦农	北京中农大动物医院有限公司
	袁占奎	中国农业大学
	周振雷	南京农业大学
	李慧	北京中农大动物医院有限公司
	金艺鹏	中国农业大学
兽医外科（小动物）专科	潘庆山	新瑞鹏宠物医疗集团
	邓益锋	南京农业大学
	牛光斌	上海派菲尔德宠物医院
	王华南	浙江大学
	张欣珂	西北农林科技大学
	杜浪	瑞派恒佳宠物医院
	裴增杨	杭州派希德宠物医院
	田萌	北京美联众合动物医院转诊中心
	王威	上海领华动物医院
	舒蕾	武汉芭比堂动物医院卓越分院

续表

专科委员会	姓名	单位
兽医临床营养（小动物）专科	夏兆飞	中国农业大学动物医学院
	王依荻	北京中农大动物医院有限公司
	耿文静	美联众合转诊中心动物医院
	刘芳	内蒙古农业大学兽医学院
	王姜维	上海蓝石动物医院
	张海霞	瑞辰华诺动物医院
	张元	上海申生宠物医院
	汤永豪	广州爱诺百思动物医院
	崔明君	北京宠爱国际动物医院
	林如莹	北京中农大动物医院有限公司
	林秀佳	上海 AVC 安佳宠物医院
中兽医（小动物）专科	刘钟杰	北京中农大动物医院有限公司
	陈武	北京农学院中国传统兽医国际培训研究中心
	胡宇声	中国农业大学动物医学院
	董君艳	新瑞鹏宠物医疗集团
	刘家国	南京农业大学
	范开	中国农业大学动物医学院
	庞海东	北京中农大动物医院有限公司
	林珈好	中国农业大学动物医学院
	郭宝发	瑞派青岛宝发宠物医院
	贺常亮	四川农业大学
	赵兴华	河北农业大学
	王自力	浙江大学动物医学中心 浙江大学教学动物医院
	姜代勋	北京农学院中国传统兽医国际培训研究中心
	侯显涛	山东畜牧兽医职业学院
	李一涵	北京美联众合动物医院转诊中心

续表

专科委员会	姓　名	单　位
兽医眼科（小动物）专科	金艺鹏	中国农业大学动物医学院
	董轶	芭比堂（北京）国际动物医疗中心有限公司
	王立	天津新视界动物医院
	夏楠	北京悦宠国际动物医院连锁机构
	胥辉豪	西南大学动物医学院
	霍家奇	武汉芭比堂动物医院
	邱恩宜	马来西亚环宇宠物医学中心 PETS UNIVERSE MEDICAL CENTRE, MALAYSIA
	曹悦	芭比堂（北京）国际动物医疗中心有限公司
	高徽	上海菲丽丝宠物医院
	李晶	北京中农大动物医院有限公司
	李婧	宠爱国际动物医院
	刘玥	北京中农大动物医院有限公司
	王思凡	瑞派华茜宠物医院
	刘欣	北京美联众合动物医院转诊中心
	张迪	中国农业大学动物医学院
	张元	瑞派上海申生宠物医院
	赵博	芭比堂（北京）国际动物医疗中心有限公司
	王帆	北京美联众合动物医院转诊中心
兽医皮肤（小动物）专科	王佳妮	长沙宠颐生中心动物医院
	陈兴慧	成都瑞鹏宠物医院佳悦路分院
	罗雪	杭州安安安宁动物医院
	李晶	北京中农大动物医院有限公司
	施尧	宠颐生北京中心医院
	刘钢	中国农业大学动物医学院
	杨其清	上海爱侣宠物医院
	张兆霞	北京中农大动物医院有限公司
	叶精精	上海顽皮家族宠物有限公司
	唐翔	维特（深圳）动物医院有限公司

续表

专科委员会	姓 名	单 位
兽医神经（小动物）专科	林毓晖	上海顽皮家族宠物医院
	阮丽	北京中农大动物医院有限公司
	陈义洲	华南农业大学动物医院
	闫中山	广东省广州市爱诺百思动物医院
	丁一	华中农业大学兽医院
	高健	芭比堂国际动物医疗中心
	李代兵	成都市武侯区科华南路 142 号
	王亨	扬州大学兽医学院
	吴殿君	吉林大学教学动物医院
	吴俊杰	艾贝尔动物医学诊疗中心
	姚海峰	北京派仕佳德动物医院
	张兴旺	天红宠物医院
	周雪影	中国农业大学动物医学院
	李格宾	中国农业大学动物医学院
兽医肿瘤（小动物）专科	彭雨佳	北京中农大动物医院有限公司
	李梦	南京农业大学教学动物医院
	董军	中国农业大学动物医学院
	季玲西	北京中农大动物医院有限公司
	王鹿敏	浙江大学动物科学学院
	李东阳	浙江省杭州瑞派虹泰宠物医院（总院）
	胡璠	新瑞鹏芭比堂国际动物医疗中心
	佘源武	新瑞鹏广州百思动物医院
	陈艳云	启晟（天津）宠物医院管理有限公司
兽医实验室诊断（小动物）专科	夏兆飞	中国农业大学
	吕艳丽	中国农业大学
	刘洋	北京中农大动物医院有限公司
	张琼	北京中农大动物医院有限公司
	邱志钊	新瑞鹏医疗集团
	王姜维	上海蓝石动物医院
	陈艳云	天津启晟动物医院管理有限公司
	肖兴平	四川瑞派华茜宠物医院有限公司

续表

专科委员会	姓　名	单　位
兽医异宠专科	张拥军	瑞派宠物医院管理股份有限公司（北京祥云关忠动物医院）
	麻武仁	西北农林科技大学动物医学院
	吴子峻	广州立德动物医院
	姚晓媛	瑞派厦门爱侣宠物医院
	高宏伟	瑞派北京祥云关忠动物医院
	马文	北京美联众合动物医院转诊中心
	唐国梁	上海呱呱宠物医院北京立德异宠动物医院
	成奇	北京农业职业学院
	王妍博	北京美联众合动物医院转诊中心
	黄晓敏	广州爱诺雅泰动物医院
马兽医专科	李靖	中国农业大学动物医学院
	吴殿君	吉林大学动物医学学院
	张剑柄	内蒙古农业大学兽医学院
	朱怡平	中国农业大学动物医学院
	陈鼻蕾	华南农业大学动物医学院
	杜山	内蒙古农业大学兽医学院
	刘荻荻	中国农业科学院哈尔滨兽医研究所
	马玉辉	昭苏县西域马业有限责任公司
	王炜晗	南京农业大学动物医学院
	王子璇	北京中农大动物医院有限公司
	吴雨虹	中国农业大学动物医学院
	张大伟	浙江农林大学动物科技学院.动物医学院
	曾欢	江苏海澜国际马术俱乐部有限公司
	周媛	新瑞鹏宠物医疗集团有限公司

专科委员会	姓　名	单　位
实验动物专科	李文龙	北京脑科学与类脑研究所
	包晶晶	西湖大学
	韩雪	北京维通利华实验动物技术有限公司
	郭政宏	成都达硕实验动物有限公司
	李灵恩	江苏集萃药康生物科技股份有限公司
	刘伟	康龙化成（北京）新药技术股份有限公司
	权福实	吉林大学动物科学学院
	尚书江	深圳湾实验室
	王晨娟	苏州西山生物技术有限公司
	王刚	广东省医学实验动物中心
	谢晓婕	成都华西海圻医药科技有限公司
	战大伟	斯贝福（北京）生物技术有限公司
	张泉	扬州大学兽医学院
	赵勇	上海实验动物研究中心
牛兽医专科	马翀	中国农业大学动物医学院
	徐闯	中国农业大学动物医学院
	曹杰	中国农业大学动物医学院
	王亨	扬州大学兽医学院
	张乃生	吉林大学动物医学学院
	李家奎	华中农业大学动物医学院
	夏成	黑龙江八一农垦大学
	王金玲	内蒙古农业大学兽医学院
	常广军	南京农业大学动物医学院
	郑威	广西壮族自治区水牛研究所
	陈华林	北京三元种业科技有限公司
	郭志刚	动康（南京）生命科学技术有限公司
	张帅洋	认养一头牛集团控股股份有限公司
	张大为	辽宁百兰德科技有限公司

续表

专科委员会	姓　名	单　位
中兽医（农场动物）专科	郝智慧	中国农业大学动物医学院
	王帅玉	中国农业大学动物医学院
	王胜义	中国农业科学院兰州畜牧与兽药研究所
	王雪飞	河南牧业经济学院
	韦旭斌	吉林大学动物医学学院
	胡元亮	南京农业大学动物医学院
	杨志强	中国农业科学院兰州畜牧与兽药研究所
	魏彦明	甘肃农业大学动物医学院
	杨英	内蒙古农业大学兽医学院
	史万玉	河北农业大学动物医学院 / 中兽医学院
	刘娟	西南大学动物医学院
	况玲	新疆农业大学动物医学学院
	王德云	南京农业大学动物医学院
	郭庆勇	新疆农业大学动物医学学院
	麻武仁	西北农林科技大学动物医学院
	成安慰	北京中农大动物医院有限公司
	唐娜	中国农业大学
	陈诗佳音	北京中农大动物医院有限公司
	周振雷	南京农业大学
兽医麻醉科（小动物）专科	范宏刚	东北农业大学
	宋火松	镇江瑞派宠物医院
	孟纾亦	北京美联众合动物医院转诊中心
	王静	北京美联众合动物医院转诊中心
	郭建宏	上海申普宠物医院
	洪子洋	上海顽皮家族中心医院
	郭魏彬	广州爱诺百思动物医院

1.1.8 宠物诊疗标准化工作相关进展

标准是通过规范化活动，按照规定的程序经协商一致而制定，为各种活动或其结果提供规则、指南或特性，供共同使用和重复使用的文件。概括地讲，标准就是在某个范围内统一的技术要求。技术规范性是标准的本质属性，也是衡量一个行业成熟度的重要标志。

我国宠物行业经过 30 多年的飞速发展，标准化已经成为目前制约宠物行业健康可持续发展的一个重要因素。为促进宠物诊疗机构建设、提升行业整体诊疗技术水平，相关机构和专家都在积极推动宠物诊疗的规范化和标准化。

据了解，截止到 2024 年 9 月，涉及宠物诊疗领域已发布标准 116 项，包括推荐性国标 15 项，农业行业标准 9 项，中国兽医协会团体标准 68 项，中国兽药协会团体标准 24 项。

1. 涉及宠物诊疗的标准化技术委员会

当前涉及宠物诊疗相关的标准化组织有全国伴侣动物（宠物）标准化技术委员会、中国兽医协会标准化技术委员会等。

全国伴侣动物（宠物）标准化技术委员会专业范围：伴侣动物疾病防控、诊疗，伴侣动物寄养、训导，伴侣动物饲养管理等领域的标准化工作。

中国兽医协会标准化技术委员会专业范围：动物疫病防控、实验室检测、经济动物诊疗、宠物诊疗、动物福利、动物诊疗机构、中兽医、兽医外科、兽医用设备器械、兽医寄生虫病防治等领域的标准化工作。

中国兽药协会标准化委员会专业范围：兽药生产工艺流程、实验室仪器、制药器械、GMP 规范；兽药生产用原辅料、包装材料、防护用品；动物疫病检测、诊断、治疗用仪器、设备、器械；动物疫病防控流程等与兽药生产、动物疫病防控、动物疫病诊疗等相关领域的标准化工作。

2. 已发布宠物诊疗相关标准名录

表 1-5　宠物诊疗相关国家和行业标准名录统计表

序　号	标准号	标准名称	标准类别	发布时间
1	GB/T 27532-2011	犬瘟热诊断技术	推荐性国标	2011 年
2	GB/T 27533-2011	犬细小病毒病诊断技术	推荐性国标	2011 年
3	GB/T 32948-2016	犬科动物感染细粒棘球绦虫粪抗原的抗体夹心酶联免疫吸附试验检测技术	推荐性国标	2016 年
4	GB/T 34739-2017	动物狂犬病病毒中和抗体检测技术	推荐性国标	2017 年
5	GB/T 34740-2017	动物狂犬病直接免疫荧光诊断方法	推荐性国标	2017 年
6	GB/T34746-2017	犬细小病毒基因分型方法	推荐性国标	2017 年
7	GB/T 36789-2018	动物狂犬病病毒核酸检测方法	推荐性国标	2018 年
8	GB/T 40449-2021	犬、猫绝育手术操作技术规范	推荐性国标	2021 年
9	GB/T 40450-2021	犬保定操作技术规范	推荐性国标	2021 年
10	GB/T 40452-2021	犬、猫静脉输液操作技术规范	推荐性国标	2021 年
11	GB/T 41522-2022	三种犬病病毒基因芯片检测方法	推荐性国标	2022 年
12	GB/T 41674.1-2022	动物射频识别不同动物物种用注射部位的标准化 第 1 部分：伴侣动物（猫和狗）	推荐性国标	2022 年
13	GB/T 18639-2023	狂犬病诊断技术	推荐性国标	2023 年
14	GB/T 43825-2024	犬狂犬病疫苗接种技术规范	推荐性国标	2023 年
15	GB/T 43839-2024	伴侣动物（宠物）用品安全技术要求	推荐性国标	2024 年
16	NY/T 547-2002	兔黏液瘤病琼脂凝胶免疫扩散试验方法	农业行标	2002 年
17	NY/T 683-2003	犬传染性肝炎诊断技术	农业行标	2003 年
18	NY/T 684-2003	犬瘟热诊断技术	农业行标	2003 年
19	NY/T 2960-2016	兔病毒性出血病病毒 RT-PCR 检测方法	农业行标	2016 年
20	NY/T 2959-2016	兔波氏杆菌病诊断技术	农业行标	2016 年
21	NY/T 572-2016	兔病毒性出血病血凝和血凝抑制试验方法	农业行标	2016 年
22	NY/T 567-2017	兔出血性败血症诊断技术	农业行标	2017 年

序　号	标准号	标准名称	标准类别	发布时间
23	NY/T 573-2022	动物弓形虫病诊断技术	农业行标	2022 年
24	NY/T 572-2023	兔出血症诊断技术	农业行标	2023 年

表 1-6　中国兽医协会团体标准汇总

序　号	标准号	标准名称	标准类别	发布时间
1	T/CVMA 4-2018	猫泛白细胞减少症筛查技术规范	中国兽医协会团体标准	2018 年
2	T/CVMA 38-2020	猫杯状病毒实时荧光 RT-PCR 检测方法	中国兽医协会团体标准	2020 年
3	T/CVMA 39-2020	猫冠状病毒实时荧光 RT-PCR 检测方法	中国兽医协会团体标准	2020 年
4	T/CVMA 41-2020	犬致病性钩端螺旋体荧光 PCR 检测方法	中国兽医协会团体标准	2020 年
5	T/CVMA 42-2020	猫疱疹病毒荧光定量 PCR 检测方法	中国兽医协会团体标准	2020 年
6	T/CVMA 43-2020	犬副流感病毒 RT-PCR 检测方法	中国兽医协会团体标准	2020 年
7	T/CVMA 44-2020	犬冠状病毒 RT-PCR 检测方法	中国兽医协会团体标准	2020 年
8	T/CVMA 45-2020	犬腺病毒 PCR 检测方法	中国兽医协会团体标准	2020 年
9	T/CVMA 46-2020	犬星状病毒 RT-PCR 检测方法	中国兽医协会团体标准	2020 年
10	T/CVMA 47-2020	猫星状病毒 RT-PCR 检测方法	中国兽医协会团体标准	2020 年
11	T/CVMA 55-2020	犬猫腹部超声扫查规范	中国兽医协会团体标准	2020 年
12	T/CVMA 56-2020	犬猫脊柱 X 线造影技术操作规程	中国兽医协会团体标准	2020 年
13	T/CVMA 57-2020	犬猫淋巴系统 X 线造影技术操作规程	中国兽医协会团体标准	2020 年
14	T/CVMA 58-2020	犬猫 CT 扫描操作规程	中国兽医协会团体标准	2020 年
15	T/CVMA 59-2020	犬猫 RFID 电子芯片植入技术规范	中国兽医协会团体标准	2020 年

续表

序　号	标准号	标准名称	标准类别	发布时间
16	T/CVMA 60-2020	犬猫导尿操作技术规范	中国兽医协会团体标准	2020 年
17	T/CVMA 61-2021	犬猫急性肾损伤诊断技术规范	中国兽医协会团体标准	2021 年
18	T/CVMA 62-2021	犬猫慢性肾病诊断技术规范	中国兽医协会团体标准	2021 年
19	T/CVMA 63-2021	犬猫急性肾损伤治疗指南	中国兽医协会团体标准	2021 年
20	T/CVMA 64-2021	犬猫慢性肾病治疗指南	中国兽医协会团体标准	2021 年
21	T/CVMA 65-2021	犬猫临床尿液检查技术规范	中国兽医协会团体标准	2021 年
22	T/CVMA 66-2021	犬猫交叉配血试验操作规范	中国兽医协会团体标准	2021 年
23	T/CVMA 67-2021	细胞学样本采集及涂片制备技术规范	中国兽医协会团体标准	2021 年
24	T/CVMA 68-2021	犬猫注射给药技术规程	中国兽医协会团体标准	2021 年
25	T/CVMA 69-2021	动物血涂片制备操作规程	中国兽医协会团体标准	2021 年
26	T/CVMA 70-2021	犬猫外周静脉留置针操作技术规程	中国兽医协会团体标准	2021 年
27	T/CVMA 71-2021	犬猫超声引导下腹横肌平面阻滞操作规范	中国兽医协会团体标准	2021 年
28	T/CVMA 72-2021	犬股骨头无菌性坏死 X 线诊断	中国兽医协会团体标准	2021 年
29	T/CVMA 73-2021	猫物理保定操作规范	中国兽医协会团体标准	2021 年
30	T/CVMA 74-2021	基于诺伯格氏角的犬髋关节发育不良 X 线诊断及分级	中国兽医协会团体标准	2021 年
31	T/CVMA 75-2021	犬猫牙齿超声洁治技术规范	中国兽医协会团体标准	2021 年
32	T/CVMA 76-2021	犬猫氧气疗法技术规范	中国兽医协会团体标准	2021 年
33	T/CVMA 77-2021	犬猫硬膜外麻醉技术规范	中国兽医协会团体标准	2021 年
34	T/CVMA 78-2021	犬心肺复苏操作规范	中国兽医协会团体标准	2021 年

续表

序　号	标准号	标准名称	标准类别	发布时间
35	T/CVMA 79-2021	犬有创动脉血压监测技术规范	中国兽医协会团体标准	2021 年
36	T/CVMA 80-2021	犬猫常用眼科检查技术规范	中国兽医协会团体标准	2021 年
37	T/CVMA 81-2021	犬猫角膜清创技术规范	中国兽医协会团体标准	2021 年
38	T/CVMA 82-2021	犬猫胸腔穿刺技术规范	中国兽医协会团体标准	2021 年
39	T/CVMA 83-2021	犬猫鼻 - 食道饲管操作技术规程	中国兽医协会团体标准	2021 年
40	T/CVMA 84-2021	犬猫气管插管规程	中国兽医协会团体标准	2021 年
41	T/CVMA 101-2022	猫皮肤癣菌病诊断技术规范	中国兽医协会团体标准	2022 年
42	T/CAAA 028-2019	兔病毒性出血症 2 型诊断技术规程	中国畜牧业协会团体标准	2019 年
43	T/CVMA 107-2022	狂犬病病毒微滴式数字 RT-PCR 检测方法	中国兽医协会团体标准	2022 年
44	T/CVMA 108-2022	犬瘟热病毒微滴式数字 RT-PCR 检测方法	中国兽医协会团体标准	2022 年
45	T/CVMA 109-2022	猫杯状病毒微滴式数字 RT-PCR 检测方法	中国兽医协会团体标准	2022 年
46	T/CVMA 110-2022	犬 H3 亚型流感病毒微滴式数字 RT-PCR 检测方法	中国兽医协会团体标准	2022 年
47	T/CVMA 111.1-2023	常见犬猫体格检查技术规范 第 1 部分 犬猫临床基本检查	中国兽医协会团体标准	2023 年
48	T/CVMA 111.2-2023	常见犬猫体格检查技术规范 第 2 部分 非侵入性动脉血压测量技术	中国兽医协会团体标准	2023 年
49	T/CVMA 111.3-2023	常见犬猫体格检查技术规范 第 3 部分 血流灌注状态评估	中国兽医协会团体标准	2023 年
50	T/CVMA 111.4-2023	常见犬猫体格检查技术规范 第 4 部分 水合状态评估	中国兽医协会团体标准	2023 年
51	T/CVMA 112-2023	犬细小病毒微滴式数字 PCR 检测方法	中国兽医协会团体标准	2023 年

续表

序　号	标准号	标准名称	标准类别	发布时间
52	T/CVMA 113-2023	猫疱疹病毒 1 型微滴式数字 PCR 检测方法	中国兽医协会团体标准	2023 年
53	T/CVMA 114-2023	犬猫狂犬病病毒抗体间接 ELISA 检测方法	中国兽医协会团体标准	2023 年
54	T/CVMA 115-2023	猫衣原体与支气管败血波氏杆菌双重实时荧光 PCR 检测方法	中国兽医协会团体标准	2023 年
55	T/CVMA 116-2023	猫杯状病毒与猫疱疹病毒 1 型双重实时荧光 RT-PCR 检测方法	中国兽医协会团体标准	2023 年
56	T/CVMA 117-2023	宠物临床诊疗职业技能评价规范 宠物医师助理	中国兽医协会团体标准	2023 年
57	T/CVMA 118-2023	宠物美容与护理职业技能评价规范	中国兽医协会团体标准	2023 年
58	T/CVMA 119-2023	宠物犬训导职业技能评价规范	中国兽医协会团体标准	2023 年
59	T/CVMA 121-2023	犬猫临床营养能量需求计算指南	中国兽医协会团体标准	2023 年
60	T/CVMA 122-2023	犬猫营养评估指南	中国兽医协会团体标准	2023 年
61	T/CVMA 123-2023	宠物临床营养管理师职业技能评价规范	中国兽医协会团体标准	2023 年
62	T/CVMA 137-2024	繁育猫福利规范	中国兽医协会团体标准	2024 年
63	T/CVMA 138-2024	繁育犬福利规范	中国兽医协会团体标准	2024 年
64	T/CVMA 151-2024	猫全身麻醉前风险评估指南	中国兽医协会团体标准	2024 年
65	T/CVMA 152-2024	犬全身麻醉前风险评估指南	中国兽医协会团体标准	2024 年
66	T/CVMA 153-2024	猫肠道线虫虫卵检查 粪便饱和盐水漂浮法	中国兽医协会团体标准	2024 年
67	T/CVMA 154-2024	犬猫关节镜使用操作规范 膝关节	中国兽医协会团体标准	2024 年
68	T/CVMA 155-2024	犬猫眼部超声扫查规范	中国兽医协会团体标准	2024 年

表 1-7　中国兽药协会团体标准汇总

序 号	标准号	标准名称	标准类别	发布时间
1	T/CVDA 1-2019	《兽用预灌封塑料乳房注入器》	中国兽药协会团体标准	2019 年
2	T/CVDA 2-2019	《兽用大容量注射液聚酯瓶》	中国兽药协会团体标准	2019 年
3	T/CVDA 3-2019	《兽用液体疫苗聚丙烯瓶》	中国兽药协会团体标准	2019 年
4	T/CVDA 4-2019	《兽用液体疫苗聚乙烯瓶》	中国兽药协会团体标准	2019 年
5	T/CVDA 5-2019	《兽用口服固体热封垫片塑料瓶》	中国兽药协会团体标准	2019 年
6	T/CVDA 6-2019	《兽用口服液体热封垫片塑料瓶》	中国兽药协会团体标准	2019 年
7	T/CVDA 7-2021	复合卡波姆溶液佐剂	中国兽药协会团体标准	2021 年
8	T/CVDA 8-2021	水包油包水动物疫苗佐剂	中国兽药协会团体标准	2021 年
9	T/CVDA 9-2022	动物西尼罗病毒中和抗体检测技术	中国兽药协会团体标准	2022 年
10	T/CVDA 10-2022	动物新型冠状病毒中和抗体检测技术	中国兽药协会团体标准	2022 年
11	T/CVDA 11-2022	动物埃博拉病毒中和抗体检测技术	中国兽药协会团体标准	2022 年
12	T/CVDA 12-2022	动物中东呼吸综合征病毒中和抗体检测技术	中国兽药协会团体标准	2022 年
13	T/CVDA 13-2022	动物疫苗改性壳聚糖佐剂	中国兽药协会团体标准	2022 年
14	T/CVDA 14-2023	角鲨烯猪用疫苗佐剂	中国兽药协会团体标准	2023 年
15	T/CVDA 15-2023	动物疫苗复合脂质体佐剂 YSK M103	中国兽药协会团体标准	2023 年
16	T/CVDA 16-2024	间充质干细胞治疗猫急性肾损伤技术	中国兽药协会团体标准	2024 年
17	T/CVDA 17-2024	间充质干细胞治疗犬糖尿病技术	中国兽药协会团体标准	2024 年
18	T/CVDA 18-2024	动物全自动核酸检测系统	中国兽药协会团体标准	2024 年

续表

序　号	标准号	标准名称	标准类别	发布时间
19	T/CVDA 19-2024	动物荧光免疫层析分析仪	中国兽药协会团体标准	2024 年
20	T/CVDA 20-2024	动物凝血分析仪	中国兽药协会团体标准	2024 年
21	T/CVDA 21-2024	动物疫苗复合白油佐剂（油包水型）	中国兽药协会团体标准	2024 年
22	T/CVDA 22-2024	动物疫苗复合纳米铝佐剂（YSK M402）	中国兽药协会团体标准	2024 年
23	T/CVDA 23-2024	动物疫苗复合水包油佐剂（YSK M902）	中国兽药协会团体标准	2024 年
24	T/CVDA 24-2024	动物疫苗复合皂苷佐剂（YSK M101）	中国兽药协会团体标准	2024 年

3. 中国兽医协会动物医院分级评价和五星医院名单

为加强中国兽医协会动物医院类会员单位自身建设，提高动物医疗服务水平，保障动物健康，推动动物医疗高质量发展，中国兽医协会启动动物医院分级评价工作，并先后发布了《中国兽医协会动物医院分级评价管理办法（试行）》《中国兽医协会动物医院分级评价经费管理办法（试行）》《中国兽医协会动物医院分级评价标准（试行）》等文件，组建中国兽医协会动物医院分级评价管理委员会和技术委员会开展评价工作，分为包括资料审核、现场打分等环节，综合考察动物医院的功能、规模、设施条件、诊疗技术和管理的综合水平，将动物医院分为三星级、四星级和五星级三个等级。受到行业的广泛关注和认可，通过评价的动物医院充分发挥标杆引领作用，加强合作与创新，为宠物诊疗行业实现更高层次的突破和发展贡献力量。

表 1-8　中国兽医协会五星级动物医院名单

序　号	医院名称	所在地区
1	中国农业大学教学动物医院	北京市海淀区
2	天津威利固德宠物诊疗中心	天津市南开区
3	派美特沈农禾丰动物医院	辽宁省沈阳市沈河区
4	上海申普宠物医院黄浦总院	上海市黄浦区

续表

序 号	医院名称	所在地区
5	上海顽皮家族宠物医院虹桥总院	上海市长宁区
6	广州爱诺百思动物医院	广东省广州市海珠区
7	瑞鹏广州中心动物医院	广东省广州市越秀区
8	武汉希望动物医院中心医院	湖北省武汉市武昌区
9	武汉默东动物医院光谷分院	湖北省武汉市东湖新技术开发区
10	华中农业大学动物医院	湖北省武汉市洪山区
11	武汉联合动物医院汉阳总院	湖北省武汉市汉阳区
12	四川瑞派华茜宠物医院高新院区	四川省成都市武侯区
13	悦宠二十四小时（北京）动物医院	北京市海淀区
14	贵州大学动物医院	贵州省贵阳市花溪区
15	北京派仕佳德动物医院	北京市朝阳区
16	北京观赏动物医院	北京市西城区
17	杭州瑞派虹泰宠物医院环城总院	浙江省杭州市上城区
18	杭州瑞派虹泰宠物医院月明中心医院	浙江省杭州市滨江区
19	上海菲拉凯蒂宠物医院	上海市闵行区
20	上海汪汪小公馆宠物医院	上海市长宁区
21	石家庄众心动物医院（军兴家园店）	河北省石家庄市桥西区
22	石家庄芭比堂河北动物医院桥东分院	河北省石家庄市裕华区
23	西北农林科大西安动物医院	陕西省西安市雁塔区
24	西安京美动物医院	陕西省西安市雁塔区
25	西安和和动物医院	陕西省西安市雁塔区
26	西安西京动物医院	陕西省西安市碑林区
27	西安京和动物医院	陕西省西安市未央区
28	南京农业大学教学动物医院	江苏省南京市玄武区
29	南京天圆宠物医院	江苏省南京市江宁区
30	南京暖馨宠物医院	江苏省南京市建邺区
31	杭州瑞派虹泰天目里转诊中心	浙江省杭州市西湖区
32	浙江大学教学动物医院	浙江省杭州市西湖区
33	上海领华动物医院	上海市徐汇区

续表

序　号	医院名称	所在地区
34	艾吉二十四小时（上海）宠物医院	上海市虹口区
35	瑞派深圳中心 24 小时医院	广东省深圳市罗湖区
36	维特（深圳）动物医院	广东省深圳市南山区
37	瑞鹏宠物医院第二中心医院	广东省深圳市福田区
38	吉林大学教学动物医院	吉林省长春市绿园区
39	派美特吉农禾丰动物医院	吉林省长春市南关区
40	英邦尼宠物医院宁波转诊中心	浙江省宁波市鄞州区
41	萌兽贝康（上海）宠物医院长宁总院	上海市长宁区
42	上海瑞派小精灵宠物医院义然宠物诊疗	上海市浦东新区
43	新疆宠乐嘉连锁动物医院昆仑路店	新疆维吾尔自治区乌鲁木齐市水磨沟区
44	瑞派新疆爱典动物医院北辰店	新疆维吾尔自治区乌鲁木齐市新市区
45	武汉联合动物医院诊疗中心	湖北省武汉市江岸区
46	武汉明星动物医院	湖北省武汉市江汉区
47	上海鹏峰宠物医院	上海市闵行区
48	北京十里堡关忠动物医院	北京市朝阳区

4. 中国兽医协会动物福利友好医院和猫友好医院名单

　　为倡导动物福利理念，为动物们营造更好的生活和就诊环境。中国兽医协会开展伴侣动物福利友好医院和猫友好医院评价工作，鼓励有关单位和人员合理、人道地对待动物，构建人、动物与环境和谐共生的"同一健康"生命共同体。

表 1-9　中国兽医协会动物福利友好医院和猫友好医院名单

序　号	医院名称	所在地区
1	中国农业大学教学动物医院	北京市海淀区
2	华中农业大学动物医院	湖北省武汉市洪山区
3	南京农业大学教学动物医院	江苏省南京市玄武区
4	扬州大学兽医学院动物医院	江苏省扬州市邗江区
5	吉林大学教学动物医院	吉林省长春市绿园区

续表

序　号	医院名称	所在地区
6	西北农林科大西安动物医院	陕西省西安市高新区
7	华南农业大学教学动物医院	广东省广州市天河区
8	东北农业大学教学动物医院	黑龙江省哈尔滨市香坊区
9	浙江农林大学教学动物医院	浙江省杭州市临安区
10	新疆农业大学动物中心医院	新疆维吾尔自治区乌鲁木齐市沙依巴克区
11	维特（深圳）动物医院	广东省深圳市南山区
12	芭比堂（北京）国际动物医疗中心有限公司	北京市朝阳区
13	北京美联众合动物医院有限公司	北京市朝阳区
14	南京宠颐生企业管理咨询有限公司江东中路宠物医院	江苏省南京市建邺区
15	广州爱诺百思动物医院	广东省广州市海珠区
16	呼和浩特市宠颐生动物医院有限公司	内蒙古自治区呼和浩特市赛罕区
17	保定瑞云动物医院有限公司	河北省保定市竞秀区
18	南京宠颐生企业管理咨询有限公司龙蟠中路宠物医院	江苏省南京市秦淮区
19	福州市仓山区瑞鹏百泰宠物医院有限公司	福建省福州市仓山区
20	长沙宠颐生忠心动物医院有限公司	湖南省长沙市芙蓉区
21	合肥市瑞鹏宠物医院有限公司天柱路分公司	安徽省合肥市高新区
22	长春宠颐生动物诊疗有限公司	吉林省长春市南关区
23	北京宠颐生我爱我爱动物医院有限公司	北京市朝阳区
24	广州爱诺百思动物医院有限公司骏景分公司	广东省广州市天河区
25	上海鹏峰宠物医院	上海市闵行区
26	南京艾贝尔宠物医院有限公司双龙大道宠物医院	江苏省南京江宁区
27	维特（深圳）动物医院有限公司青羊大道分公司	四川省成都市青羊区
28	佛山市瑞鹏宠物医院有限公司惠景城分公司	广东省佛山市禅城区
29	武汉市维特宠物医院有限公司	湖北省武汉市江岸区
30	南京瑞鹏宠物医院有限公司龙江分公司	江苏省南京市鼓楼区
31	无锡市瑞鹏宠物医院有限公司中心医院分公司	江苏省无锡市梁溪区
32	南宁市瑞鹏宠物医院有限公司东葛路分公司	广西壮族自治区南宁市青秀区

续表

序　号	医院名称	所在地区
33	沈阳宠颐生宠物诊疗有限公司	辽宁省沈阳市铁西区
34	贵阳市瑞鹏宠物医院有限公司碧海乾图分公司	贵州省贵阳市观山湖区
35	宁波市芭比堂爱心宠物医院有限公司郭州第五分公司	浙江省宁波市鄞州区
36	杭州佳雯拱墅区丰潭路分院	浙江省杭州市拱墅区
37	宁波佳雯宠物医院有限公司	浙江省宁波市海曙区
38	四川瑞派华茜宠物医院高新院区	四川省成都市武侯区
39	杭州瑞派虹泰宠物医院环城总院	浙江省杭州市上城区
40	瑞派宠物医院（沈阳和平院）	辽宁省沈阳市和平区
41	内蒙古农业大学瑞派动物医院	内蒙古自治区呼和浩特市赛罕区
42	瑞派宠物医院（唐山青年路店）	河北省唐山市丰南区
43	瑞派宠物医院（道里院）	黑龙江省哈尔滨市道里区
44	瑞派喵宠物医院（金成时代广场店）	河南省郑州市金水区
45	瑞派华西动物医院（武侯院区）	四川省成都市武侯区
46	瑞派华西动物医院（梓州院区）	四川省成都市高新区
47	瑞派北京关忠动物医院十里堡总院	北京市朝阳区
48	瑞派宠物医院诊疗中心（铁西总院）	河南省安阳市龙安区
49	瑞派雷欧宠物医院（无影山店）	山东省济南市天桥区
50	瑞派宠物医院（让区店）	黑龙江省大庆市让胡路区
51	瑞派宠泽园动物医院	北京市丰台区
52	瑞派宠物医院（武清爱宠店）	天津市武清区
53	瑞派虹泰宠物医院（萧山南秀路分院）	浙江省杭州市萧山区
54	瑞派宠物医院（大西路店）	江苏省镇江市京口区
55	瑞派宋医生动物医院（莱蒙总店）	江西省南昌市红谷滩区
56	瑞派宠物医院（大庆新村院）	黑龙江省大庆市萨尔图区
57	瑞派昱奕宠物医院	河南省郑州市管城回族区
58	瑞派宠物医院（唐城壹零壹店）	河北省唐山市路北区
59	瑞派派特堡宠物医院（大成分院）	广东省深圳市宝安区
60	瑞派名望动物医院（永爱分院）	重庆市江北区

序 号	医院名称	所在地区
61	瑞派虹泰宠物医院（慈溪新城店）	浙江省宁波市慈溪市
62	瑞派虹泰宠物医院（御龙总院）	浙江省湖州市吴兴区
63	瑞派人爱动物医院（阳光新路店）	山东省济南市槐荫区
64	瑞派宠物医院（凌宇店）	河南省洛阳市西工区
65	瑞派精灵宠物医院（城东路总院）	河南省郑州市管城回族区
66	瑞派宠物医院（沈阳猫科中心店）	辽宁省沈阳市和平区
67	瑞派宠物医院（凤城五路店）	陕西省西安市未央区
68	瑞派宠物医院（沈阳北海院）	辽宁省沈阳市大东区
69	瑞派虹泰彩虹宠物医院（滨江彩虹院区）	浙江省杭州市滨江区
70	瑞派虹泰宠物医院（绍兴院区）	浙江省绍兴市越城区
71	瑞派宠物医院（吾悦店）	江苏省镇江市京口区
72	瑞派宠乐宠物医院（京林院）	河南省安阳市文峰区
73	瑞派虹泰宠物医院（余杭院区）	浙江省杭州市余杭区
74	瑞派关爱宠物医院（福元路店）	河南省郑州市金水区
75	瑞派宠物医院（伴侣院）	广东省惠州市惠城区
76	瑞派新疆爱典动物医院北辰总院	新疆维吾尔自治区乌鲁木齐市新市区
77	瑞派宠物医院（悦然广场店）	江苏省镇江市润州区
78	瑞派虹泰宠物医院（南二环店）	浙江省宁波市慈溪市
79	瑞派关忠动物医院（三环新城店）	北京市丰台区
80	瑞派虹泰宠物医院（星海店）	浙江省湖州市吴兴区
81	瑞派名望维尔猫科医院	重庆市渝北区
82	瑞派虹泰宠物医院（海创分院）	浙江省杭州市余杭区
83	瑞派新梅江宠物医院	天津市河西区
84	瑞派乐宠动物医院（世贸院区）	海南省海口市龙华区
85	瑞派爱宠宠物医院（梅江店）	天津市河西区
86	瑞派宠乐宠物医院（东工路院）	河南省安阳市文峰区
87	瑞派宠物医院恒爱分院（长江路店）	河南省郑州市二七区
88	瑞派伟伟猫友好医院（光谷店）	湖北省武汉市洪山区

续表

序　号	医院名称	所在地区
89	瑞派哆利宠物医院（朱方路店）	江苏省镇江市润州区
90	瑞派宠物医院可爱多店（宾水西道店）	天津市南开区
91	瑞派虹泰宠物医院（湖墅分院）	浙江省杭州市拱墅区
92	瑞辰华诺动物医院（北京）有限责任公司	北京市朝阳区
93	上海福睿宠物有限公司	上海市闵行区
94	贵阳康诺动物医院有限责任公司	贵州省贵阳市乌当区
95	泉州市爱康宠物医院有限公司	福建省泉州市丰泽区
96	山西瑞辰众联中心动物医院有限公司	山西省太原市小店区
97	郑州市派德动物医院有限公司	河南省郑州市中原区
98	武汉希望团结宠物医院有限责任公司	湖北省武汉市武昌区
99	鄂尔多斯市爱宠动物医院有限公司	内蒙古自治区鄂尔多斯市准格尔旗
100	郑州艾它动物医院有限公司	河南省郑州市新郑市
101	深圳市卡拉宠物医院有限公司	广东省深圳市龙华区
102	上海爱侣宠物有限公司爱侣宠物医院	上海市普陀区
103	北京万千宠爱动物医院有限责任公司	北京市西城区
104	武汉希望汪汪动物诊所有限责任公司	湖北省武汉市汉阳区
105	武汉希望动物医院中心医院	湖北省武汉市武昌区
106	南京佩豪宠物医院有限公司	江苏省南京市建邺区
107	杭州惟一动物医院有限公司	浙江省杭州市拱墅区
108	福清市瑞辰顽皮多格动物医院有限公司	福建省福州市福清市
109	无锡派得士宠物医院有限公司	江苏省无锡市滨湖区
110	常州市红一梅动物诊疗有限公司	江苏省常州市天宁区
111	杭州道福宠物医院有限公司	浙江省杭州市钱塘区
112	西安和和动物医院	陕西省西安市雁塔区
113	西安京美动物医院	陕西省西安市雁塔区
114	贵阳瑞辰佳迪动物诊疗有限责任公司	贵州省贵阳市白云区
115	福州市鼓楼区瑞辰动物缘宠物医院有限公司	福建省福州市鼓楼区
116	济南初馨宠物医院有限公司	山东省济南市市中区

序　号	医院名称	所在地区
117	哈尔滨市南岗区宋医生宠物医院	黑龙江省哈尔滨市南岗区
118	郑州瑞辰南派宠物医院有限公司	河南省郑州市二七区
119	西安京和动物医院	陕西省西安市未央区
120	西安乐宠它它动物医院有限公司	陕西省西安市碑林区
121	西安西京动物医院	陕西省西安市碑林区
122	北京萌兽京朝宠物医院有限公司	北京市东城区
123	北京萌兽惠新桥宠物医院有限公司	北京市朝阳区
124	萌兽（天津）宠物医院有限公司奥城医馆分公司	天津市南开区
125	萌兽家（上海）宠物医院有限公司	上海市黄浦区
126	萌兽贝康（上海）宠物医院	上海市长宁区
127	萌兽（杭州）宠物医院有限公司	浙江省杭州市拱墅区
128	浙江大学教学动物医院	浙江省杭州市西湖区
129	瑞派虹泰宠物医院天目里转诊中心	浙江省杭州市西湖区
130	悦宠二十四小时（北京）动物医院	北京市海淀区

1.1.9 甄选宠物医院管理体系认证

　　随着宠物健康与福利的关注度不断提升，宠物医院的服务范围亦日益扩展。为提升宠物医院的服务质量、专业水平和管理规范，北京华思联认证中心联合东西部兽医共同推出"甄选宠物医院管理体系认证"，2024 年 5 月，推出首批甄选宠物医院，名单见表 1-10。

表 1-10　甄选宠物医院管理体系认证

医院名称	地　址	证书编号	查询网址
上海领华宠物医院有限公司	上海市徐汇区	11624AS020001	https://www.cnca.gov.cn（国家认证认可监督管理委员会官方网站）查询路径：服务 - 互联网 + 服务 - 认证结果查询
上海顽皮家族宠物有限公司	上海市长宁区	11624A8020002	
上海鹏峰宠物医院有限责任公司	上海市闵行区	11624AS020003	
菲拉凯蒂宠物诊疗（上海）有限公司	上海市闵行区	11624AS020004	
上海宠申动物医疗有限公司	上海市闵行区	11624AS020005	

　　甄选宠物医院管理体系认证的实施，对于宠物医疗行业来说具有重要意义。首先，它实现了对宠物医院医疗全流程的质量管控，提升医院的管理水平，使其能够更好地服务于宠物主人和宠物本身。其次，它打破宠主与宠物医院之间的信息壁垒，帮助宠主找到更加适合和优质的宠物医院。同时，该认证体系还为宠主与宠物医院之间搭建信任的平台与桥梁，提高了市场竞争力。此外，它对于行业的健康发展也起到了良好的引导与规范作用，为政府监管部门提供了重要的参考依据。

1.1.10　开设动物医学及其相关专业的院校

1. 开设动物医学及相关专业的本科院校

　　据统计，截至 2024 年中国内地开设动物医学专业的本科院校有 85 所（含职业本科、水生动物医学），每年毕业生在 10000~12000 人。

表 1-11　中国内地开设动物医学专业的本科院校

省（自治区、直辖市）	本科院校	省（自治区、直辖市）	本科院校
山东	菏泽学院	吉林	吉林大学
	聊城大学		延边大学
	临沂大学		吉林农业大学
	青岛农业大学		吉林农业科技学院
	青岛农业大学海都学院		长春科技学院
	山东农业大学	云南	云南农业大学
	山东农业工程学院		昆明学院
安徽	安徽农业大学	黑龙江	黑龙江八一农垦大学
	皖西学院		东北农业大学
	安徽科技学院		东北林业大学
福建	福建农林大学	辽宁	沈阳农业大学
	龙岩学院		锦州医科大学
	福建农林大学金山学院		辽东学院
	集美大学		沈阳工学院
宁夏	宁夏大学		大连海洋大学

续表

省（自治区、直辖市）	本科院校	省（自治区、直辖市）	本科院校
山西	山西农业大学	湖北	长江大学
山西	晋中信息学院	湖北	华中农业大学
上海	上海海洋大学	湖北	长江大学文理学院
江苏	南京农业大学	湖南	湖南农业大学
江苏	金陵科技学院	湖南	湖南农业大学东方科技学院
江苏	扬州大学	湖南	湖南农业大学东方科技学院
江苏	盐城工学院	贵州	贵州大学
江西	江西农业大学	新疆	塔里木大学
江西	宜春学院	新疆	新疆农业大学
浙江	浙江大学	新疆	石河子大学
浙江	浙江农林大学	新疆	新疆农业职业技术大学
浙江	浙江金华职业技术大学	甘肃	甘肃农业大学
广西	广西大学	甘肃	西北民族大学
广西	广西农业职业技术大学	天津	天津农学院
四川	四川农业大学	河北	河北工程大学
四川	西昌学院	河北	河北农业大学
四川	西南民族大学	河北	河北北方学院
四川	四川民族学院	河北	河北科技师范学院
西藏	西藏农牧学院	北京	中国农业大学
西藏	西藏大学	北京	北京农学院
重庆	西南大学	内蒙古	内蒙古民族大学
陕西	西北农林科技大学	内蒙古	内蒙古农业大学
河南	安阳工学院	广东	华南农业大学
河南	河南科技大学	广东	广东海洋大学
河南	河南科技学院	广东	仲恺农业工程学院
河南	河南牧业经济学院	广东	佛山大学
河南	河南农业大学	海南	海南大学
河南	信阳农林学院	青海	青海大学

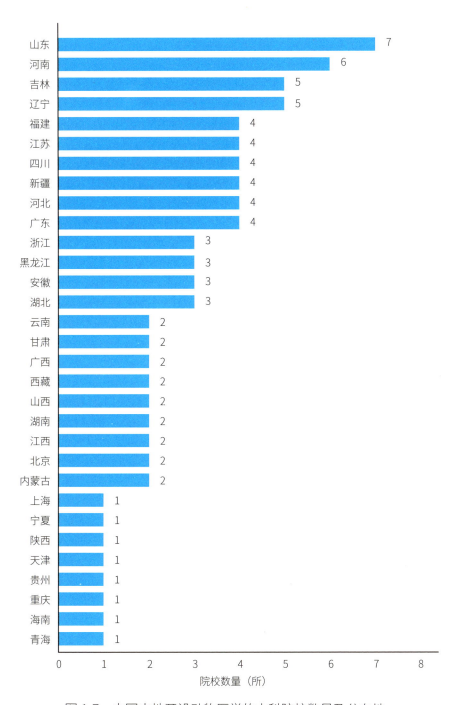

图 1-7　中国内地开设动物医学的本科院校数量及分布地

2. 2024 年全国动物医学类院校及专业排名

2024 软科中国大学专业排名发布，该榜单对中国动物医学及相关专业的主要院校进行了综合评估，对于了解我国宠物医疗培养核心资源分布有指导意义。动物医学类专业方面，中国农业大学、华中农业大学、南京农业大学、华南农业大学、西南大学等具有领先实力。在水产类专业方面，上海海洋大学及集美大学具有较强学科实力。在中兽医学方面，中国农业大学、西南大学排名前列。

表 1-12　动物医学类 A+ 专业排名

专业名称	层次	排名	学校名称	学校条件	学科支持	专业生源	专业就业	专业条件
动物医学	A+	1	中国农业大学	A+	A+	A+	A	A
	A+	2	华中农业大学	A	A+	A	B	B+
动物药学	A+	1	南京农业大学	A	A	A+	A+	B+
	A+	2	华南农业大学	B+	A	B+		B+
中兽医学	A+	1	中国农业大学	A+	A+	A+	A	A+
	A+	2	西南大学	B+		A+	A	B

表 1-13　水产类 A+ 专业排名

专业名称	层次	排名	学校名称	学校条件	学科支持	专业生源	专业就业	专业条件
水生动物医学	A+	1	上海海洋大学	B+	A+	A+	A	A+
	A+	2	集美大学	B+	B	A+	A	B

数据来源：2024 软科中国大学专业排名。

3. 开设畜牧兽医相关专业的大专院校

据统计，截止到 2023 年中国内地开设畜牧兽医相关专业的大专院校有 163 所，平均每年畜牧兽医相关专业大专毕业生在 20000~25000 人。

表 1-14　中国内地开设畜牧兽医相关专业的大专院校（排名不分先后）

省（自治区、直辖市）	大专院校	省（自治区、直辖市）	大专院校
山东	枣庄职业学院	上海	上海农林职业技术学院
	泰山职业技术学院	河南	南阳农业职业学院
	山东畜牧兽医职业学院		河南农业职业学院
	潍坊工商职业学院		周口职业技术学院
	临沂科技职业学院		商丘职业技术学院
	菏泽职业学院		洛阳职业技术学院
	威海海洋职业学院		鹤壁职业技术学院
	聊城职业技术学院		汝州职业技术学院
	山东科技职业学院		濮阳科技职业学院
安徽	宿州职业技术学院	湖南	益阳职业技术学院
	池州职业技术学院		湘西民族职业技术学院
	芜湖职业技术学院		常德职业技术学院
福建	福建农业职业技术学院		岳阳职业技术学院
江苏	徐州生物工程职业技术学院		怀化职业技术学院
	江苏农林职业技术学院		娄底职业技术学院
	江苏农牧科技职业学院		湖南环境生物职业技术学院
	盐城农业科技职业学院		湖南生物机电职业技术学院
	淮安生物工程高等职业学校		永州职业技术学院
江西	赣州职业学院		邵阳职业技术学院
	江西农业工程职业学院		湖南网络工程职业学院
	江西生物科技职业学院	北京	北京农业职业学院
	吉安职业技术学院	广西	广西职业技术学院
浙江	温州科技职业学院		广西农业工程职业技术学院
	嘉兴职业技术学院	宁夏	宁夏职业技术学院
	金华职业技术大学	西藏	西藏职业技术学院

省（自治区、直辖市）	大专院校	省（自治区、直辖市）	大专院校
湖北	湖北生物科技职业学院	吉林	松原职业技术学院
	湖北三峡职业技术学院		长春职业技术学院
	荆州职业技术学院		吉林工程职业学院
	襄阳职业技术学院		辽源职业技术学院
	恩施职业技术学院	黑龙江	黑龙江民族职业学院
	黄冈职业技术学院		黑龙江农垦科技职业学院
河北	石家庄经济职业学院		黑龙江农业经济职业学院
	廊坊职业技术学院		黑龙江农业工程职业学院
	石家庄信息工程职业学院		黑龙江农业职业技术学院
	河北旅游职业学院		黑龙江职业学院
	衡水职业技术学院	广东	广东茂名农林科技职业学院
	唐山职业技术学院		惠州工程职业学院
	石家庄工程职业学院		广东农工商职业技术学院
	保定职业技术学院		广东梅州职业技术学院
	沧州职业技术学院		广东科贸职业学院
	邯郸科技职业学院		广东生态工程职业学院
内蒙古	扎兰屯职业学院	四川	阿坝职业学院
	乌兰察布职业学院		乐山职业技术学院
	锡林郭勒职业学院		眉山职业技术学院
	包头轻工职业技术学院		宜宾职业技术学院
	兴安职业技术学院		成都农业科技职业学院
	通辽职业学院		达州职业技术学院
	内蒙古北方职业技术学院		内江职业技术学院
	赤峰应用技术职业学院		南充职业技术学院
	鄂尔多斯生态环境职业学院		四川水利职业技术学院
辽宁	辽宁生态工程职业学院		资阳环境科技职业学院
	辽宁职业学院		德阳农业科技职业学院
	辽宁农业职业技术学院		四川三河职业学院
	阜新高等专科学校		甘孜职业学院
	鞍山职业技术学院	青海	青海农牧科技职业学院

省（自治区、直辖市）	大专院校	省（自治区、直辖市）	大专院校
云南	大理农林职业技术学院	重庆	重庆三峡职业学院
	云南锡业职业技术学院	陕西	榆林职业技术学院
	玉溪农业职业技术学院		渭南职业技术学院
	云南农业职业技术学院		延安职业技术学院
	曲靖职业技术学院		汉中职业技术学院
	西双版纳职业技术学院		西安职业技术学院
	昭通职业学院		咸阳职业技术学院
	香格里拉职业学院		宝鸡职业技术学院
	文山职业技术学院		杨凌职业技术学院
新疆	新疆农业职业技术大学		西安海棠职业学院
	伊犁职业技术学院	山西	吕梁职业技术学院
	阿克苏职业技术学院		朔州职业技术学院
	巴音郭楞职业技术学院		山西运城农业职业技术学院
	阿勒泰职业技术学院		晋中职业技术学院
	喀什职业技术学院		临汾职业技术学院
	塔城职业技术学院		长冶职业技术学院
	克孜勒苏职业技术学院		山西林业职业技术学院
	酒泉职业技术学院	贵州	贵州农业职业学院
甘肃	甘肃农业职业技术学院		毕节职业技术学院
	甘肃畜牧工程职业技术学院		黔西南民族职业技术学院
	临夏现代职业学院		铜仁职业技术学院
	兰州现代职业学院		六盘水职业技术学院
	平凉职业技术学院		遵义职业技术学院
	定西职业技术学院		黔南民族职业技术学院
	陇南师范高等专科学校		黔东南民族职业技术学院
海南	海南职业技术学院		安顺职业技术学院
	三亚城市职业学院		

注：职业大学有本科也有专科所以职业大学在本科、专科类目均有体现。

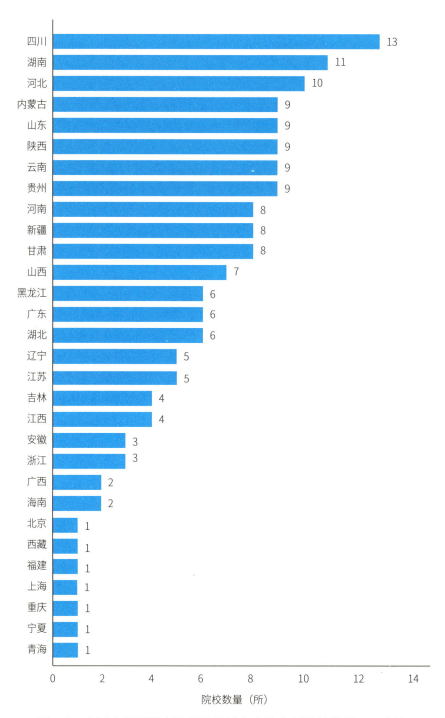

图 1-8　中国内地开设畜牧兽医相关专业的专科院校数量及分布地

1.2 中国香港宠物医疗行业概况

1.2.1 中国香港宠物医疗基本情况

近年来，香港的兽医和宠物护理行业经历了显著的增长。这一增长得益于宠物拥有量的增加、监管框架的扩大以及对兽医服务和宠物护理产品需求的增加。除兽医服务外，宠物美容、寄养和健康诊所等宠物护理服务也越来越受欢迎，因为宠物主人对宠物的整体健康投入越来越多。这一趋势反映了养宠物的"人性化"，它们被视为家庭的一部分，从而导致了对优质服务和产品的需求。

兽医和宠物护理行业对香港的动物福利和公共卫生做出了重要贡献，同时也是重要的经济驱动力。根据欧睿国际的数据，香港是亚太地区人均宠物护理消费最高的城市。尽管每个家庭拥有的宠物数量相差无几，但到 2023 年，香港的人均宠物护理消费比新加坡高出六倍。香港对宠物高端产品和服务的重视，凸显了宠物主人可支配收入的不断增加，以及他们越来越愿意投资于宠物的高端护理。

香港的宠物医疗行业数十年来发展迅速，主要体现在以下几个方面：宠物数量、宠物家庭、注册兽医和医疗机构的数量激增、监督监察机构和法律法规的完善、诊断服务和医药行业的长足发展，和高等教育体系的迅速扩展。

据香港特别行政区政府统计处（CSD）2018 年数据显示，香港家庭宠物仅猫犬的数量约 405200 只，是 1997 年统计结果的 2 倍有余（192300 只）。随着宠物数量的增加，对兽医服务的需求也随之增加。这就催生出更多的宠物诊疗机构建立和注册兽医数量增长。根据香港兽医管理局（VSB）的数据，香港注册兽医的人数几乎翻了一番，从 2010 年的 565 人增至 2024 年 9 月的 1035 人。这一增长得益于犬猫数量的增加、宠物护理水平的提高以及新兽医培训计划的推出。

自 1997 年起香港特别行政区政府制定了《兽医注册条例》（香港法例第 529 章）并明确设立 VSB 为监督机构，负责监督兽医的执业与注册，并对其专业性活动的纪律进行监管，自此，香港兽医行业逐渐走向职业化与规范化。VSB 还负责设置、维护和公布注册兽医名单，供市民查询兽医资质。此外 VSB 还为兽医行业引入了持续专业发展计划（CPD），以鼓励所有执业兽医持续学习最新的兽医学知识、精进操作技能，确保香港兽医提供专业和高水平的服务，并保持该行业的健康状态。根据 VSB 的数据，2018 年中国香港注册兽医与宠物的数量比例为 1:410，远高于新加坡（1:2543）、英国（1:2374）和美国（1:2374）。截至 2023 年 9 月，74 名注册兽医获准在香港宣传或声称为专家。

全新的兽医学位课程也促进了香港兽医行业的发展。2017 年，香港城市大学开办香港首个 6 年制兽医学学士学位课程。该课程开办前，有志在香港成为执业兽医的学生需在 VSB 认可的非本地院校获得学位。此计划的推出为学生提供更多在香港本地进行兽医学习和职业未来发展的机会。

香港兽医行业已有如今的发展，但仍存在诸多方面需进一步完善：如兽医资源在港分布不均，部分地区仍存在医疗短缺的问题，如医患比例失衡、排诊时间长等。虽然香港整体兽医宠物比例较高，但部分专科的比例较低，亟须对口专科和护理支持。兽医在确保动物健康和福利方面发挥着关键作用，是公共卫生的重要组成部分。在"中国香港宠物医疗概况"这一节中，我们将更详细地介绍香港地区养宠概况、法律法规、宠物健康和福利的一些方面。

1.2.2 养宠概况

香港是世界上人口最稠密的地区之一，每平方千米约有 6750 人。家庭平均居住面积为 40 平方米。尽管空间有限，但饲养猫犬的家庭数量在过去 20 年里增加了一倍多。然而，根据香港特别行政区政府统计处的数据，犬和猫的数量从 2011 年的 415100 只减少到 2019 年的 405200 只。以下统计数据基于政府统计处 2019 年最新报告。

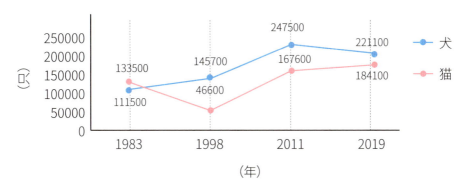

图 1-9　香港家庭宠物犬猫数量变化趋势

在宠物获得方式上，约有一半的犬和猫来自他人赠送与收养，35% 的犬购买自宠物店，而只有 20% 猫购买自宠物店。

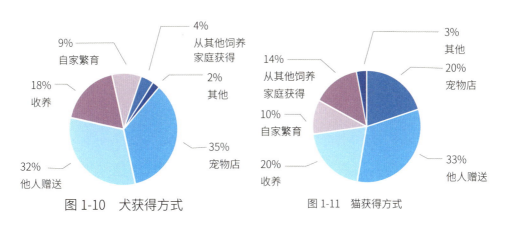

图 1-10　犬获得方式　　　　图 1-11　猫获得方式

截至 2019 年，有 241900 户家庭饲养犬和猫，占家庭总数的 9.4%。其中，147500 户养犬，103000 户养猫。犬和猫按家庭类型的分布情况如下所示。

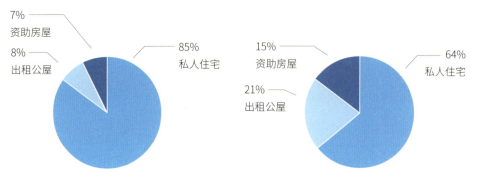

图 1-12　养犬家庭类型分布情况　　　图 1-13　养猫家庭类型分布情况

饲养犬和猫的家庭每月收入中位数分别为 36300 港元和 37000 港元。月收入高于 40000 港元的家庭中，其中有 8.1% 家庭养犬及 5.7% 家庭养猫，而月收入低于 10000 港元的家庭中，分别有 4.3% 养犬及 1.9% 养猫。32% 的犬主人拥有不止一只犬，41% 的猫主人拥有两只或更多猫。

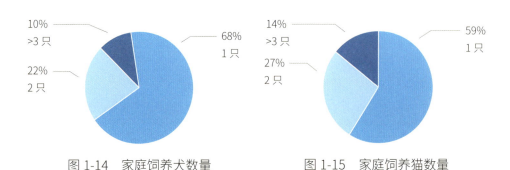

图 1-14　家庭饲养犬数量　　　　　图 1-15　家庭饲养猫数量

约 54% 的宠物犬年龄和 63% 的宠物猫处于 0 至 6 岁之间的年龄范围。老年犬和老年猫有非常相似的占比。

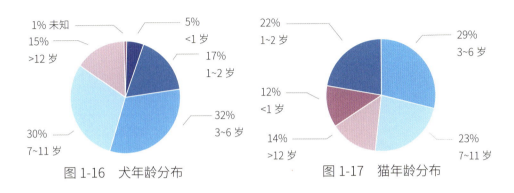

图 1-16　犬年龄分布　　　　　　图 1-17　猫年龄分布

虽然香港进口异宠的数量有所增加，但由于缺乏动物转口贸易的统计数据，很难估计在香港本地作为宠物售卖的动物的数量。有报告估计，2015 年至 2019 年香港宠物贸易中，有 400 万只外来动物（其中包括蜥蜴、海龟和蛇等爬行动物；鹦鹉和鸣禽等鸟类；仓鼠和兔子等哺乳动物；青蛙和蝾螈等两栖动物；蜘蛛和蝎子等节肢动物）被进口到中国。

其中，280 万种濒危物种受到濒危野生动植物种国际贸易公约（CITES）保护，这一数据高于世界上任何其他国家。然而，除了极少量的再出口外，目前还不清楚有多少这些动物被当作宠物饲养。在 2016 年，米嘉道资讯策略有限公司受香港兽医管理局委托进行的一项兽医行业的研究中，统计出除犬、猫和鱼外，还有 170700 只宠物，主要包括爬行动物类和鸟类等。

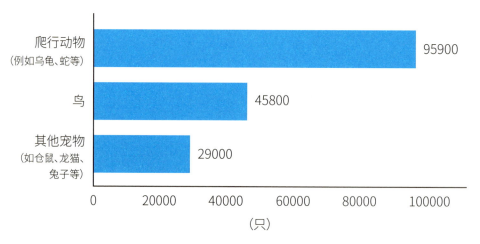

图 1-18　2016 年除犬、猫和鱼以外的宠物数量估计

数据显示，饲养异宠的首要原因是饲养空间较少。

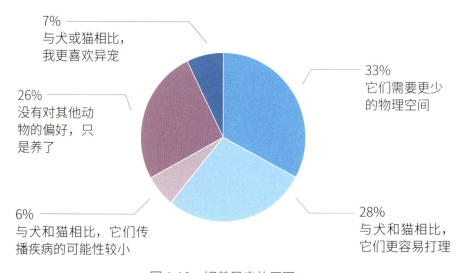

图 1-19　饲养异宠的原因

1.2.3 法律法规

1. 兽医的注册与监管

香港特别行政区兽医在执业或从事任何兽医服务之前，必须持有 VSB 颁发的有效执业证书。此外，VSB 制定和颁布了《注册兽医实务守则》，其中包含对注册兽医道德原则、纪律程序、专业关系、操作程序、商业惯例等方面的规范与指引。对于违反《注册兽医实务守则》的执业兽医，VSB 将负责调查和处理。

在兽医执业的各方面还需履行多项香港法例中所规定的责任与义务，包括《除害剂条例》（第 133 章）、《危险药物条例》（第 134 章）、《抗生素条例》（第 137 章）、《药剂业及毒药条例》（第 138 章）、《公众卫生 (动物及禽鸟) 条例》（第 139 章)、《猫狗条例》(第 167 章)、《防止残酷对待动物条例》(第 169 章)、《火器及弹药条例》（第 238 章）、《辐射条例》（第 303 章）、《动物（实验管制）条例》（第 340 章）、《废物处置条例》（第 354 章）、《个人资料（私隐）条例》（第 486 章）以及《保护濒危动植物物种条例》（第 586 章）。

2. 香港兽医学会（HKVA）

香港兽医学会是香港兽医行业相关人员（兽医、学生、护士和助理）组成的志愿组织。协会成立于 1982 年，由一群热心的兽医组成执行委员会。香港兽医学会设有多个小组委员会，例如动物福利小组委员会、诊所认证小组委员会、兽医公共卫生小组委员会、兽医管理局联络小组委员会、持续专业进修小组委员会、抗生素指引小组委员会，以及师友计划小组委员会。香港兽医学会不接受政府资助，其经费来源于会员费、网站分类广告和收取象征性费用的研讨会，此外研讨会在某些情况下会得到赞助商的慷慨资助。

3. 兽药相关法规

在兽用药物管理方面，香港特区政府在兽药的进口、销售、使用、废置和消费者保护等多个方面订立了详细的法律条文保证兽药的合法使用。在香港，兽药必须凭注册兽医的处方才可购买。药剂师必须在药物标签上注明"仅用于动物治疗"，并保留相应的记录以供检查。

在兽用抗生素和疫苗方面，卫生署根据香港法例中的《抗生素条例》（第 137 章）和《药剂业及毒药条例》（第 138 章）管制兽药和兽用疫苗。卫生署管理和公开提供有关（兽用）抗生素和疫苗的指引、表格、实务守则、最新信息和供销商的清单。而兽医须取得渔农自然护理署（渔护署）的许可方可使用抗生素作为治疗。

在药剂师规范方面，香港药剂业及毒药管理局根据《药剂业及毒药条例》（第 138 章）负责对药剂师的注册和执业认定、行为管理，药品制造商与授权销售商的许可和监督，药品商业化的监管控制以及药品的注册和分类。药剂师和授权销售商必须严格遵照供应药物和毒药（指药物在相关法律下的一种分类。通俗理解为受管制药物）。

4. 宠物饲养法规

在香港，宠物饲养同样受到一系列法律法规的约束，以确保宠物的福祉与公众的安全。这些法律涵盖了宠物饲养的各个方面，包括可饲养的宠物类型、宠物主的义务、宠物店的监管、虐待动物、特定种类宠物的特殊安排以及带宠物外出等等。

在香港，绝大多数的动物可以作为宠物在家饲养，但根据香港法例中的《野生动物保护条例》（第 170 章）和《保护濒危动植物物种条例》（第 586 章），饲养受保护的野生动物属刑事犯罪。另外，如果希望饲养被列入《濒危野生动植物种国际贸易公约》（也包含在第 586 章）中的非人工饲养的外来动物，则需要获得渔农自然护理署的许可。

香港的宠物主负有多项法律义务。根据《防止残酷对待动物条例》（第 169 章），虐待各种动物，无论是驯养的还是野生的，包括遗弃、殴打和过度策骑等，可处以监禁和罚款。检控工作由警方及渔护署负责。特别要注意，针对宠物犬只，根据《狂犬病条例》（第 421 章），犬只主人有法律义务申请许可证并为其宠物接种狂犬病疫苗。《狂犬病条例》和《危险狗只规例》（第 167D 章）则规定了有关在公共场所犬只的管理规则。根据《公共清洁及防止妨扰条例》（第 132BK 章），犬只主人不清理其犬留在公共场所的任何粪便或尿液，即属违法。

宠物交易与寄养相关规定在香港法例《公共卫生（动物及禽鸟）条例》（第 139 章）中有所体现，未取得经渔护署颁发的牌照或许可证（动物售卖商牌照，

ATL；甲类繁育犬只牌照，DBLA；乙类繁育犬只牌照，DBLB；单次许可证）而饲养用于交易的小型哺乳动物、爬行动物和鸟类属违法行为，而两栖动物、鱼类和无脊椎动物的交易无须许可证。持牌人有责任遵守有关宠物销售和护理的具体规定，包括微芯片植入、许可证申请和疫苗接种。动物寄养场所（例如宠物旅馆）亦须持有香港法例中《公众卫生（动物）（寄养所）规定》（第 139 I 章）所要求的由渔护署发出的动物寄养所牌照。渔护署会公布持牌动物交易商、养殖者、动物福利机构和寄养机构名单。

　　将宠物带入香港均须获得渔护署的许可证。对于猫犬、爬虫、马、鸟类、啮齿动物和爬行动物等存在一定健康风险的宠物（如禽流感、沙门氏菌病等），需要申请特殊许可证。如果动物来自于狂犬病风险地区，一般需要在渔护署下辖的动物管理中心接受至少为期四个月的隔离检疫。此外，在进入香港之前，还需要提供动物健康证明，包括疫苗接种信息和微芯片信息等。

1.2.4 宠物健康与福利

根据香港兽医管理局的数据，截至 2022 年底，香港注册兽医数量为 1104 人。近年来，提供兽医服务的专业人士增长放缓。从 10 年复合增长率来看，增长率从 9% 下降到 2022 年的 5.25%。2020 年至 2023 年三年的同比增长率低于 1998 年以来的任何时期，2020 年、2021 年和 2022 年分别为 2.48%、1.40% 和 1.28%。注册兽医数在 2023 年从 2022 年底的 1104 名减少到 1035 名。

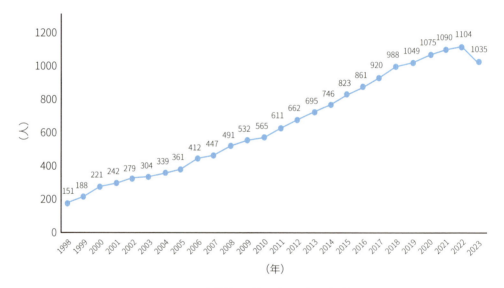

图 1-20　香港注册兽医数量变化趋势

据香港兽医管理局网站数据显示，获准在香港宣传或声称为专家的注册兽医人数，从 2010 年的 2 人增加到 2023 年的 74 人。

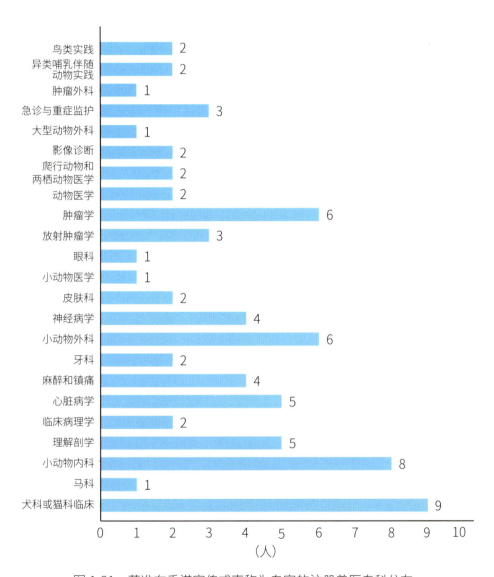

图 1-21　获准在香港宣传或声称为专家的注册兽医专科分布

1. 宠物诊疗和护理服务

在香港约有 198 家兽医诊所、212 家宠物店和 57 家寄养机构（如宠物酒店）。

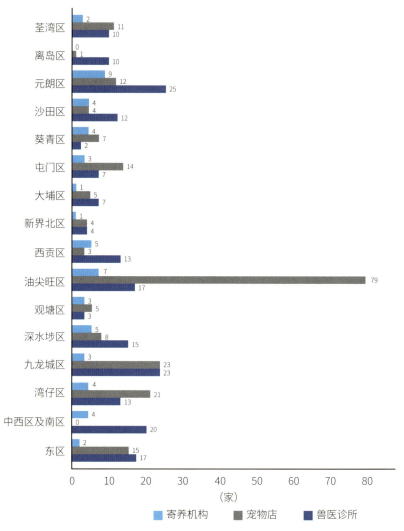

图 1-22　香港兽医诊所、宠物店和寄养机构数量及分布 [①]

---

① 此图仅包括同意列入渔护署名单的寄养机构、宠物店和兽医诊所。

2. 宠物诊疗机构服务概况

据渔护署估计，几乎所有诊所均提供一般咨询及简单手术服务，而只有一半诊所提供高级手术及针灸服务。

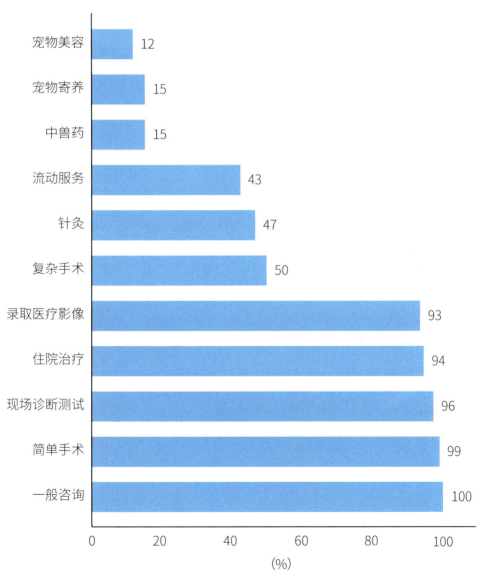

图 1-23　香港兽医诊疗机构提供服务项目的比例

虽然香港几乎所有兽医诊所都为犬和猫提供诊疗服务，其中约有一半为仓鼠和兔子提供诊疗服务，而只有大约五分之一的诊所为鸟类提供诊疗服务。

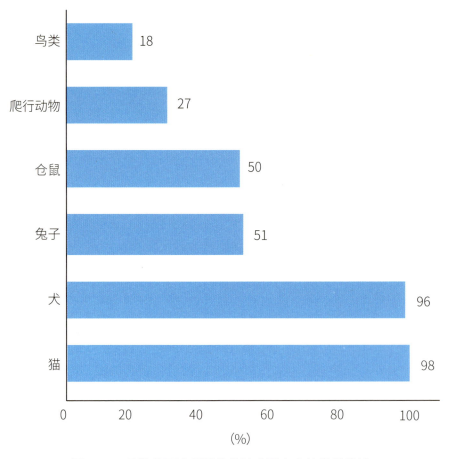

图 1-24　香港兽医诊所提供的诊疗服务宠物种类统计

3. 兽医诊断实验室

在香港有四间兽医诊断实验室：城大动物医疗检验中心（CityU Veterinary Diagnostic Laboratory，CityU VDL），亚洲兽医诊断动物医院（Asia Veterinary Diagnostics，AVD），柏立医学化验所（PathLab Medical Laboratories, PathLab）和亚洲动医医疗用品有限公司（Asia Vet Medical Limited，AVM）。

表 1-15　兽医诊断实验室检测项目

实验室服务	CityU VDL	AVD	PathLab	AVM
血液学	●		●	
组织病理学	●	●	●	●
细胞学	●	●	●	
微生物学	●	●	●	
血清学	●		●	
化学	●		●	
分子 PCR	●	●	●	●
基因检测	●			
过敏检测				

除以上项目外，AVD 还额外提供以下 ANTECH 独家测试：检测犬膀胱癌、前列腺癌中的 B-Raf 基因突变；针对 20 种消化道寄生虫的 PCR 筛查；与 PetDx 合作，使用新一代测序技术进行犬多癌症检测（MCD）检验；筛查 120 个相关癌症基因。AVM 诊断服务还通过 IDEXX 参考实验室提供以下服务：RealPCR Test；微生物学检测服务；病理学检测服务；特定 cPL 检测 / 特定 fPL 检测；粪便 Dx 抗原检测；IDEXX SDMA 检测。

根据香港城市大学兽医诊断实验室最近的报告，猫样本最常见疾病是由猫冠状病毒引起的猫传染性腹膜炎 (FIP)，阳性率约为 4.5%。其次是胎儿三毛滴虫（阳性率约 1%)，再次是杯状病毒、猫泛白细胞减少症病毒和猫疱疹病毒（阳性率均小于 0.5%)。在犬样本中最常见病原体是引起蜱传疾病的病原体：吉氏巴贝斯虫

（阳性率约为 20%）、犬埃利希体（阳性率约 7%）、犬巴贝斯虫（阳性率约 2%）。而最常见的非蜱传疾病是犬瘟热（阳性率约 0.20%）和钩端螺旋体病（阳性率约 0.08%）。

4. 宠物医药企业

表 1-16　香港本地宠物医药企业及其主要产品

企　业	产　品
福莱事诊断有限公司	单重、多重掌上核酸现场快速检测试剂盒、标本前处理试剂盒、病原、突变位点、品种等分子诊断试剂盒（实时荧光 PCR、实时荧光恒温探针扩增法、高分辨溶解曲线法）
海康生命科技有限公司	分子诊断试剂盒 (PCR, RT-PCR, NASBA)
动析智能科技有限公司	基于人工智能的心脏护理平台
泇保有限公司	宠物消毒产品
知密亚香港有限公司	涵盖注射、手术、整形、住院、保护、清洁、美容等领域的兽医用品
亚洲动医医疗用品有限公司	特种设备、实验室检测服务、保健品分销商 (IDEXX、Biogal、MILA、Beckman Coulter、3M、BD 等)
施惠德洋行有限公司	伴侣动物产品和兽药分销商（Zoetis、Ferplast、PetSafe、Mervue 等）
邦德药业有限公司	药品、膳食和营养补充剂分销商

5. 动物福利组织

渔护署鼓励公众通过其合作的动物福利组织（AWOs）领养被遗弃的动物，这些组织包括长洲爱护动物小组（CCAC），救狗之家（HKDR），香港兔友协会，香港拯救猫狗协会，香港两栖及爬虫协会（HKHerp），阿棍屋（House of Joy & Mercy），南丫岛动物保护组织，保护遗弃动物协会（SAA），香港爱护动物协会 (SPCA) 等。

6. 兽医教育

香港城市大学赛马会动物医学及生命科学学院（JCC）与康奈尔大学兽医学院合作提供六年制兽医学学士学位（BVM）。BVM 项目基于能力为基础的兽医医学教育（CBVE）框架设计，符合皇家兽医学院（RCVS）和澳大拉西亚兽医委员会（AVBC）制定的严格的国际兽医教育标准。BVM 项目由政府创办，每年仅招收 36 名学生。高师生比配置，保证每一名学生都有机会与世界一流教师之间的直接互动，提供了前所未有的兽医医学教育质量。BVM 课程由五个主要组成部分组成：香港城市大学入门教育课程；康奈尔大学 DVM 预科课程；康奈尔大学 DVM 基础课程；JCC 和 BVM 核心主题——与本地相关的特别课程（动物福利、水产养殖和水产医学、食品安全、新发传染病和健康一体化）；临床课程、临床轮转和校外学习。循证医学和研究深深植根于课程中，所有 BVM 学生都必须在第五年的学习中开展一个研究项目。

香港城市大学 BVM 项目的毕业的每一位学生都将具备由英国认证机构（RCVS）提出的第一天能力（D1C）标准和澳大利亚认证机构（AVBC）提出的兽医学毕业生的特质标准。这些标准描述了兽医学生在毕业的"第一天"必须具备的知识、技能、价值观和态度，以便为患宠和社会的利益服务。

根据《兽医注册条例》，自香港以外获取的学位的人员符合要求者亦可在香港注册成为兽医，如从英国、爱尔兰、澳大利亚、新西兰和南非获得受皇家兽医学院认可的兽医学位；美国、加拿大、法国、墨西哥、印度、韩国和荷兰大学指定兽医学院的学位，由美国兽医协会（AVMA）教育委员会认可的学院或 AVMA 列出的全球兽医学院目录中的学位项目所授予的学位等。

持续专业发展（CPD）是所有在香港兽医管理局注册的兽医的责任。持续专业发展是一个通过不断维护、改进和增加技能和知识以确保兽医熟悉临床兽医学的最新发展的过程。按照《香港兽医管理局注册兽医强制持续专业发展计划指引》的规定，在香港执业的兽医必须参与到进修活动中，并以两年为周期滚动向香港兽医管理局报告。在每个周期中，注册兽医需要通过参加包括但不限于讲习班、研讨会、会议、指导和科学讨论等活动，以获得不少于 40 个 CPD 积分。

1.3 国际宠物医疗行业概况

1.3.1 主要国家人口增长率

世界人口仍在增长，但增速正在放缓，自 2020 年后世界人口年均增速低于 1%。在主要国家中，澳大利亚人口增长率最高，2023 年同比增长 2.4%。日本生育率长期低迷，而中国则是受生育意愿下降，婚育时间推迟以及人口老龄化的影响，已经进入负增长区间，2022 年全球第一人口大国已被印度取代。

图 1-25　世界人口数量及增长率变化趋势预测

数据来源：世界银行。

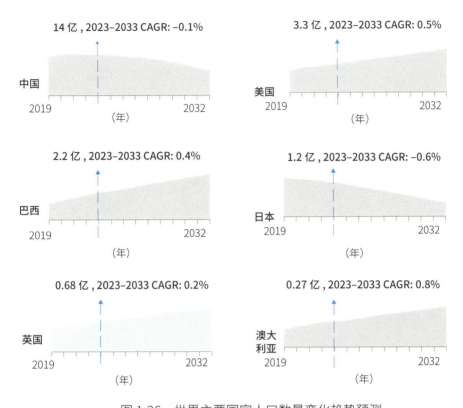

图 1-26　世界主要国家人口数量变化趋势预测

数据来源：世界银行。
注：各表中虚线指 2023 年。CAGR：复合年均增长率。

1.3.2 主要国家人均收入增长率

　　世界主要国家中，美国国民人均收入居世界第一位，其次是澳大利亚。中国国民人均收入目前基本处于世界平均水平，低于四个主要国家，但高于巴西。2022 年中国的人均国民收入增速有所下降，但仍高于主要发达国家。

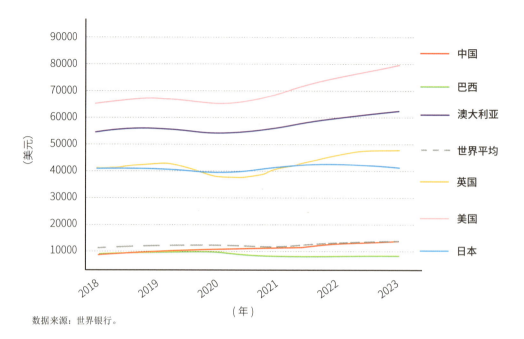

数据来源：世界银行。

图 1-27　主要国家人均国民收入

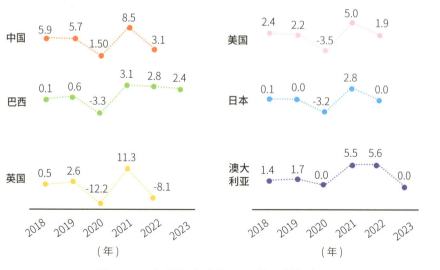

图 1-28　主要国家人均国民收入增长率

数据来源：世界银行。

注：2022 年世界人均 GNI 增速为 1.7%。

1.3.3 主要国家犬猫数量

1. 主要国家宠物犬数量

过去 5 年，日本和中国的宠物犬数量呈下降趋势，并且这种缓慢下降的趋势将会延续到未来 5 年。其他主要国家的宠物犬数量仍处于增长趋势，但未来 5~6 年的增速较前两年趋缓。

日本宠物犬数量的下降和国内人口生育率的持续下降和居住空间变小有关；而中国宠物犬过去 2 年数量的减少应该是受到"猫经济"和疫情的影响有关。

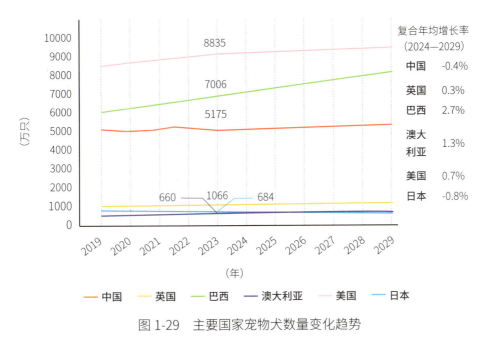

图 1-29　主要国家宠物犬数量变化趋势

数据来源：欧睿数据库，中国宠物行业白皮书。

2. 主要国家宠物猫数量

中国已成为全球最大的宠物猫市场之一，宠物猫的数量已经超过全球主要的宠物国家，仅次于美国。中国的宠物猫数量在过去 5 年中增速最快，并且预计在未来 5 年内仍然会保持持续增长，而巴西宠物猫的数量预计到 2028 年也会保持较高的增长速度。

图 1-30　主要国家宠物猫数量变化趋势

数据来源：欧睿数据库，中国宠物行业白皮书。
注：欧睿数据统计口径包含流浪猫犬。

3. 主要国家宠物犬猫数量

除澳大利亚外，大多数国家猫数量的增长率都高于犬。中国宠物猫的数量在2021 年已经超过宠物犬，并呈持续上升趋势。

表 1-17　主要国家宠物犬猫数量变化对比

单位 / 万只

国　别	宠物种类	年份（年）											年均增长率
		2019	2020	2021	2022	2023	2024	2025	2026	2027	2028	2029	
美国	犬	8119	8458	8668	8823	8919	9005	9061	9116	9161	9200	9190	0.7%
	猫	7985	8409	8712	8975	9201	9312	9423	9530	9624	9716	9734	1.1%
中国	犬	5503	5222	5429	5119	5145	5172	5198	5225	5251	5278	5056	-0.4%
	猫	4412	4862	5806	6536	6730	6929	7135	7347	7564	7789	7628	1.5%
巴西	犬	6062	6313	6557	6790	7006	7221	7434	7644	7851	8055	8254	2.7%
	猫	2754	2955	3162	3362	3574	3781	3981	4187	4398	4614	4846	5.1%
英国	犬	1006	1072	1080	1070	1066	1068	1072	1077	1085	1092	1166	0.3%
	猫	803	834	846	855	860	869	877	883	888	895	1055	0.7%
日本	犬	758	734	711	705	689	674	660	647	635	624	649	-0.8%
	猫	876	863	895	884	876	871	867	865	863	862	915	0.3%
澳大利亚	犬	510	577	634	638	660	674	687	699	709	714	719	1.3%
	猫	377	420	490	533	546	555	563	568	573	574	576	0.7%

数据来源：欧睿数据库，中国宠物行业白皮书。
注：欧睿数据统计口径包含流浪猫犬。

4. 主要国家家庭养宠率

绝大多数国家养犬家庭的比例仍然显著高于养猫家庭的比例，巴西是家庭养犬比率排在首位的国家。在中国和日本，养猫家庭的比例与养犬家庭比例非常接近且还在上升，若养犬的比例进一步下降，未来有可能会低于养猫比重。

美国是家庭养猫比率最高的国家，其次是澳大利亚。巴西养猫比例呈直线上升，而英国、中国以及日本较为平稳；巴西是家庭养犬比率排在首位的国家，已经超过了 50%。日本、中国的家庭养犬率呈下降趋势。

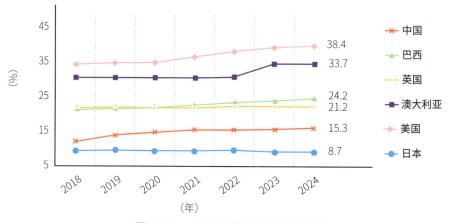

图 1-31　主要国家家庭养宠率（猫）

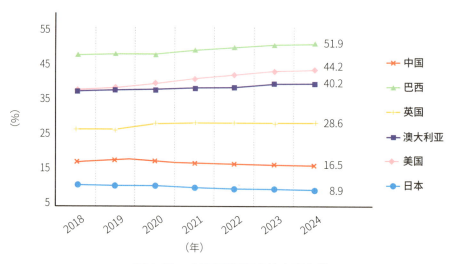

图 1-32　主要国家家庭养宠率（犬）

5. 主要国家宠物犬猫年龄对比

中国宠物犬猫的年龄明显低于其他国家，与中国宠物行业起步较晚有关。日本、加拿大、法国和澳大利亚的宠物犬猫年龄较大。

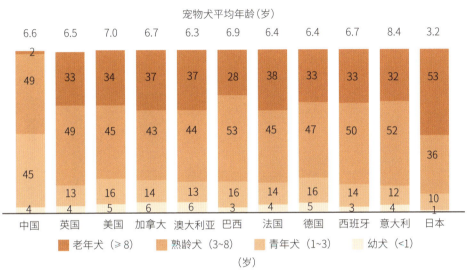

图 1-33　主要国家宠物犬年龄对比

数据来源：硕腾市场调查。

图 1-34　主要国家宠物猫年龄对比

数据来源：硕腾市场调查。

6. 主要国家宠物每年平均消费

宠主在宠物犬身上的花费明显高于宠物猫，澳大利亚、日本在宠物上花费领先；而中国宠物消费离发达国家差距较大。受通货膨胀的影响，日本、美国的单宠消费 2023 年较前一年有较明显的上涨。

图 1-35　主要国家宠物犬年均花费

数据来源：Pets National Survey、美国医学会、Japan's National Daily 2024、Finmasters 2024、2023 年中国宠物行业白皮书。
注：宠主花费为每年平均消费，金额包括宠物食品、用品及服务（从食物和零食到宠物医疗和美容洗澡的物品和服务）。

图 1-36　主要国家宠物猫年均花费

数据来源：Pets National Survey、美国医学会、Japan's National Daily 2024、Finmasters 2024、2023 年中国宠物行业白皮书。
注：宠主花费为每年平均消费，金额包括宠物食品、用品及服务（从食物和零食到宠物医疗和美容洗澡的物品和服务）。

1.3.4 主要国家宠物医疗概况

1. 主要国家宠物医疗率

截至 2022 年，就宠物就诊率来说，宠物猫的平均就诊率低于宠物犬。中国宠物就诊率与巴西类似，但是远远低于发达国家，仅为发达国家平均就诊率的 1/4~1/3。与发达国家相比，中国的宠物就诊率偏低，还有比较大的发展空间。

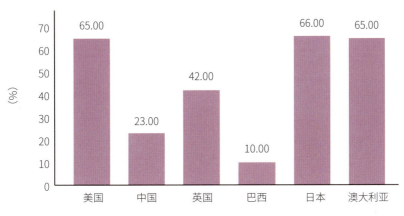

图 1-37　主要国家宠物就诊率（猫）

数据来源：硕腾内部数据以及美国兽医协会。

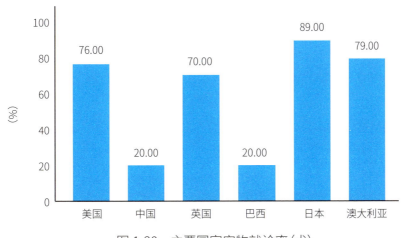

图 1-38　主要国家宠物就诊率（犬）

数据来源：硕腾内部数据以及美国兽医协会。

2. 主要国家兽医数量

过去 5 年，各国的兽医数量都呈上升趋势，其中增速最快的是中国，中国的兽医数量已经成为了 7 个国家中的首位，且一直保持较高的增速。但据估计在中国仅有少部分兽医成为执业小动物医师。

图 1-39 主要国家兽医数量

数据来源：欧睿数据库。

3. 主要国家宠物诊疗机构数量

中国、巴西宠物医院数量在过去 5 年快速增长，而其他国家的宠物诊疗机构数量较为稳定。

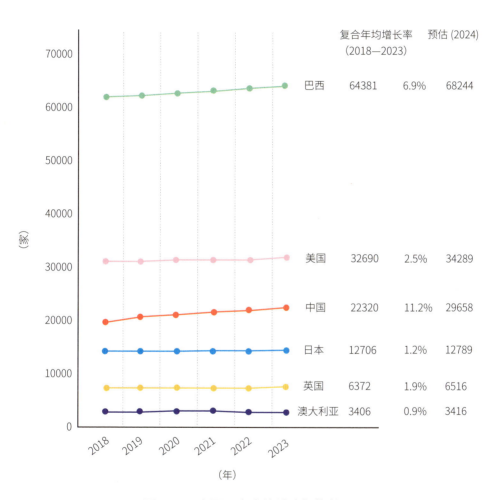

图 1-40　主要国家宠物诊疗机构数量

4. 主要国家宠物医院以及兽医数量

美国现有的宠物医院以及兽医数量还无法满足其强劲的宠物市场，而巴西虽然人均 GDP 不敌发达国家，但其宠物市场以及相应资源较为充足。

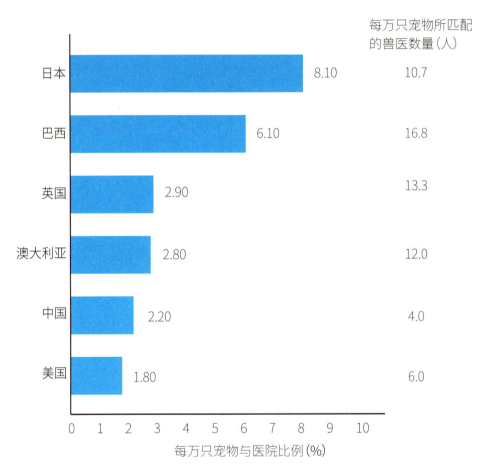

图 1-41　主要国家宠物医院以及兽医数量

数据来源：欧睿数据库、中国宠物医疗行业研究报告。

1.3.5 宠物保有量与人均 GDP 关系

宠物保有量和人均 GDP 有密切的相关性，中国每千人宠物保有量处于较低水平，与 GDP 水平基本一致；而巴西的宠物保有量远远超过其 GDP 发展水平。随着中国人均 GDP 的增长，宠物的数量和宠物消费市场的容量预计还有较大的增长空间。

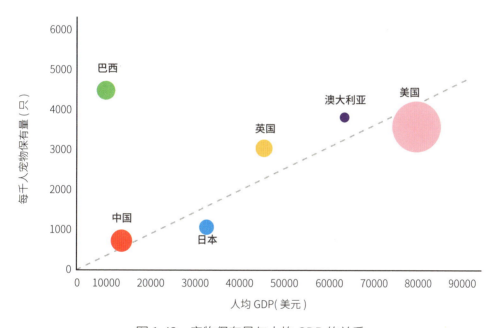

图 1-42　宠物保有量与人均 GDP 的关系

数据来源：欧睿数据库、国际货币基金组织、中国宠物行业白皮书、美国宠物用品协会。

1. 宠物犬市场相关性分析

日本的宠物犬保有量低于其相应的经济水平，主要是由于生活习惯及居住空间等的影响。

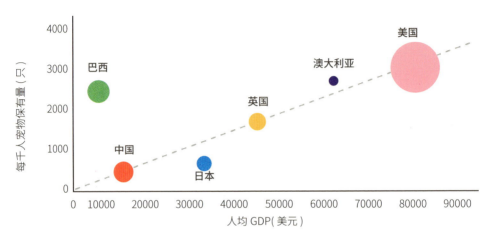

图 1-43　主要国家宠物犬市场相关性分析

数据来源：欧睿数据库、国际货币基金组织、中国宠物行业白皮书、美国宠物用品协会。

2. 宠物猫市场相关性分析

美国的宠物猫拥有率明显低于其人均 GDP 水平，这可能与文化传统的影响相关。中国的宠物猫拥有率和市场容量都已经处于当前经济水平线的上方。

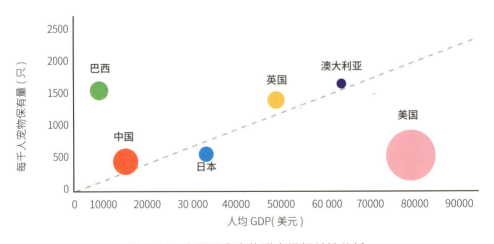

图 1-44　主要国家宠物猫市场相关性分析

数据来源：欧睿数据库、国际货币基金组织、中国宠物行业白皮书、美国宠物用品协会。

1.3.6 中美宠物医疗行业对比

1. 中美宠物犬猫年体重对比

美国的宠物猫犬体重分布都比较均匀。中国的宠物与美国相比较更加年轻，且中国宠物犬的平均体重比美国低三分之一。

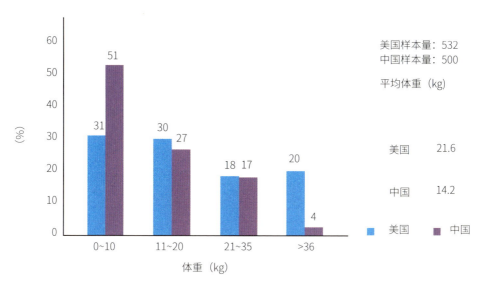

图 1-45 中美宠物犬体重对比

数据来源：硕腾综合分析。

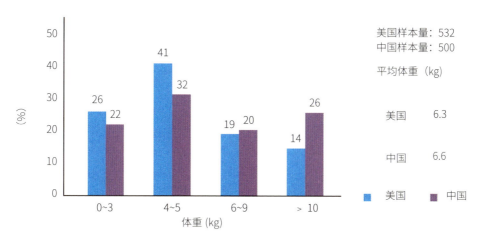

图 1-46 中美宠物猫体重对比

数据来源：硕腾综合分析。

2. 中美宠主对宠物的态度

中美两国的宠主与他们的宠物有着紧密的情感纽带，在人宠情感上没有实质性的区别，宠物已成为人们生活中重要的伙伴。

表 1-18　中美宠主对宠物的态度

宠主对宠物的态度	美国（样本：1004）	中国（样本：1000）
我的宠物（们）是我的伴侣	92%	79%
我的宠物（们）让我的家充满活力	91%	95%
我的宠物（们）给我的日常生活提供帮助	87%	89%
我喜欢担起照顾另一个生命的责任	87%	91%
我把我的宠物（们）当成我的孩子	82%	85%
当我不得不丢下我的宠物（们）时，我会感到内疚	80%	89%
为了照顾我的宠物，我会对生活做出重大的改变	80%	81%

数据来源：硕腾市场调查。

3. 中美宠物平均消费

从单宠消费来看，中美两国消费金额差距较大，且在犬身上更为明显。而从具体消费类别上看，食品是中国宠物最主要的消费类别，恩格尔系数大大高于美国，而在宠物医疗上的消费远低于美国。

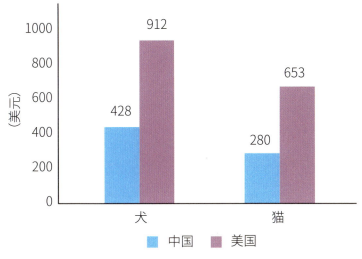

图 1-47　中美单只宠物平均消费对比

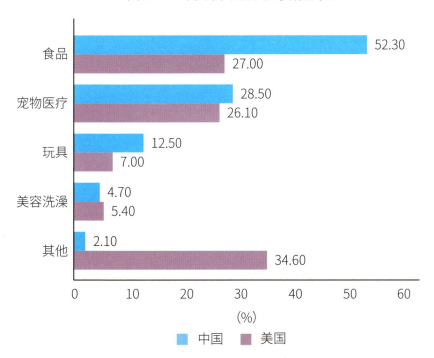

图 1-48　中美宠物消费类别占比

数据来源：2023—2024 年中国宠物行业白皮书，Finmasters 2024，美国兽医协会。

4. 中美家庭养宠率

美国宠物数量逐年增多，且家庭渗透率高，2022 年美国家庭养宠率在 50% 以上。中国的宠物数量也在迅速增加，尤其是猫的数量，这和 2023 年之后"猫经济"的崛起有关。但中国的家庭养宠率仅为 20%，对标美国，中国的养宠渗透率还有超 3 倍的增长空间。同理，中国宠物年均消费和宠物就诊率与美国相比都有 2~3 倍的增长空间，显示了中国宠物市场未来巨大的发展潜力。

表 1-19　中美家庭养宠率、年均消费额及宠物医疗率

宠　物	国　别	家庭养宠率（%）	单宠年均消费额（美元）	宠物医疗率（%）
犬	中国	17	428	20
	美国	44	912	76
猫	中国	15	280	23
	美国	38	653	65

数据来源：2023—2024 年中国宠物行业白皮书、硕腾内部数据、欧睿数据库和美国宠物用品协会。

从整体上看，美国犬和猫数量的增长幅度较为一致，美国宠物行业已经进入成熟期。

根据《中国宠物行业消费报告》，2021 年中国猫的宠物数量已经超过了犬的宠物数量，且仍有持续增长的趋势。在过去 5 年里，中国猫的宠物数量以超 10% 的速度增长，相比之下犬的宠物数量反而有下降的趋势。

图 1-49　中美犬猫宠物数量对比

数据来源：2023—2024 年中国宠物行业白皮书、硕腾内部数据、欧睿数据库和美国宠物用品协会。

5. 中国宠物消费市场规模及预测

如果中国家庭养宠率达到美国同样水平，且宠物消费保持不变，中国宠物消费市场规模会有两倍以上的增长幅度。如果中国养宠率不变，而在宠物上的平均消费达到美国水平，那么未来中国宠物行业的规模可能会超过美国。

2023 年美国宠物市场规模超过 1400 亿美元，是中国市场的 3 倍多。美国宠物市场近 5 年的复合增长率达到双位数增长，为 10.2%，中国的稍慢一些，但也有 8.9%。

图 1-50　中美宠物消费市场规模对比和中国宠物消费市场规模预测

数据来源：2023—2024 年中国宠物行业白皮书、Industry Trends and Stats、美国宠物用品协会。
注：中国宠物行业市场规模经过汇率换算，参考历年美元兑人民币年平均汇率图。

6. 中美宠物医疗概况对比

和中国相比较，美国每万只宠物所匹配的兽医资源更有优势。但每万只宠物对应的宠物医院数量两个市场基本相同，这说明中国宠物行业发展比较迅速，在资本的加持下，中国宠物医院的绝对数量已经趋于饱和，但是中国宠物医院的规模相较美国仍然偏小。

图 1-51　中美宠物医疗概况对比

数据来源：2022 年中国宠物消费报告、欧睿数据库、中国新闻周刊 2022、贝恩咨询。
注：结果根据 2023 年中美两国的宠物、兽医和宠物医院数量测算。

根据美国宠物用品协会发布的行业报告，2023 年美国兽医护理和医疗产品销售额达到 383 亿美元，同比增长 6.7%，中国宠物医疗市场容量目前还不到美国的 1/3，但是增长率比美国市场快近 3 倍。如果中国宠物就诊率达到美国水平，中国宠物医疗市场将会与美国基本持平。如果中国宠物的医疗花费也达到美国水平，中国宠物医疗市场将会是美国的 2 倍。

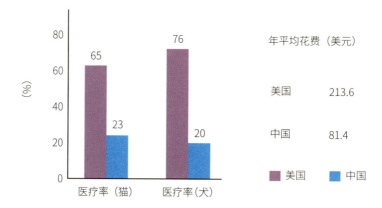

图 1-52　中美宠物医疗率

数据来源：硕腾、2022 中国宠物医疗行业白皮书、美国宠物用品协会、2023 中国宠物医疗行业研究报告。
注：平均宠物医疗花费根据宠物医疗市场规模和宠物数量测算。

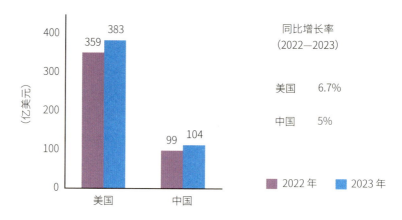

图 1-53　中美宠物医疗市场规模及增长率

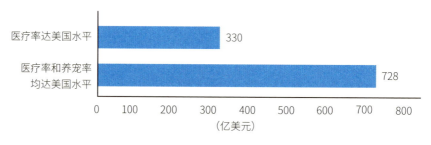

图 1-54　中国宠物医疗市场规模预测

数据来源：硕腾、2022 中国宠物医疗行业白皮书、美国宠物用品协会、2023 中国宠物医疗行业研究报告。
注：平均宠物医疗花费根据宠物医疗市场规模和宠物数量测算。

1.4 国外开设兽医专业的大学

巴西、澳大利亚、美国、英国、日本的多所大学开设了兽医课程，各国排名前 20 名开设兽医课程的大学名单见表 1-20 至表 1-24。

表 1-20　巴西排名前 20 名开设兽医课程的大学

国　家	大学名称
	圣保罗大学
	圣保罗州立大学
	米纳斯联邦大学
	南大河州联邦大学
	里约热内卢联邦大学
	佩洛塔斯联邦大学
	隆德里纳州立大学
	维索萨联邦大学
	巴拉那联邦大学
	坎皮纳斯州立大学
巴西	伯南布哥联邦乡村大学
	圣玛丽亚联邦大学
	弗鲁米嫩塞联邦大学
	乌贝兰迪亚联邦大学
	里约热内卢联邦大学
	巴伊亚联邦大学
	戈亚斯联邦大学
	巴西 – 坎皮纳格兰德联邦大学
	巴西利亚大学
	塞阿拉联邦大学

数据来源：EduRank。

表 1-21　澳大利亚排名前 20 名开设兽医课程的大学

国　家	大学名称
澳大利亚	昆士兰大学
	悉尼大学
	墨尔本大学
	梅西大学
	莫道克大学
	莫纳什大学
	新英格兰大学
	阿德莱德大学
	詹姆斯库克大学
	新南威尔士大学
	澳大利亚国立大学
	西澳大学
	奥塔哥大学
	奥克兰大学
	塔斯马尼亚大学
	查尔斯特大学
	悉尼科技大学
	弗林德斯大学
	乐卓博大学
	格里菲斯大学

数据来源：EduRank。

表 1-22　美国排名前 20 名开设兽医课程的大学

国　家	大学名称
美国	加利福尼亚大学戴维斯分校
	康奈尔大学
	宾夕法尼亚大学
	德州农工大学
	科罗拉多州立大学
	明尼苏达大学双城分校
	爱荷华州立大学
	俄亥俄州立大学
	威斯康星大学麦迪逊分校
	佛罗里达大学
	北卡罗来纳州立大学
	密歇根州立大学
	佐治亚大学
	普渡大学
	伊利诺伊大学厄巴纳 - 香槟分校
	堪萨斯州立大学
	塔夫斯大学
	密苏里大学哥伦比亚分校
	华盛顿州立大学
	加利福尼亚大学旧金山分校

数据来源：EduRank。

表 1-23　英国排名前 20 名开设兽医课程的大学

国　家	大学名称
英国	皇家兽医学院
	爱丁堡大学
	利物浦大学
	剑桥大学
	格拉斯哥大学
	布里斯托大学
	诺丁汉大学
	牛津大学
	伦敦大学
	诺丁汉大学
	帝国理工学院
	伦敦大学学院
	苏格兰农学院
	皇家农业大学
	阿伯丁大学
	雷丁大学
	贝尔法斯特女王大学
	华威大学
	利兹大学
	曼彻斯特大学

数据来源：EduRank。

表 1-24　日本排名前 20 名开设兽医课程的大学

国　家	大学名称
日本	带广畜产大学
	北海道大学
	东京大学
	京都大学
	北里大学
	岐阜大学
	酪农学园大学
	山口大学
	日本大学
	东北大学
	神户大学
	宫崎大学
	东京农工大学
	九州大学
	大阪大学
	鹿儿岛大学
	长崎大学
	大阪府立大学
	麻布大学
	国立大学法人静冈大学

数据来源：EduRank。

1.5 国外小动物相关协会

美国、巴西、英国、日本、澳大利亚所成立的小动物协会名单如下所示。

表 1-25　各国小动物协会

国　家	名　称	网　站
美国	美国宠物用品协会	https://www.appaforum.org/
	宠物食品协会	https://www.petfoodinstitute.org/
	美国兽医协会	https://www.avma.org/
巴西	巴西宠物用品行业协会	https://abinpet.org.br/
英国	英国宠物食品制造商贸易协会	https://www.ukpetfood.org/
	英国宠物业行业协会	
日本	日本动物医院协会	https://www.jaha.or.jp/english/
	日本宠物用品协会	https://petfood.or.jp/English/profile/index.html
	日本宠物用品制造商协会	https://www.jppma.or.jp/english/
澳大利亚	澳大利亚宠物工业协会	https://www.piaa.net.au/
	澳洲兽医协会	https://www.ava.com.au/
	澳大利亚动物药品协会	https://animalmedicinesaustralia.org.au/

1.6 英美排名前列的宠物医院

表 1-26　英国前 5 名宠物医院名单

宠物医院	成立时间	简　介
Medivet Partnership	1987	Medivet 是一家领先的兽医护理提供商，在英国、德国、西班牙和法国拥有 500 多个分支机构和 27 个现代化的 24 小时兽医中心。通过其独特的"分支合作伙伴"共 ownership 模式、领先品牌以及全面整合的运营模式，Medivet 支持着一个庞大、紧密相连、快速发展的社区，拥有超过 1500 名致力于提供卓越护理的专注兽医团队，始终为您提供服务
CVS Group plc	1999	CVS 集团是一家提供兽医服务的公司，在英国和澳大利亚开展业务。专注于为客户及其动物提供高质量的临床服务，拥有出色且专注的临床团队和支持人员
Vets Now	2001	Vets Now 由兽医理查德·迪克森创办。他深知全天候待命的压力，同时还希望保持良好的生活质量。为此，他创办了 Vets Now，这是一个专注于为宠物提供的非工作时间紧急和重症护理服务
Linnaeus	2014	Linnaeus 已发展成为英国和爱尔兰最受尊敬的兽医集团之一，提供专科转诊服务以及覆盖各个诊所的基础护理服务
VetPartners	2015	VetPartners 由英国最受尊敬和信任的小动物、马匹、混合以及农场实践和生产动物健康企业组成。VetPartners 在多个国家拥有超过 11000 名员工和 650 个运营地点

数据来源：BoldData & Aeroleads。

表 1-27　美国前 5 名宠物医院名单

名　字	成立时间	简　介
Banfield Pet Hospital	1955	是一家由 3600 多名兽医提供支持的诊所，他们致力于帮助宠物。Banfield 于 1955 年在俄勒冈州波特兰市成立，现在是美国领先的预防性兽医护理提供商，在全国和波多黎各的社区拥有 1000 多家医院。2007 年，Banfield 加入了 Mars, Incorporated 家族，将我们充满激情的专业团队团结在一个共同的目标下：为宠物创造更美好的世界
VCA (National Veterinary Associates)	1986	VCA 是一个家族动物医院，致力于为宠物、人类和我们的社区产生积极影响。我们关心我们所服务的社区和其中的每一只宠物，而不仅仅是我们在医院看到的那些宠物。每家医院都为他们建立的卓越遗产以及与当地社区紧密相连的服务故事而感到自豪。VCA 于 2017 年加入玛氏大家庭。我们正在共同撰写一个关于兽医护理下一步的有力故事

续表

名　字	成立时间	简　介
Vetco	1996	Vecto 是一个由全科医院和充满活力的兽医、持证兽医技术人员以及训练有素的助理和支持团队组成的充满活力的社区。我们一起改善宠物和宠物父母的生活，以及我们每个人的生活。在一家新的、最先进的兽医医院中实践自主医学。提供高质量的兽医护理,包括健康检查、预防保健、牙科预防、门诊和挽救生命的手术
NVA	1996	NVA 是一个拥有大约 1400 个主要地点的社区，主要由全科兽医医院以及马医院和宠物度假村组成，而 Ethos Veterinary Health 由 145 家世界一流的专科和急救医院组成，植根于同情和创新的文化。Ethos 和 NVA 确保广泛获得高质量护理和尖端医学的进步，以延长和改善宠物的寿命
PetVet Clinic	2012	PetVet Clinic 是一家提供全方位服务的兽医医院。 我们敬业的兽医专业团队致力于提供最全面、最先进的动物医疗服务

数据来源：BoldData & Aeroleads。

02

第 2 章
宠物诊疗机构调研

2.1 宠物诊疗机构概况

2.1.1 数量规模

从宠物诊疗机构数量上看，单体宠物诊疗机构占比为 48.50%，2~4 家宠物诊疗机构占比为 30.40%，5 家以上的连锁宠物诊疗机构占比为 21.10%，由此可见，目前单体宠物诊疗机构仍为市场的主流。

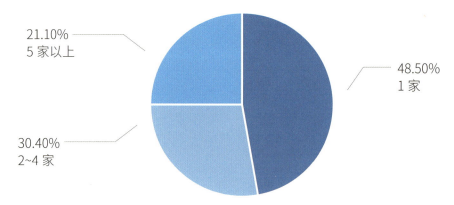

图 2-1　不同规模宠物诊疗机构占比

2.1.2 经营时间

经营时间在 5 年以内的宠物诊疗机构占比为 66.40%，13.10% 的宠物诊疗机构经营时间超过 10 年，新开医院占比约为 10.50%。

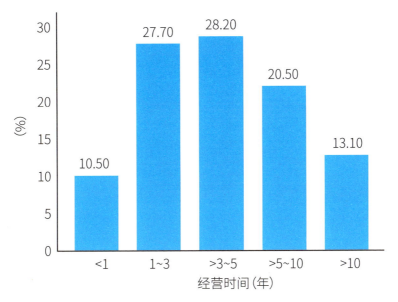

图 2-2　宠物诊疗机构不同区间经营时间占比

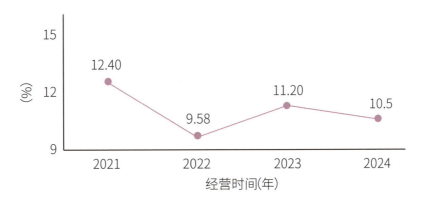

图 2-3　2021—2024 年新开宠物医疗机构走势

2.1.3 选址地段

地理位置对于宠物诊疗机构来说是非常重要的。数据显示，超过半数的宠物诊疗机构选址倾向于社区周边，其次是一般街道和繁华商圈。

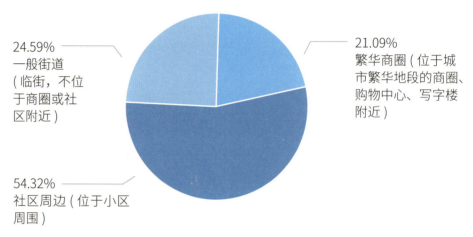

24.59%
一般街道
（临街，不位
于商圈或社
区附近）

21.09%
繁华商圈（位于城
市繁华地段的商圈、
购物中心、写字楼
附近）

54.32%
社区周边（位于小区
周围）

图 2-4　宠物诊疗机构不同选址地段占比

2.1.4 经营面积

从经营面积看，我国宠物诊疗机构多以 300m² 以下的中小型机构为主。经营面积在 150~300m² 的宠物诊疗机构占比最高，达 46.38%；500m² 以上的宠物诊疗机构占比仅为 6.57%。

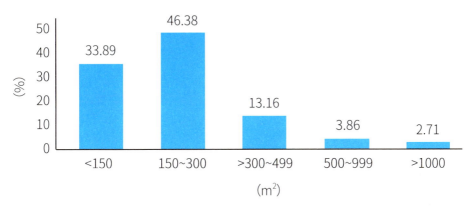

图 2-5　宠物诊疗机构不同区间经营面积占比

2.1.5 投资规模

投资规模与经营面积呈正相关，55% 的宠物诊疗机构投资金额在 100 万元以内，超过 500 万的投资占比为 3.66%。

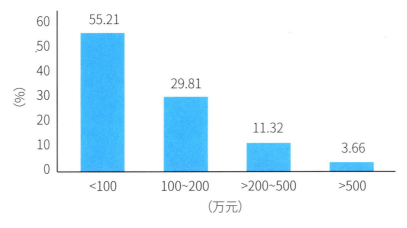

图 2-6　宠物诊疗机构不同区间投资规模占比

2.1.6 员工数量

从人数来看，超过七成的宠物诊疗机构员工数量在 10 人以内，从侧面说明，宠物诊疗机构以中小型为主。

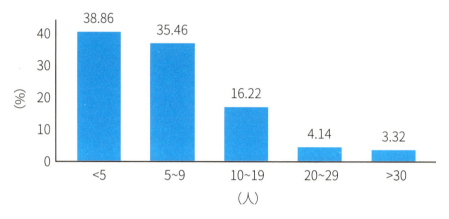

图 2-7　宠物诊疗机构不同区间员工数量占比

2.1.7 执业兽医师占比

执业兽医人数在 3~5 人的宠物诊疗机构数量占比达 45.26%，1~2 人的占比达 35.47%，6~10 人的占比为 13.23%。

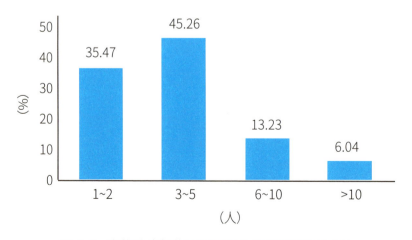

图 2-8　宠物诊疗机构不同区间执业兽医师数量占比

2.1.8 员工男女比例

我国宠物诊疗机构从业人员的男女数量基本相当，女性稍多，占比 56.00%。

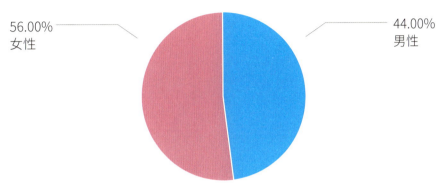

图 2-9　宠物诊疗机构员工男女比例

2.1.9 从业年限

与宠物诊疗机构的经营时间相对应，我国宠物诊疗机构从业人员偏年轻化，从业时间在 5 年以内的占比为 52.30%，从业 5~10 年的员工占比达 28.60%，从业 10 年以上的员工约有 19.10%。

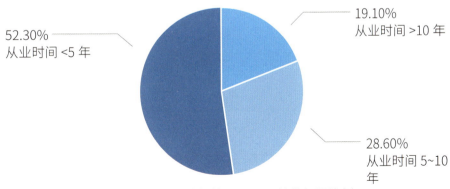

图 2-10　宠物诊疗机构不同员工从业年限比例

2.1.10 从业人员学历

宠物诊疗机构从业人员专科及以下学历占比最高，达 56.00%。近些年，本科学历以上的从业人员占比有所增加，其中本科学历占比达 27.00%，本科以上学历占比达 17.00%。由此可见，宠物医疗行业从业人员整体学历在不断提升。

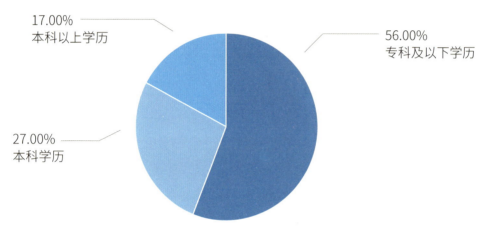

17.00%
本科以上学历

56.00%
专科及以下学历

27.00%
本科学历

图 2-11　宠物诊疗机构员工学历情况

2.2 宠物诊疗机构财务数据

2.2.1 月营业额

2024 年，宠物诊疗机构整体月营业额相较 2023 年有所增长，月营业额在 10 万元以内的宠物诊疗机构占比约为 54.70%（去年为 53.10%）。另外，有 25.60% 的宠物诊疗机构月营业额在 10 万 ~20 万元之间；有 12.44% 的宠物诊疗机构月营业额在 20 万 ~40 万元之间；有 5.50% 的宠物诊疗机构月营业额在 40 万 ~80 万元之间；有 1.76% 的宠物诊疗机构月营业额达到 80 万元以上。通过近两年的对比，不难发现，中国宠物诊疗机构正呈现强者恒强的局面，头部诊疗机构的盈利能力越来越强。

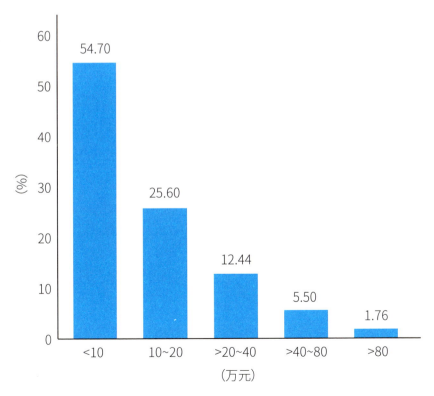

图 2-12　宠物诊疗机构不同区间月营业额占比

2.2.2 日均客户数

相较 2023 年，2024 年宠物诊疗机构病例量略有增长。同时，头部宠物诊疗机构获客能力越来越强，约有八成宠物诊疗机构的日均客户数量在 20 个以内，其中六成以上的宠物诊疗机构的日均客户数量在 10 个以内，日均客户数量超过 30 个的约占 7%。

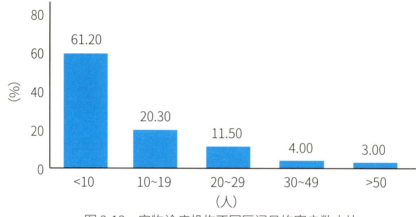

图 2-13　宠物诊疗机构不同区间日均客户数占比

2.2.3 平均客单价

绝大多数宠物诊疗机构平均客单价在 500 元以下，其中 200 元以下的最多，占比约 68.80%，500 元以上的占比约为 4.20%。与去年相比，宠物诊疗机构的平均客单价总体略有上升。

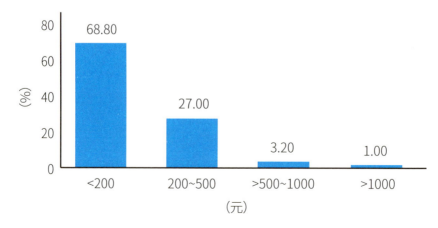

图 2-14　宠物诊疗机构不同区间平均客单价占比

2.2.4 利润率

2024 年，宠物诊疗机构利润率总体相较去年下降 5%，有 26.50% 的宠物诊疗机构处于亏损状态，利润率在 10% 以内的约占 43.90% (2023 年为 45.50%)，利润率在 30% 以上的接近三成。

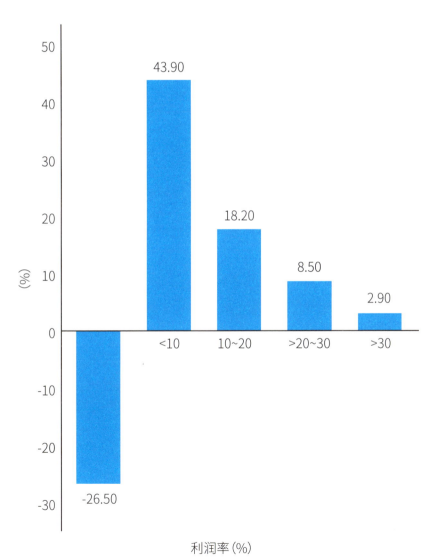

图 2-15　宠物诊疗机构不同区间利润率占比

2.2.5 年营业额增长率

约有四成左右的宠物诊疗机构年营业额同比有所增长，增长率主要在 10% 以内，同比有 30% 以上增长的诊疗机构很少。另外，有 51.60% 的宠物诊疗机构年营业额出现负增长。今年，单店年营业额同比增长率为 -7%。

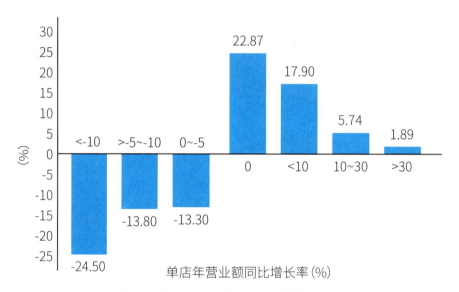

图 2-16　宠物诊疗机构不同区间年营业额同比增长率占比

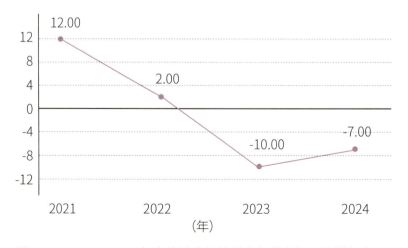

图 2-17　2021—2024 年宠物诊疗机构单店年营业额同比增长率

2.2.6 人力成本

人力成本（工资、社保、福利等）是宠物诊疗机构的第一大成本。人力成本在 30% 以下的占 36.00%，有一半左右的宠物诊疗机构人力成本在 30%~50% 之间。

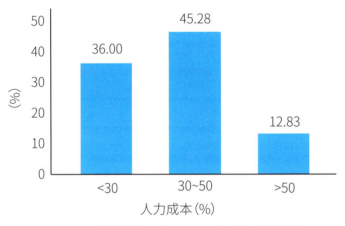

图 2-18　宠物诊疗机构不同区间人力成本占比

2.2.7 直接成本

直接成本（药品、商品、耗材等）是宠物诊疗机构的第二大成本。超过七成的宠物诊疗机构的直接成本在 30% 以内，直接成本在 20% 以下的宠物诊疗机构占 35.47%，直接成本在 20%~30% 的占比达 36.23%。

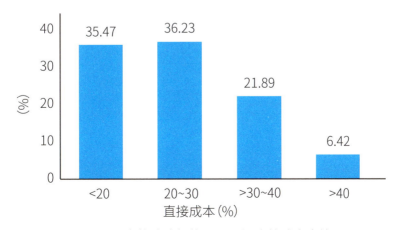

图 2-19　宠物诊疗机构不同区间直接成本占比

2.2.8 房租成本

作为宠物诊疗机构的固定成本，房租是相当重要的一项支出。约 1/4 的诊疗机构房租成本在 10% 以下。宠物诊疗机构房租成本整体和去年相差不大。

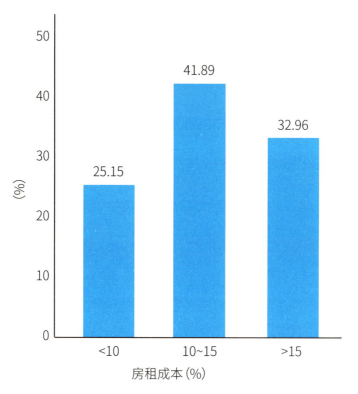

图 2-20　宠物诊疗机构不同区间房租成本占比

2.3 宠物诊疗机构服务项目

2.3.1 服务项目

2024 年，宠物诊疗机构的服务项目中，疫苗、驱虫、绝育占据前三，体检紧随其后，约占六成左右。从数据不难看出，宠物主人的宠物大健康和科学养宠的理念逐渐加强，具有一定的预防医学知识。

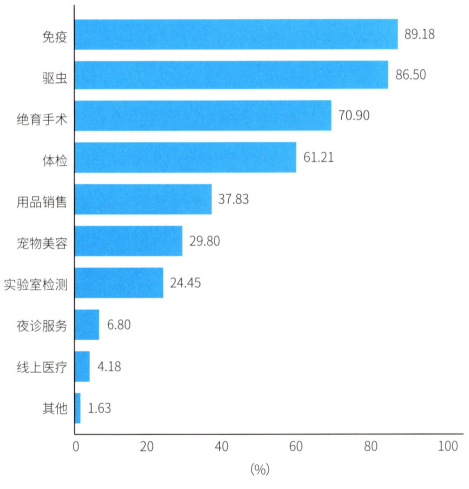

图 2-21　宠物诊疗机构服务项目[①]

① 数据说明：多选题，总和大于100%。

2.3.2 犬猫常见就诊服务项目

1. 犬到店常见就诊服务项目

消化系统疾病、皮肤疾病、呼吸系统疾病、驱虫、传染病是排在犬到店就诊疾病的前五项。

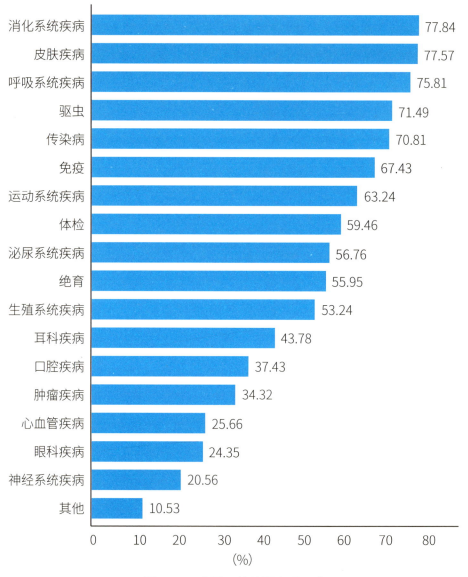

图 2-22　犬常见就诊服务项目 ①

---

① 数据说明：多选题，总和大于 100%。

2. 猫到店常见就诊服务项目

绝育、消化系统疾病、免疫、泌尿系统疾病、皮肤疾病是排在猫到店就诊疾病的前五项。

图 2-23　猫常见就诊服务项目[①]

[①] 数据说明：多选题，总和大于 100%。

2.3.3 国产猫三联疫苗使用率

调研显示，使用过国产猫三联疫苗的宠物医院占比达六成以上，有接近四成的宠物医院未使用过国产猫三联疫苗。

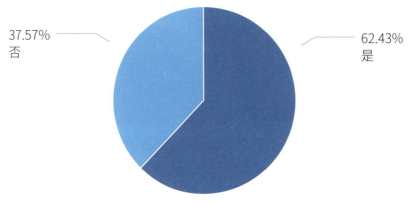

37.57%
否

62.43%
是

图 2-24　国产猫三联疫苗使用率

2.4 宠物诊疗机构的营销手段

2.4.1 会员制

多数宠物诊疗机构实施了会员制，以建立稳定的客源，并且给老客户提供更优质的服务。实施会员制的宠物诊疗机构占 67.30%，2024 年实施会员制的宠物诊疗机构和 2023 年相比基本持平。

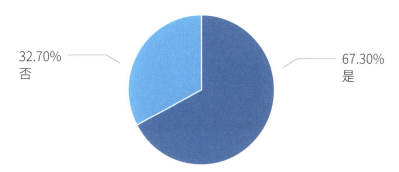

32.70%
否

67.30%
是

图 2-25　是否实施会员制的宠物诊疗机构比例

2.4.2 线上推广渠道

经调查，2024 年有 58.87% 的宠物诊疗机构在大众点评、美团上开通了竞价推广，和 2023 年相比有所增加。大众点评和美团成为宠物诊疗机构主要线上获客渠道。从抖音、小红书等流量平台的获客渠道，也在逐年增加。

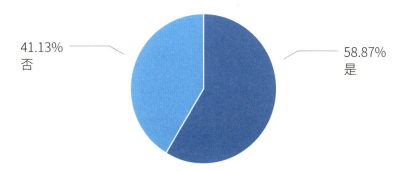

41.13%
否

58.87%
是

图 2-26　宠物诊疗机构是否开通线上推广渠道比例

2.4.3 宣传渠道

绝大多数宠物诊疗机构在美团、大众点评、微信、小红书、抖音、微博等平台开展了自媒体宣传。在所有宣传渠道中，传统媒体的使用率是最低的。线下宣传正逐渐被线上宣传取代。

相比 2023 年，2024 年利用小红书、抖音、快手等新媒体宣传渠道的宠物诊疗机构明显增多。

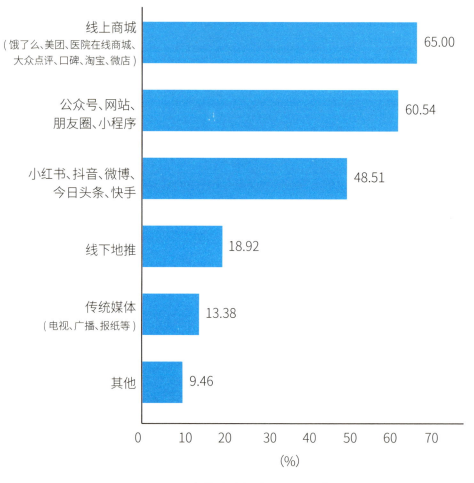

图 2-27　宠物诊疗机构宣传渠道 [①]

---

① 数据说明：多选题，总和大于 100%。

2.4.4 新客户渠道

宠物诊疗机构的新客户来源渠道，排名前三的分别是口碑相传、线上推广营销及地理优势和附近居民。

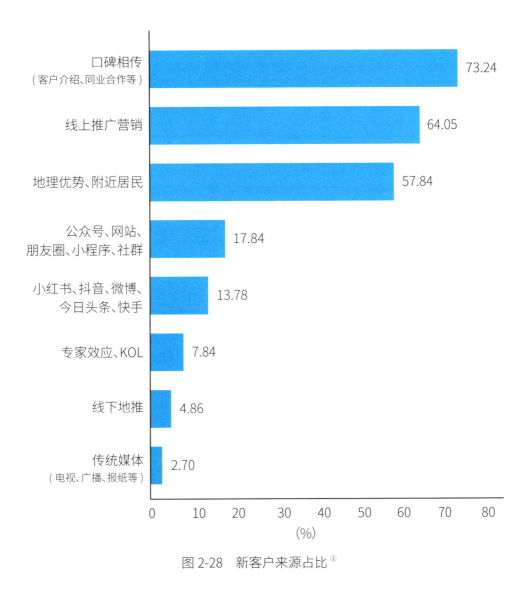

图 2-28　新客户来源占比 ①

2.4.5 互联网问诊

经调查，有 47.96% 的宠物医生接触过互联网问诊，主要问诊平台有京东宠物医生、阿闻医生、大众美团、好兽医、微信等，相比去年，参与问诊医生略有增加。仍有一半以上的宠物医生尚未接触互联网问诊。

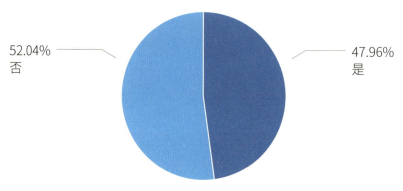

52.04%
否

47.96%
是

图 2-29　宠物医生互联网问诊接触率

2.4.6 线上营业额

线上销售已经成为当下宠物医院非常重要的一种销售方式，线上销售渠道的占比在逐年上升。大部分宠物诊疗机构线上营业额在 20% 以下，占比近九成。线上营业额超过 20% 以上的仅有 10.56%。

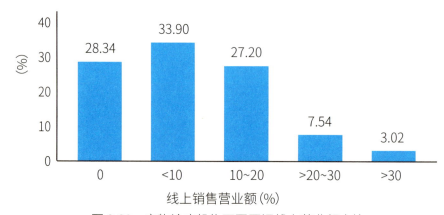

图 2-30　宠物诊疗机构不同区间线上营业额占比

2.4.7 线上热销产品

从全国范围来看，线上热销产品主要有四类，排名最高的是疫苗，以下依次是绝育、驱虫和体检。线上交易线下服务，成为宠物诊疗机构增加营收的新手段。

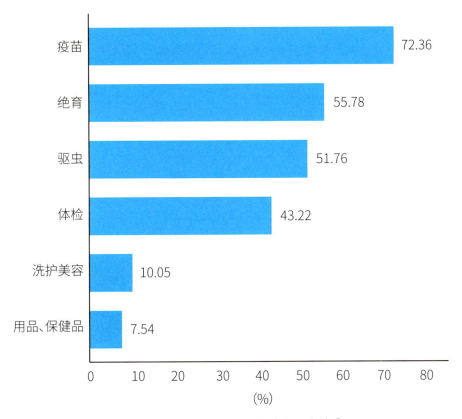

图 2-31　宠物诊疗机构线上热销产品占比 [1]

---

[1] 数据说明：多选题，总和大于 100%。

2.5 专科发展

七成以上的宠物诊疗机构开设了专科，开设占比最高的专科是猫科，其次是外科、内科和皮肤科。未来，专病专治将成为宠物诊疗机构的主要发展方向。

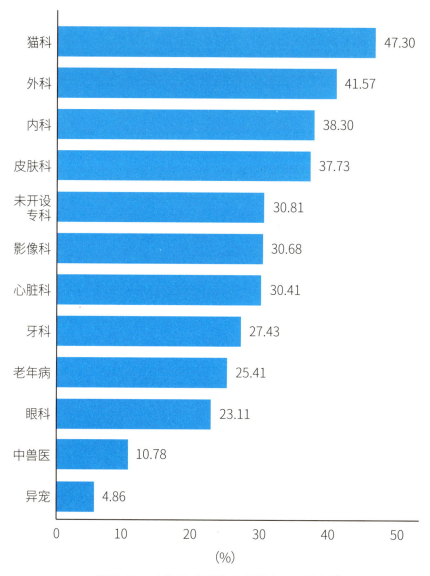

图 2-32　宠物诊疗机构专科特色开设比例 ①

① 数据说明：多选题，总和大于 100%。

2.6 宠物诊疗机构的经营现状与展望

2.6.1 经营挑战

　　目前宠物诊疗机构在经营过程中遇到的最大挑战是人才问题，其次是管理问题和市场竞争问题。2023 年市场竞争问题是制约宠物诊疗机构发展的最大因素。

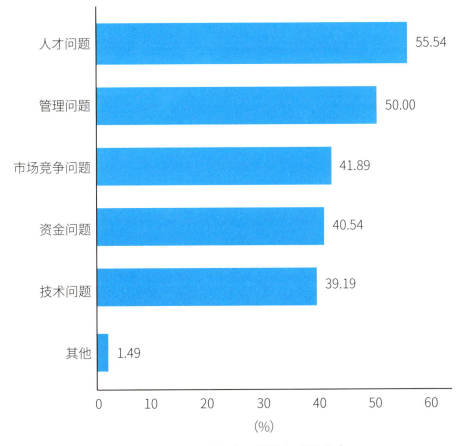

图 2-33　宠物诊疗机构面临的经营挑战 [①]

---

① 数据说明：多选题，总和大于 100%。

2.6.2 未来营收增长点

宠物诊疗机构未来增长营收点排上首位的还是体检、绝育、驱虫等预防医学类的技术和产品，这与宠主对宠物健康的关注和宠物大健康理念提升相契合。其次是开展专科建设和培养专科名医，也被认为是增加营收行之有效的手段。

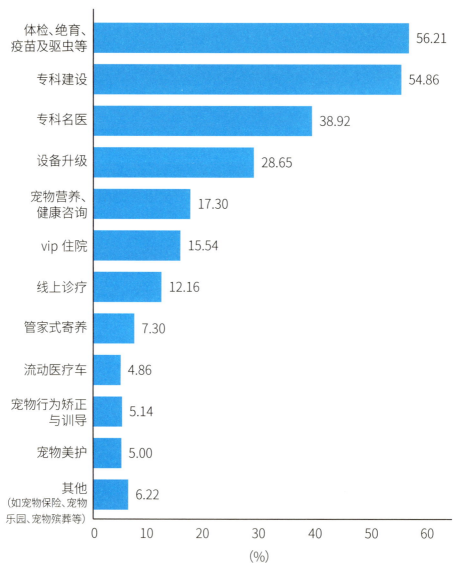

图 2-34　宠物诊疗机构未来营收增长点 [1]

---

[1] 数据说明：多选题，总和大于 100%。

2.6.3 对未来三年的计划

未来三年，有 1/4 左右的宠物诊疗机构有扩大规模的计划，有 74.80% 的宠物诊疗机构表示暂时不会扩大规模。

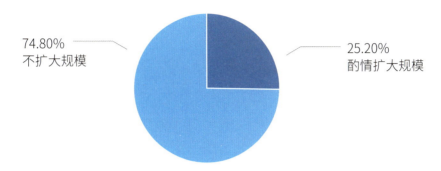

74.80%
不扩大规模

25.20%
酌情扩大规模

图 2-35　宠物诊疗机构未来三年的计划

2.6.4 继续教育培训

目前在宠物医生急需的培训课程中，临床技术、医患沟通技巧、管理经验、营销技巧排在前列。

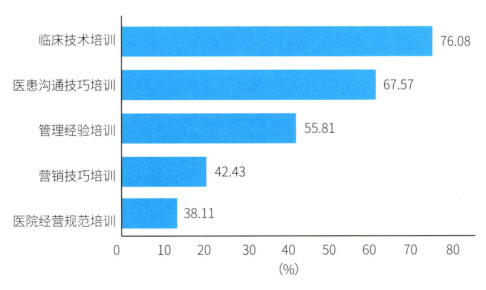

图 2-36　宠物医生急需的继续教育培训课程 ①

___

① 数据说明：多选题，总和大于 100%。

2.7 中兽医临床诊疗概况

近年来，随着宠物医疗专科化不断发展，中兽医科室逐渐成为各地中高端宠物医院的标配，数据调研显示，目前开设中兽医科室的宠物医院有 2000 多家。

在中兽医教育方面，中国农业大学、西南大学、河北农业大学、河南农业大学、河南牧业经济学院都开设了中兽医学专业。

2.7.1 男女比例

从事中兽医诊疗的兽医师当中，男女比例基本相当。

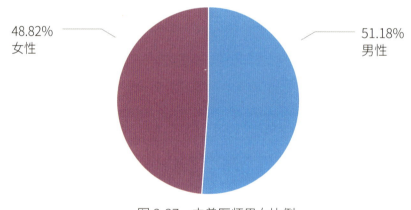

48.82%
女性

51.18%
男性

图 2-37　中兽医师男女比例

2.7.2 年龄段

90 后和 80 后兽医师是中兽医的主力，占比达七成以上，00 后兽医师学习中兽医的人数也在逐年增多。

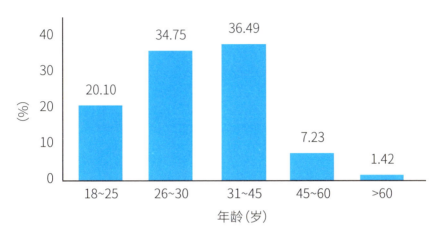

图 2-38　兽医师各年龄段比例

2.7.3 城市分布

开设中兽医科室的宠物医院，主要分布在一、二线城市，占比达 74.94%，三线及以下城市占比在 25.06%。

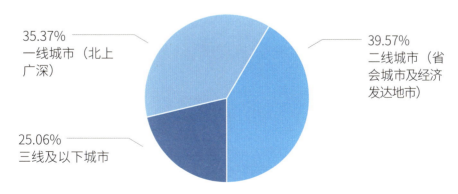

图 2-39　开设中兽医科室宠物医院的城市分布

2.7.4 中兽医兽医师人数

目前从事中兽医的兽医师较为短缺，宠物医院中有兽医师 1~2 人的占比高达六成以上，有兽医师 5 人以上的占比约一成。

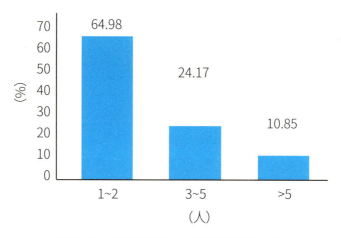

图 2-40　宠物医院中中兽医兽医师人数

2.7.5 宠物主人对中兽医的接受度

仅有不到四成的宠物主人不需要进行客户教育，愿意接受中兽医诊疗；接近六成的宠物主人在宠物没有更好疗效的情况下，才愿意尝试中兽医。

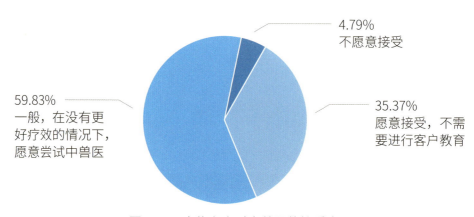

图 2-41　宠物主人对中兽医的接受度

2.7.6 月病例量

中兽医临床诊疗的月病例量在 100 个病例以下的达六成，100~200 个的占比仅约两成，需要进一步强化宠物主人对中兽医诊疗的接受程度。

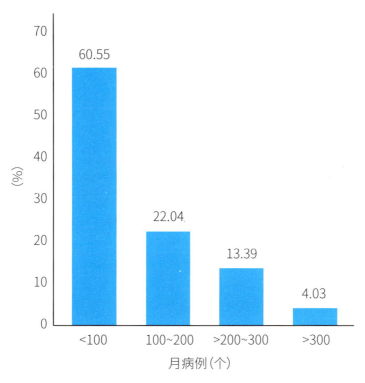

图 2-42　中兽医临床诊疗的月病例量占比

2.7.7 平均客单价

中兽医临床诊疗平均客单价在 100~500 元区间的占比高达六成以上，其中 100~300 元区间的占比为 36.02%，300~500 元区间的占比为 30.45%，1000 元以上的占比为 5.33%。

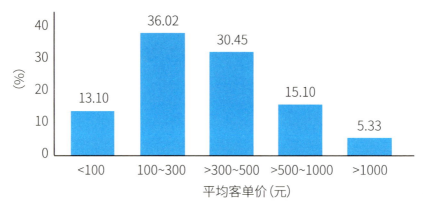

图 2-43　中兽医临床诊疗平均客单价占比

2.7.8 中兽医门诊流水占比

目前中兽医营收能力相对其他科室来说比较薄弱，中兽医流水占医院总流水 5% 以下的达 47.14%，占比 5%~10% 的达 28.32%，20% 以上的不到 5%。

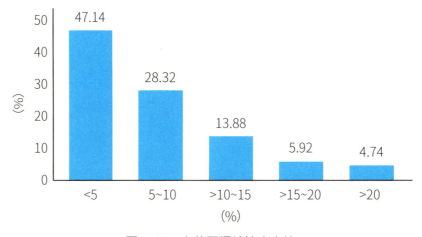

图 2-44　中兽医门诊流水占比

2.7.9 病例占比

在中兽医临床诊疗病例中，消化系统疾病、神经系统疾病、老年疾病、泌尿系统疾病、呼吸系统疾病排在前五位。

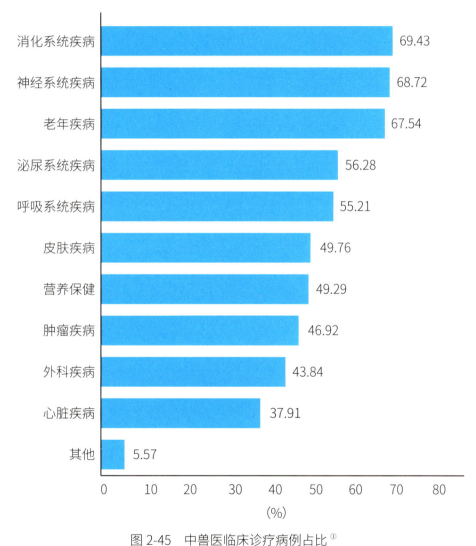

图 2-45　中兽医临床诊疗病例占比 [1]

---

① 数据说明：多选题，总和大于 100%。

2.7.10 诊疗方法

在中兽医临床诊疗中，中药和针灸是常用的诊疗方法，其次为食疗和推拿。

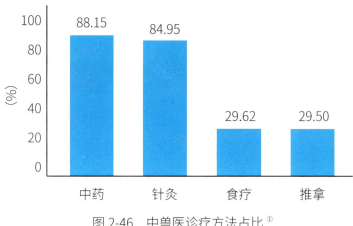

图 2-46　中兽医诊疗方法占比[①]

2.7.11 主要学习中兽医途径

兽医师主要通过线上、线下相结合的方式学习中兽医知识，其占比达六成以上，主要通过线上学习的占比约四成。

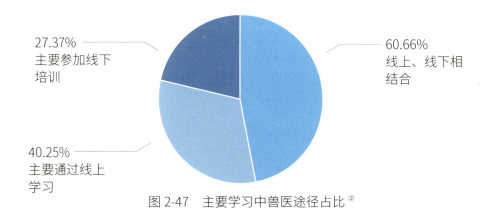

图 2-47　主要学习中兽医途径占比[②]

---

① 数据说明：多选题，总和大于 100%。
② 数据说明：多选题，总和大于 100%。

2.8 异宠临床诊疗概况

据调查，截至 2024 年，开设异宠科室的宠物医院大约有 600~800 家，从事异宠专科的兽医师约有 2000~3000 人。

2.8.1 男女比例

从事异宠诊疗的兽医师中，男性占比较高，接近六成，女性占比达四成。

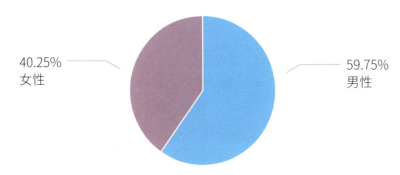

40.25%
女性

59.75%
男性

图 2-48　异宠诊疗兽医师男女占比

2.8.2 年龄分布

从事异宠诊疗的兽医师，基本上以 90 后为主，30 岁以下的占比达 57.98%。

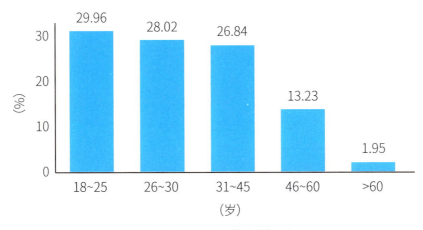

图 2-49　异宠兽医师年龄分布

2.8.3 城市分布

开设异宠专科的医院大部分分布在一、二线城市，占比达八成以上，三线及以下城市开设异宠科室的宠物医院占比在 18.42%。

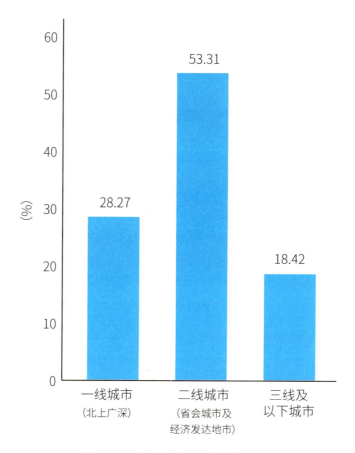

图 2-50　异宠专科医院的城市分布

2.8.4 异宠兽医师人数

宠物医院中从事异宠诊疗的兽医师人数在 1~2 人的占比达 47.14%，3~5 人的占比达 36.58%，5 人以上的占比仅为 16.29%，从侧面说明，当下异宠兽医师比较稀缺。

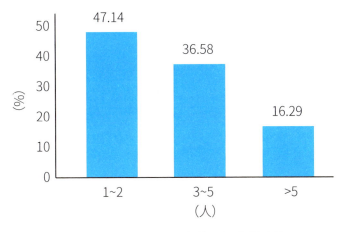

图 2-51　异宠兽医师人数占比

2.8.5 月平均病例量

异宠诊疗中，每个月平均病例量在 100 个以下的占比为 45.91%，300 个以上病例的占比不到 10%。

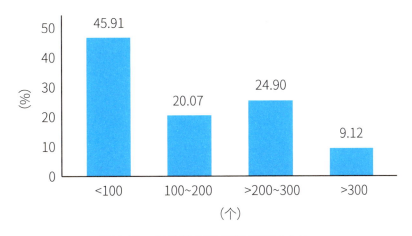

图 2-52　异宠诊疗月平均病例量占比

2.8.6 病例种类

异宠诊疗中，兔子、仓鼠、鹦鹉、乌龟、豚鼠排在就诊种类前五位。

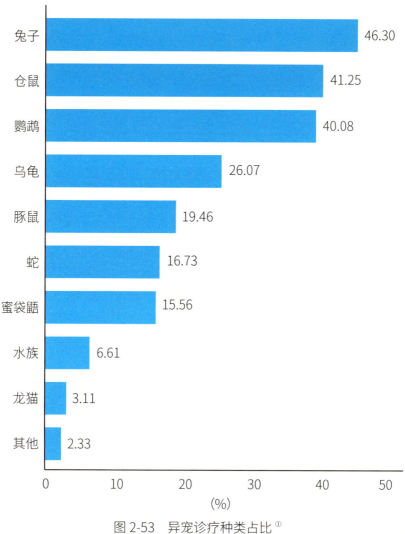

图 2-53 异宠诊疗种类占比 ①

---

① 数据说明：多选题，总和大于100%。

2.8.7 异宠主人年龄

前往医院就诊的异宠主人大多数为 90 后或 00 后，占比接近九成，是异宠诊疗最大的客户群体。

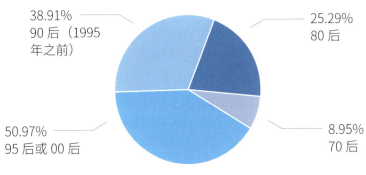

图 2-54　异宠主人年龄段占比

2.8.8 平均客单价

异宠诊疗中，客单价分布较为平均，其中 300~500 元最高，占比达 30.35%，1000 元以上的较少，占比为 6.23%。

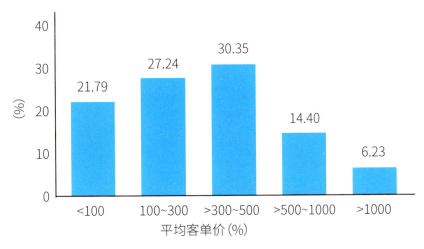

图 2-55　异宠诊疗平均客单价占比

2.8.9 诊疗流水占比

异宠诊疗营业额占医院总营业额比例较少，5% 以下的占比高达 30.74%，20% 以上的占比不到 5%。

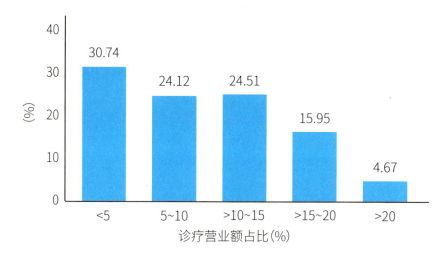

图 2-56 异宠诊疗营业额占医院总营业额比例

2.8.10 学习途径

学习异宠诊疗，兽医师主要通过线上学习、线下培训以及线上 + 线下相结合的途径，三种学习途径的比例较为接近。

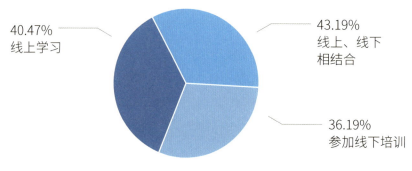

40.47%
线上学习

43.19%
线上、线下
相结合

36.19%
参加线下培训

图 2-57 异宠诊疗学习途径比例

2.8.11 希望学习的异宠诊疗动物种类

在异宠诊疗学习中，常见小型哺乳动物，是当下兽医师亟须学习的内容，占比达 56.81%，其次是鸟类动物和"网红"哺乳动物。

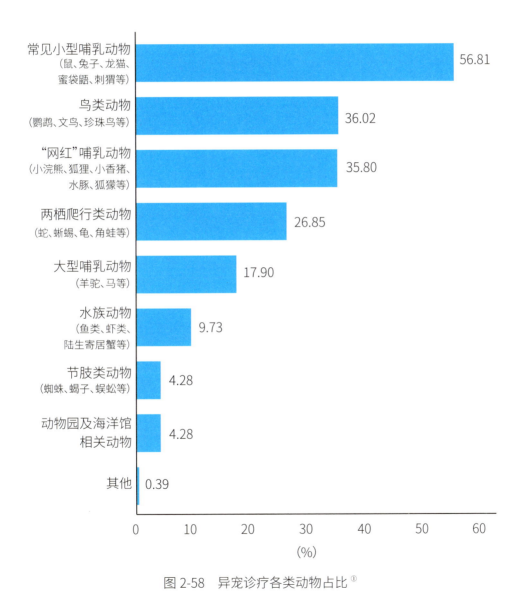

图 2-58　异宠诊疗各类动物占比 [1]

① 数据说明：多选题，总和大于 100%。

03

第 3 章
宠物用药品及其企业调研

3.1 兽药概况

3.1.1 国外兽药市场介绍

数据显示，2023 年全球兽药市场规模为 465.1 亿美元，预计 2024 年至 2030 年的复合年增长率为 8.3%。市场增长主要受到动物蛋白需求增加、动物疾病发病率和产品发布的影响。另外，推动市场增长也包括兽医学的进步和宠物保险的普及等其他因素。

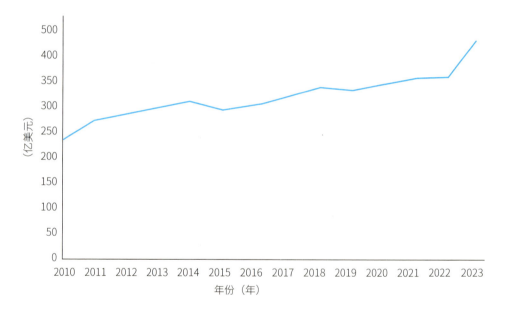

图 3-1　2010—2023 年国外兽药产业销售额

数据来源：Grand View Research inc.。

国外兽药行业集中程度高，大型国际兽药公司利用自身强大的研发和资源整合能力不断推出新产品，同时通过收购、授权引进、合作研发等方式整合外部资源，提高研发效率，扩大产品线，不断加强自身的竞争优势和市场地位。全球兽药行业较大一部分市场被美国和欧洲的知名动物保健公司占据。就国际兽药企业竞争格局来看，硕腾、勃林格殷格翰、默沙东动保、礼蓝动保、爱德士、诗华、维克、威隆等企业处于领先地位。

宠物医疗领域的营收额也在迅速增长，2023 年美国宠物药品市场规模为 132.1 亿美元，预计到 2029 年将达到 179 亿美元，复合年增长率为 5.19%。美国宠物药品市场的竞争非常激烈，多家全球参与者提供各种产品。目前，硕腾、诗华、勃林格殷格翰、默克、礼蓝、拜耳和诺华是美国宠物药品生产和分销领域的领先供应商。

3.1.2 国外兽药企业营收情况

根据各大公司 2023 年度财务报告，硕腾动物保健产品全年总营收达 85.44 亿美元，其中伴侣动物业务营收超 53 亿美元，成为硕腾公司的第一大业务；勃林格殷格翰动物保健产品总营收达到 47 亿欧元，同比增长 6.9%，业绩增长得益于公司宠物抗寄生虫药物、宠物治疗药物和疫苗等市场需求的增长，其中动保业务明星产品犬用抗寄生虫药物尼可信系列产品销售收入达到 12 亿欧元；默沙东 2023 全年动物保健业务营收为 56.25 亿美元，同比增长 1%，其中伴侣动物保健产品销售额为 23 亿美元；礼蓝动保 2023 年营收为 44.17 亿美元；来自宠物业务的收入为 21 亿美元；爱德士公司 2023 年营收为 36.61 亿美元，其中伴侣动物产品诊断组合全年总营收为 33.5 亿美元；法国维克 2023 年营收达 12.469 亿欧元，在公司宠物食品、特色产品和皮肤科产品系列产品推动下，伴侣动物细分市场以 3.5% 的恒定速度增长。法国威隆 2023 年销售额为 5.29 亿欧元，伴侣动物产品销售额为 3.72 亿欧元，占总销售额的 70.2%。

数据还显示，国际头部品牌的宠物用药品销售额超过了大动物用药品，多数动保企业占比已达 40% 以上，有的已经超过 50%，伴侣动物产品仍是各大国际动保公司最大的业务营收。

表 3-1 2023 年国际动保企业销售收入

序　号	公司名称	动物保健产品销售收入	伴侣动物销售收入
1	硕腾	85.44 亿美元	53 亿美元
2	勃林格殷格翰	47 亿欧元	12 亿欧元（尼可信系列产品）
3	默沙东	56.25 亿美元	23 亿美元
4	礼蓝动保	44.17 亿美元	21 亿美元
5	爱德士	36.61 亿美元	33.5 亿美元
6	法国维克	12.469 亿欧元	—
7	法国威隆	5.29 亿欧元	3.72 亿欧元

3.1.3 国内兽药市场介绍

我国兽药产业起源于 20 世纪 60 年代，经历了萌芽阶段、探索阶段和快速发展阶段。受非洲猪瘟影响，2018 年我国兽药产业规模有一定程度下滑，兽药销售收入从 2017 年的 473.11 亿元下降至 458.97 亿元；2019—2021 年我国兽药销售收入稳步回升，2019 年回升至 503.95 亿元；2022 年我国兽药销售收入则为673.45 亿元。2023 年我国兽药销售收入则为 696.51 亿元。

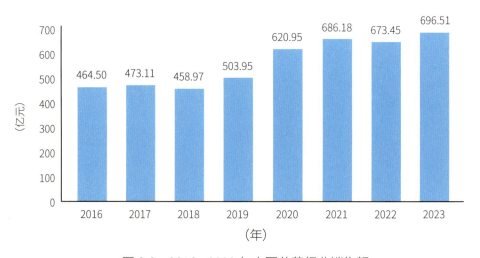

图 3-2 2016—2023 年中国兽药行业销售额

3.2 国内宠物用药品概况

3.2.1 国内宠物用药品规模

我国宠物用药品企业起步较晚，大部分规模较小，宠物用药品产值约占整个兽药产值的 21.4%，2023 年中国宠物医药市场规模约为 149 亿元。

虽然我国宠物用药品与国外相比还是有一定的差距，但随着人们对宠物健康的关注增加，国内宠物药品市场正在不断扩大，并将继续保持增长。特别是近年来，传统畜禽兽药生产企业、人用药品生产企业转向宠物用药品赛道的趋势明显。

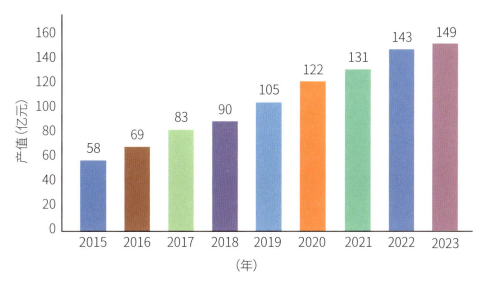

图 3-3　2015—2023 年中国宠物用药品规模

3.2.2 宠物用药品现状

1. 国产宠物用药品

国产宠物用药品产业集中程度低，产品结构分散，数量较少，宠物用药品销售额占比较低，在技术、资金、药物品种、覆盖面等方面还比较薄弱，市场竞争力不强。近年来，随着市场的发展和资本涌入，国产宠物用药品在研发、技术、品质上都逐步提升。目前，大部分欧美国家的伴侣动物产品业务高于经济动物，中国也逐渐向这个方向靠拢。

另外，随着宠物临床医学的发展，宠物主人对宠物进行中医治疗的接受度有所提高，中兽药在治疗宠物老年疾病和慢性疾病，改善宠物生活质量等方面有着较大优势。

2. 多家国产猫三联灭活疫苗获批上市

自 2023 年 8 月 23 日起，农业农村部相继发布公告，批准了 8 款猫三联通过农业农村部组织的应急评价。经过一年多时间，多款猫三联疫苗已经上市销售。

表 3-2　兽药产品名录

应急评价获批时间	兽药名称	研制单位	备 注
2024 年 6 月	猫泛白细胞减少症、鼻气管炎、杯状病毒病三联灭活疫苗（FP/15 株 +FH/AS 株 +FC/HF 株）	辽宁益康生物股份有限公司、金宇共立动物保健有限公司	农业农村部第 799 号公告
2024 年 1 月	猫鼻气管炎、嵌杯病毒病、泛白细胞减少症三联灭活疫苗（CP2 株 +CC3 株 +VP2 蛋白）	长春西诺生物科技有限公司、安徽爱宠生物科技有限公司、吉林正业生物制品股份有限公司	农业农村部第 747 号公告
2023 年 12 月	猫鼻气管炎、杯状病毒病、泛白细胞减少症三联灭活疫苗（HBJ06 株 +CHZ05 株 +PSY01 株）	中牧实业股份有限公司	农业农村部第 731 号公告
2023 年 12 月	猫泛白细胞减少症、杯状病毒病、鼻气管炎三联灭活疫苗（708 株 +60 株 +64 株）	普莱柯生物工程股份有限公司、洛阳惠中生物技术有限公司、洛阳惠中动物保健有限公司、河南新正好生物工程有限公司、普莱柯（南京）生物技术有限公司	农业农村部第 731 号公告
2023 年 10 月	猫鼻气管炎、杯状病毒病、泛白细胞减少症三联灭活疫苗（WH–2017 株 +LZ–2016 株 +CS–2016 株）	华中农业大学、武汉科前生物股份有限公司、云南生物制药有限公司、华派生物技术 (集团) 股份有限公司	农业农村部第 716 号公告
2023 年 8 月	猫泛白细胞减少症、鼻气管炎、杯状病毒病三联灭活疫苗（HBX05 株 +BJS01 株 +BJH13 株）	泰州博莱得利生物科技有限公司、北京博莱得利生物技术有限责任公司、中瑞动检（北京）生物技术有限公司	农业农村部第 701 号公告

续表

应急评价获批时间	兽药名称	研制单位	备　注
2023 年 8 月	猫鼻气管炎、猫杯状病毒病、猫泛白细胞减少症三联灭活疫苗（WX 株 +SH14 株 +0918 株）	中国农业科学院上海兽医研究所、唐山怡安生物工程有限公司、哈药集团生物疫苗有限公司	农业农村部第 701 号公告
2023 年 8 月	猫鼻气管炎、杯状病毒病、泛白细胞减少症三联灭活疫苗（RPVF0304 株 +RPVF0207 株 +RPVF0110 株）	天津瑞普生物技术股份有限公司、天津瑞普生物技术股份有限公司空港经济区分公司、瑞普（保定）生物药业有限公司	农业农村部第 701 号公告

表 3-3　目前国内市场国产猫三联疫苗品牌汇总

企　业	品　牌
博莱得利	喵倍护
怡安生物	喵三新
瑞普生物	瑞喵舒
哈药集团	妙多安
惠中动保	喵益多
科前生物	科妙优
华派生物	猫康宁
云南生物	海妙哆
中牧股份	喵倍利
长春西诺	诺米加
金宇生物	金喵乐

数据调研显示，约有六成以上的宠物诊疗机构使用过国产猫三联疫苗。

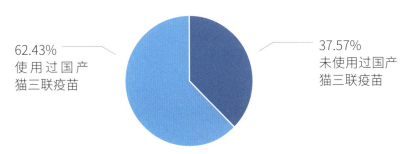

62.43%
使用过国产猫三联疫苗

37.57%
未使用过国产猫三联疫苗

图 3-4　国产猫三联疫苗使用情况

3. 宠物药品市场发展潜力

资料显示，美国已有 400 余种用于犬、猫的宠物用药品。我国现有宠物用药品在品种上依然不能满足市场需求，相当部分宠物诊疗机构因无对应的宠物专用药品而使用人用药品。在宠物临床方面，依旧存在药品紧缺和长期依赖进口药品的问题。

2023 年，为推动解决当前我国宠物用药短缺难题，满足宠物临床实际用药需求，中国兽医药品监察所（农业农村部兽药评审中心）开展了"宠物用药需求与解决思路研究"专题调研，经农业农村部畜牧兽医局批准（农牧便函〔2023〕638号），组织行业内宠物一线临床专家和宠物权威专家，根据宠物临床实际用药需求及宠物临床人用药品使用情况，遴选形成了《宠物临床急需使用的人用药品目录(61 种)》，供宠物用药研发企业参考。

表 3-4　宠物临床急需使用的人用药品目录(61 种)

药品种类	药品名称
抗生素及抗病毒药类	甲硝唑注射液
	阿托伐琨片
	罗硝唑片
	米诺环素片
消化系统用药	奥美拉唑注射液
	胃复安（甲氧氯普安）片 / 注射液
	米氮平片
	西沙必利片
	赛庚啶片
	熊去氧胆酸片
心血管系统用药	氨氯地平片
	硫酸氢氯吡格雷片 低分子量肝素钠注射液
	西地那非片
	螺内酯片
	地尔硫卓片

续表

药品种类	药品名称
内分泌疾病用药	甲巯咪唑片
	醋酸氟氢可的松片 曲洛司坦胶囊
	左甲状腺素片（动物用需要大规格 100μg/200μg/400μg， 人药通常为 20μg）
皮肤用药	泼尼松龙片
	甲泼尼龙片
	曲安奈德片
	米替福新胶囊
	西替利嗪片
	石硫合剂溶液
	褪黑素片
电解质及营养补充类	门冬氨酸钾镁注射液
	脂肪乳注射液
	甘露醇注射液
重症及急救用药	去甲肾上腺素注射液
	盐酸多巴酚丁胺注射液
	盐酸多巴胺注射液
化疗药类	苯丁酸氮芥片
	长春新碱注射液
	环磷酰胺片 / 注射液
	盐酸多柔比星注射液
	卡铂注射液
	阿糖胞苷注射液
	长春花碱注射液
	米托蒽醌注射液
	美法仑片
	洛莫司汀胶囊
	L- 天门冬酰胺酶注射液

续表

药品种类	药品名称
眼药	氧氟沙星滴眼液
	红霉素眼药膏
	泼尼松龙滴眼液
	双氯芬酸钠滴眼液
	马来酸噻吗洛尔滴眼液
	硝酸毛果芸香碱滴眼液
	拉坦前列素滴眼液
	硫酸阿托品眼药膏
	环孢素滴眼液
	更昔洛韦滴眼液
	布林佐胺滴眼液
其他类	加巴喷丁胶囊
	左乙拉西坦片 / 注射液
	碳酸镧片
	曲唑酮片
	吸雾用布地奈德
	布地奈德胶囊

宠物临床急需药品主要集中在老年病用药、心脏用药、眼科用药、麻醉镇痛用药、呼吸系统用药等领域，市场缺口约为 31 亿元。

4. 进口宠物用药品

截至 2024 年有 70 余种进口宠物用化学药品被批准在我国上市销售，主要用于宠物抗菌消炎、解热镇痛、驱虫、止吐等，部分药物可用于治疗宠物血液循环系统疾病、关节炎等。约有 11 种宠物类疫苗产品被批准在我国上市销售，用于接种预防犬猫相关疫病，主要包括：狂犬病灭活疫苗，犬细小病毒病活疫苗，犬瘟热、腺病毒、细小病毒、副流感四联疫苗，猫鼻气管炎、猫杯状病毒病、猫泛白细胞减少症三联灭活疫苗等。

3.2.3 宠物用药品品种目录

2017 年 4 月，农业农村部发布了 2512 号公告。公告提出，为满足宠物用药需求，提高宠物用兽药质量，农业农村部组织制定了《宠物用兽药说明书范本》，提供了 183 种宠物用兽药说明书范本，拥有相关批文的企业可直接申报生产对应的宠物用药品。

宠物用药品常分为生物制品、抗菌药、抗寄生虫药及其他药品等。

表 3-5　宠物用药品分类

药品类别	常见药品
生物制品	疫苗、白细胞介素等
抗菌药	青霉素类、四环素类等
抗寄生虫药	注射用伊维菌素等
其他	解热镇痛类、非甾体类抗炎药、麻醉药等

表 3-6　宠物用药品品种目录列表

序　号	兽药名称	序　号	兽药名称
1	阿苯达唑粉（宠物用）	12	苯巴比妥片（宠物用）
2	阿苯达唑颗粒（宠物用）	13	苯甲酸雌二醇注射液（宠物用）
3	阿苯达唑片（宠物用）	14	吡喹酮粉（宠物用）
4	阿莫西林克拉维酸钾片（宠物用）	15	吡喹酮硅胶棒（宠物用）
5	阿司匹林片（宠物用）	16	吡喹酮片（宠物用）
6	氨茶碱片（宠物用）	17	蓖麻油（宠物用）
7	氨茶碱注射液（宠物用）	18	柴胡注射液（宠物用）
8	奥芬达唑颗粒（宠物用）	19	柴辛注射液（宠物用）
9	奥芬达唑片（宠物用）	20	陈皮酊（宠物用）
10	白陶土（宠物用）	21	穿心莲注射液（宠物用）
11	倍他米松片（宠物用）	22	垂体后叶注射液（宠物用）

续表

序　号	兽药名称	序　号	兽药名称
23	醋酸地塞米松片（宠物用）	48	呋塞米注射液（宠物用）
24	醋酸氟轻松乳膏（宠物用）	49	氟苯尼考甲硝唑滴耳液（宠物用）
25	醋酸可的松注射液（宠物用）	50	氟尼辛葡甲胺颗粒（宠物用）
26	醋酸泼尼松片（宠物用）	51	氟尼辛葡甲胺注射液（宠物用）
27	醋酸泼尼松眼膏（宠物用）	52	复方达克罗宁滴耳液（宠物用）
28	醋酸氢化可的松滴眼液（宠物用）	53	复方大黄酊（宠物用）
29	醋酸氢化可的松注射液（宠物用）	54	复方豆蔻酊（宠物用）
30	大黄酊（宠物用）	55	复方龙胆酊（苦味酊）（宠物用）
31	大黄末（宠物用）	56	复方氯胺酮注射液（宠物用）
32	大黄碳酸氢钠片（宠物用）	57	复方氯化钠注射液（宠物用）
33	地塞米松磷酸钠注射液（宠物用）	58	复方氯硝柳胺片（宠物用）
34	地西泮片（宠物用）	59	复方酮康唑软膏（宠物用）
35	地西泮注射液（宠物用）	60	复合维生素 B 注射液（宠物用）
36	颠茄酊（宠物用）	61	甘胆口服液（宠物用）
37	颠茄浸膏（宠物用）	62	干酵母粉（宠物用）
38	颠茄流浸膏（宠物用）	63	干酵母片（宠物用）
39	碘化钾片（宠物用）	64	干燥硫酸钠（宠物用）
40	毒毛花苷 K 注射液（宠物用）	65	枸橼酸哌嗪片（宠物用）
41	恩诺沙星片（宠物用）	66	枸橼酸乙胺嗪片（宠物用）
42	恩诺沙星注射液（宠物用）	67	红霉素片（宠物用）
43	非泼罗尼喷雾剂（宠物用）	68	黄芪多糖粉（宠物用）
44	芬苯达唑粉（宠物用）	69	黄体酮注射液（宠物用）
45	芬苯达唑颗粒（宠物用）	70	藿香正气散（宠物用）
46	芬苯达唑片（宠物用）	71	甲硫酸新斯的明注射液（宠物用）
47	呋塞米片（宠物用）	72	甲硝唑片（宠物用）

续表

序　号	兽药名称	序　号	兽药名称
73	碱式碳酸铋片（宠物用）	97	氯化钠注射液（宠物用）
74	碱式硝酸铋（宠物用）	98	氯硝柳胺片（宠物用）
75	姜酊（宠物用）	99	马波沙星片（宠物用）
76	聚乙二醇牛血红蛋白偶联物（宠物用）	100	马来酸氯苯那敏片（宠物用）
77	磷酸哌嗪片（宠物用）	101	马来酸麦角新碱注射液（宠物用）
78	磷酸氢钙片（宠物用）	102	马钱子酊（番木鳖酊）（宠物用）
79	硫代硫酸钠注射液（宠物用）	103	美洛昔康内服混悬液（宠物用）
80	硫酸阿托品片（宠物用）	104	美洛昔康注射液（宠物用）
81	硫酸阿托品注射液（宠物用）	105	米尔贝肟吡喹酮片（宠物用）
82	硫酸镁（宠物用）	106	米尔贝肟片（宠物用）
83	硫酸镁注射液（宠物用）	107	萘普生片（宠物用）
84	硫酸钠（宠物用）	108	尼可刹米注射液（宠物用）
85	硫酸庆大霉素注射液（宠物用）	109	葡萄糖氯化钠注射液（宠物用）
86	硫酸新霉素滴眼液（宠物用）	110	葡萄糖酸钙注射液（宠物用）
87	硫酸新霉素片（宠物用）	111	葡萄糖注射液（宠物用）
88	硫酸亚铁（宠物用）	112	普济消毒散（宠物用）
89	龙胆酊（宠物用）	113	普鲁卡因青霉素注射液（宠物用）
90	龙胆末（宠物用）	114	氢氯噻嗪片（宠物用）
91	龙胆碳酸氢钠片（宠物用）	115	软皂（宠物用）
92	氯化氨甲酰甲胆碱注射液（宠物用）	116	三黄散（宠物用）
93	氯化铵（宠物用）	117	桑菊散（宠物用）
94	氯化钙葡萄糖注射液（宠物用）	118	双黄连口服液（宠物用）
95	氯化钙注射液（宠物用）	119	双羟萘酸噻嘧啶片（宠物用）
96	氯化琥珀胆碱注射液（宠物用）	120	水合氯醛（宠物用）

续表

序　号	兽药名称	序　号	兽药名称
121	水杨酸钠注射液（宠物用）	145	消疮散（宠物用）
122	缩宫素注射液（宠物用）	146	硝酸士的宁注射液（宠物用）
123	泰山盘石散（宠物用）	147	硝唑沙奈干混悬剂（宠物用）
124	酞磺胺噻唑片（宠物用）	148	溴化钠（宠物用）
125	碳酸钙（宠物用）	149	亚硫酸氢钠甲萘醌注射液（宠物用）
126	碳酸氢钠片（宠物用）	150	烟酸诺氟沙星注射液（犬用）（宠物用）
127	碳酸氢钠注射液（宠物用）	151	盐酸苯海拉明注射液（宠物用）
128	土霉素片（宠物用）	152	盐酸大观霉素注射液（犬用）（宠物用）
129	维生素 AD 油（宠物用）	153	盐酸多西环素片（宠物用）
130	维生素 B_{12} 注射液（宠物用）	154	盐酸林可霉素片（宠物用）
131	维生素 B_1 片（宠物用）	155	盐酸林可霉素注射液（宠物用）
132	维生素 B_1 注射液（宠物用）	156	盐酸氯胺酮注射液（宠物用）
133	维生素 B_2 片（宠物用）	157	盐酸氯丙嗪片（宠物用）
134	维生素 B_2 注射液（宠物用）	158	盐酸氯丙嗪注射液（宠物用）
135	维生素 B_6 片（宠物用）	159	盐酸普鲁卡因注射液（宠物用）
136	维生素 B_6 注射液（宠物用）	160	盐酸赛拉嗪注射液（宠物用）
137	维生素 C 片（宠物用）	161	盐酸肾上腺素注射液（宠物用）
138	维生素 C 注射液（宠物用）	162	盐酸异丙嗪片（宠物用）
139	维生素 D_2 胶性钙注射液（宠物用）	163	盐酸异丙嗪注射液（宠物用）
140	维生素 E 注射液（宠物用）	164	盐酸左旋咪唑粉（宠物用）
141	维生素 K_1 注射液（宠物用）	165	盐酸左旋咪唑片（宠物用）
142	胃蛋白酶（宠物用）	166	盐酸左旋咪唑注射液（宠物用）
143	乌洛托品注射液（宠物用）	167	液状石蜡（宠物用）
144	稀盐酸（宠物用）	168	右旋糖酐铁注射液（宠物用）

续表

序　号	兽药名称	序　号	兽药名称
169	鱼腥草注射液（宠物用）	177	注射用普鲁卡因青霉素（宠物用）
170	远志酊（宠物用）	178	注射用青霉素钾（宠物用）
171	樟脑磺酸钠注射液（宠物用）	179	注射用青霉素钠（宠物用）
172	注射用苯巴比妥钠（宠物用）	180	注射用绒促性素（宠物用）
173	注射用苯唑西林钠（宠物用）	181	注射用乳糖酸红霉素（宠物用）
174	注射用苄星青霉素（宠物用）	182	注射用血促性素（宠物用）
175	注射用硫喷妥钠（宠物用）	183	注射用异戊巴比妥钠（宠物用）
176	注射用硫酸头孢喹肟（宠物用）		

农业农村部公告第 56 号中公布了 8 种兽药产品质量标准，目录如下表所示。

表 3-7　8 种兽药产品目录

序　号	兽药名称
1	注射用头孢噻呋钠（宠物用）
2	硫酸阿米卡星注射液（宠物用）
3	头孢羟氨苄片（宠物用）
4	西咪替丁片（宠物用）
5	异氟烷（宠物用）
6	吸入用七氟烷（宠物用）
7	马来酸依那普利片（宠物用）
8	曲安奈德注射液（宠物用）

农业农村部公告第 2512 号发布后，截至 2023 年年底，我国允许生产的宠物用药品共约 273 种。其中包括农业农村部公告第 2512 号中的 183 种、农业农村部公告第 56 号中的 8 种。

3.2.4 宠物用新兽药列表

根据现行的兽药注册办法，农业农村部审查批准的新兽药分为五类。2010 年至 2024 年 8 月，我国宠物用新兽药证书共有 109 个，其中一类新兽药 3 个，二类新兽药 33 个，三类新兽药 33 个，四类新兽药 11 个，五类新兽药 29 个。整体来说，注册获批的新药较少，大多国产的宠物用药品均是《中华人民共和国兽药典》及国家兽药标准收载的品种。相对而言，近几年国产宠物药品研发实力也在不断增强，2023-2024 年 8 月，有 32 种宠物新兽药批准上市，创历史新高。

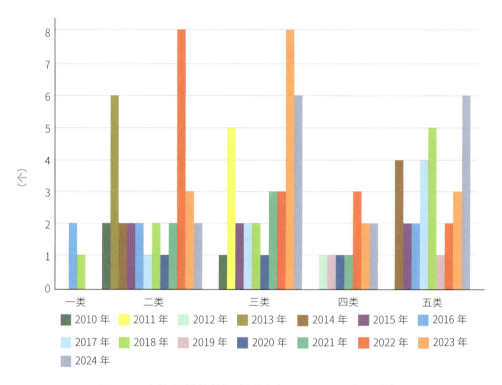

图 3-5　宠物用新兽药证书列表（2010—2024 年 8 月）

3.2.5 宠物用新兽药证书列表

表 3-8　宠物用新兽药证书列表

序　号	新兽药名称	研制单位	类　别	新兽药注册证书号
1	米氮平软膏	广东众宠生物科技有限公司、青岛欧博方医药科技有限公司、广东温氏大华农生物科技有限公司动物保健品厂、华农（肇庆）生物产业技术研究院有限公司、北京欧博方医药科技有限公司	五类	(2024)新兽药证字 46 号
2	米氮平软膏	上海信元动物药品有限公司、北京汇康益生科技有限公司、长沙东典药业有限公司、河北朗威生物科技有限公司	五类	(2024)新兽药证字 44 号
3	环孢素内服溶液	南京朗博特动物药业有限公司、江苏朗博特动物药品有限公司、湖北回盛生物科技有限公司、青岛欧博方医药科技有限公司、洛阳惠中兽药有限公司、济南广盛源生物科技有限公司	五类	(2024)新兽药证字 43 号
4	水飞蓟素胶囊	北京生泰尔科技股份有限公司、爱迪森（北京）生物科技有限公司、生泰尔（内蒙古）科技有限公司、北京爱宠族科技有限公司、爱宠族（江苏）科技有限公司、五洲牧洋（黑龙江）科技有限公司	三类	(2024)新兽药证字 37 号
5	黄花通淋口服液	中国农业大学、江西中医药健康产业研究院、华中农业大学、青岛农业大学、湖北中博绿亚生物技术有限公司、浙江昂利康动保科技有限公司、江西省保灵动物保健品有限公司	三类	(2024)新兽药证字 32 号
6	复方芬苯达唑咀嚼片	中国农业大学、山东信得科技股份有限公司、上海汉维生物医药科技有限公司、韶山大北农动物药业有限公司、瑞普（天津）生物药业有限公司、湖北中博绿亚生物技术有限公司	四类	(2024)新兽药证字 31 号
7	头孢泊肟酯咀嚼片	浙江海正动保健品有限公司、艾美科健（中国）生物医药有限公司、齐鲁晟华制药有限公司	五类	(2024)新兽药证字 29 号
8	米氮平软膏	山东爱士津生物技术有限公司、烟台爱士津动物保健品有限公司、浙江海正动物保健品有限公司、四川吉星动物药业有限公司、山东德青制药有限责任公司	五类	(2024)新兽药证字 28 号
9	金前通淋胶囊	北京生泰尔科技股份有限公司、爱迪森（北京）生物科技有限公司、生泰尔（内蒙古）科技有限公司、北京爱宠族科技有限公司、爱宠族（江苏）科技有限公司、五洲牧洋（黑龙江）科技有限公司	三类	(2024)新兽药证字 19 号

序 号	新兽药名称	研制单位	类 别	新兽药注册证书号
10	非罗考昔咀嚼片	山东鲁抗舍里乐药业有限公司高新区分公司、华中农业大学、江苏朗博特动物药品有限公司、上海汉维生物医药科技有限公司、济南广盛源生物科技有限公司	二类	(2024)新兽药证字 18 号
11	非罗考昔	山东鲁抗舍里乐药业有限公司、华中农业大学	二类	(2024)新兽药证字 17 号
12	环孢素内服溶液	瑞普（天津）生物药业有限公司、华东理工大学、华中农业大学、江西省保灵动物保健品有限公司、内蒙古联邦动保药品有限公司、四川吉星动物药业有限公司、天津瑞普生物技术股份有限公司、青岛康地恩动物药业有限公司	五类	(2024))新兽药证字 16 号
13	双歧杆菌、乳酸杆菌和酵母菌复合活菌制剂	江苏恒丰强生物技术有限公司、河南牧翔动物药业有限公司、华中农业大学	三类	(2024)新兽药证字 9 号
14	复方硝酸咪康唑洗剂	佛山市南海东方澳龙制药有限公司、江苏朗博特动物药品有限公司、泰州博莱得利生物科技有限公司、广东省农产品质量安全中心（广东省绿色食品发展中心）	五类	(2024)新兽药证字 7 号
15	注射用泮托拉唑钠	山东爱士津生物技术有限公司、山东绿叶制药有限公司、烟台爱士津动物保健品有限公司	四类	(2024)新兽药证字 5 号
16	芍甘和胃胶囊	北京生泰尔科技股份有限公司、爱迪森（北京）生物科技有限公司、生泰尔（内蒙古）科技有限公司、北京爱宠族科技有限公司、爱宠族（江苏）科技有限公司、五洲牧洋（黑龙江）科技有限公司	三类	(2024)新兽药证字 1 号
17	环孢素内服溶液	上海汉维生物医药科技有限公司、上海市动物疫病预防控制中心	五类	(2023)新兽药证字 75 号
18	广金钱草片	北京生泰尔科技股份有限公司、爱迪森（北京）生物科技有限公司、生泰尔（内蒙古）科技有限公司、北京爱宠族科技有限公司、爱宠族（江苏）科技有限公司	三类	(2023)新兽药证字 74 号
19	犬瘟热病毒胶体金检测试纸条	山东德诺生物科技有限公司、山东绿都生物科技有限公司、北京纳百生物科技有限公司、潍坊德诺泰克生物科技有限公司	三类	(2023)新兽药证字 73 号
20	复方二氯苯醚菊酯吡丙醚滴剂	瑞普（天津）生物药业有限公司、成都中牧生物药业有限公司、天津瑞普生物技术股份有限公司	二类	(2023)新兽药证字 71 号

续表

序　号	新兽药名称	研制单位	类　别	新兽药注册证书号
21	硼酸滴眼液	南京金盾动物药业有限责任公司、江苏省畜产品质量检验测试中心（江苏省兽药饲料质量检验所）、泰州博莱得利生物科技有限公司、江苏朗博特动物药品有限责任公司、广东省威正制药有限公司、江西博莱大药厂有限公司、浙江乾炎生物信息技术有限公司、苏州二叶制药有限公司、华中农业大学，南京金盾生物技术有限公司	五类	（2023）新兽药证字 69 号
22	犬轮状病毒胶体金检测试纸条	洛阳普泰生物技术有限公司、百沃特（天津）生物技术有限公司、长春西诺生物科技有限公司	二类	（2023）新兽药证字 66 号
23	双歧杆菌、乳酸杆菌、屎肠球菌和酵母菌复合活菌制剂	江苏恒丰强生物技术有限公司、青岛蔚蓝生物股份有限公司	三类	（2023）新兽药证字 61 号
24	千里光颗粒	北京生泰尔科技股份有限公司、生泰尔（内蒙古）科技有限公司、爱迪森（北京）生物有限公司、北京爱宠族科技有限公司、爱宠族（江苏）科技有限公司、喜禽（黑龙江）药业有限公司	三类	（2023）新兽药证字 49 号
25	地黄归芩胶囊	北京生泰尔科技股份有限公司、爱迪森（北京）生物有限公司、生泰尔（内蒙古）科技有限公司、北京爱宠族科技有限公司、爱宠族（江苏）科技有限公司、喜禽（黑龙江）药业有限公司	三类	（2023）新兽药证字 47 号
26	卡洛芬注射液	北京宇和金兴生物医药有限公司、河南官渡生物工程有限公司、齐鲁动物保健品有限公司、浙江海正动物保健品有限公司、合肥中龙神力动物药业有限公司、江西省保灵动物保健品有限公司、中国农业科学院兰州畜牧与兽药研究所	五类	（2023）新兽药证字 21 号
27	非波罗尼溶液	南京威特动物药品有限公司、江西省保灵动物保健品有限公司、湖北回盛生物科技有限公司、济南广盛源生物科技有限公司、河北科星药业有限公司、江苏朗博特动物药品有限公司、杭州润宠归美牛物科技有限公司、安徽中龙神力生物科技有限公司	四类	（2023）新兽药证字 19 号
28	盐酸特比萘芬片	中国农业大学、湖北中博绿亚生物技术有限公司、上海汉维生物医药科技有限公司、南京金动物药业有限责任公司、瑞普（天津）生物药业有限公司、浙江昂利康动保科技有限公司	四类	（2023）新兽药证字 18 号

序　号	新兽药名称	研制单位	类　别	新兽药注册证书号
29	荆鲜止痒涂剂	北京生泰尔科技股份有限公司、爱迪森（北京）生物科技有限公司、生泰尔（内蒙古）科技有限公司、北京爱宠族科技有限公司、爱宠族（江苏）科技有限公司	三类	（2023）新兽药证字 09 号
30	黄柏滴耳液	北京生泰尔科技股份有限公司、爱迪森（北京）生物科技有限公司、生泰尔（内蒙古）科技有限公司、北京爱宠族科技有限公司、爱宠族（江苏）科技有限公司	三类	（2023）新兽药证字 08 号
31	枫蓼胶囊	北京生泰尔科技股份有限公司、爱迪森（北京）生物科技有限公司、生泰尔（内蒙古）科技有限公司、北京爱宠族科技有限公司、爱宠族（江苏）科技有限公司	三类	（2023）新兽药证字 07 号
32	犬冠状病毒胶体金检测试纸条	长春西诺生物科技有限公司、中国农业科学院特产研究所、武汉科前生物股份有限公司、泰州杰恩斯生物医药有限公司、北京纳百生物科技有限公司、洛阳普泰生物技术有限公司、深圳市爱医生物科技有限公司	二类	（2023）新兽药证字 03 号
33	复方非泼罗尼滴剂（猫用）	浙江海正动物保健品有限公司	二类	（2022）新兽药证字 68 号
34	复方非泼罗尼滴剂（犬用）	浙江海正动物保健品有限公司	二类	（2022）新兽药证字 67 号
35	甲氧普烯	浙江海正药业股份有限公司、海正药业南通有限公司、浙江海正动物保健品有限公司	二类	（2022）新兽药证字 66 号
36	非泼罗尼吡丙醚滴剂	瑞普（天津）生物药业有限公司、天津瑞普生物技术股份有限公司	二类	（2022）新兽药证字 65 号
37	吡丙醚	湖北龙翔药业科技股份有限公司、瑞普（天津）生物药业有限公司、天津瑞普生物技术股份有限公司	二类	（2022）新兽药证字 64 号
38	卡洛芬咀嚼片（犬用）	北京宇和金兴生物医药有限公司、浙江海正动物保健品有限公司、山东德州神生药业有限公司、齐鲁动物保健品有限公司、齐鲁展华制药有限公司、洛阳惠中兽药有限公司、杭州润宠归美生物科技有限公司、河北远征禾木药业有限公司、宜昌三峡制药有限公司	二类	（2022）新兽药证字 61 号
39	头孢泊肟酯片	湖北回盛生物科技有限公司、浙江朗博特动物药品有限公司、江西省保灵动物保健品有限公司	五类	（2022）新兽药证字 56 号

续表

序　号	新兽药名称	研制单位	类　别	新兽药注册证书号
40	盐酸特比萘芬搽剂	南京金盾动物药业有限责任公司、河北远征药业有限公司、南京福润德动物药业有限公司、南京金盾生物技术有限公司	四类	（2022）新兽药证字 36 号
41	犬瘟热病毒胶体金检测试纸条	国药集团动物保健股份有限公司	三类	（2022）新兽药证字 33 号
42	头孢泊肟酯片	洛阳惠中兽药有限公司、深圳市红瑞生物科技股份有限公司、济南广盛源生物科技有限公司、洛阳惠中动物保健有限公司、爱宠族（江苏）科技有限公司	五类	（2022）新兽药证字 30 号
43	犬瘟热、犬细小病毒病二联活疫苗（BJ/120 株 +FJ/58 株）- 狂犬病灭活疫苗（VBC37 株）	兆丰华生物科技（南京）有限公司、泰州博莱得利生物科技有限公司、安徽爱宠生物科技有限公司、北京科牧丰生物制药有限公司、中国农业科学院北京畜牧兽医研究所、兆丰华生物科技（福州）有限公司	三类	（2022）新兽药证字 29 号
44	犬细小病毒抗血清	天津瑞普生物技术股份有限公司、天津瑞普生物技术股份有限公司空港经济区分公司、瑞普（保定）生物药业有限公司	三类	（2022）新兽药证字 28 号
45	匹莫苯丹咀嚼片	北京卫宠医药科技有限公司、北京广博德赛医药技术开发有限责任公司、齐鲁动物保健品有限公司、浙江海正动物保健品有限公司	二类	（2022）新兽药证字 23 号
46	匹莫苯丹	北京卫宠医药科技有限公司、北京广博德赛医药技术开发有限责任公司、厦门欧瑞捷生物科技有限公司	二类	（2022）新兽药证字 22 号
47	盐酸特比萘芬喷雾剂	天津市保灵动物保健品有限公司、佛山市南海东方澳龙制药有限公司、江西省保灵动物保健品有限公司	四类	（2022）新兽药证字 06 号
48	克林霉素磷酸酯颗粒	瑞普（天津）生物药业有限公司、天津瑞普生物技术股份有限公司	四类	（2022）新兽药证字 01 号
49	三七片	北京生泰尔科技股份有限公司、爱迪森（北京）生物科技有限公司、生泰尔（内蒙古）科技有限公司、吉林大学、北京市兽药监察所、北京喜禽药业有限公司、北京爱宠族科技有限公司、爱宠族（江苏）科技有限公司	三类	（2021）新兽药证字 73 号

续表

序　号	新兽药名称	研制单位	类　别	新兽药注册证书号
50	丹参三七片	北京生泰尔科技股份有限公司、爱迪森（北京）生物科技有限公司、北京爱宠族科技有限公司、生泰尔（内蒙古）科技有限公司、爱宠族（江苏）科技有限公司	三类	（2021）新兽药证字 64 号
51	匹莫苯丹咀嚼片	青岛农业大学、中国农业大学、新疆农业大学、山东信得科技股份有限公司、南京金盾动物药业有限责任公司、南京威特动物药品有限公司、青岛白慧智业生物科技有限公司、山东谊源药业股份有限公司、秦皇岛摩登犬生物科技有限公司	二类	（2021）新兽药证字 32 号
52	匹莫苯丹	青岛农业大学、中国农业大学、新疆农业大学、山东信得科技股份有限公司、山东谊源药业股份有限公司	二类	（2021）新兽药证字 31 号
53	葛根芩连片	北京生泰尔科技股份有限公司、爱迪森（北京）生物科技有限公司、北京喜禽药业有限公司、生泰尔（内蒙古）科技有限公司、北京爱宠族科技有限公司、爱宠族（江苏）科技有限公司	三类	（2021）新兽药证字 27 号
54	维他昔布注射液	北京欧博方医药科技有限公司、青岛欧博方医药科技有限公司	四类	（2021）新兽药证字 17 号
55	参麦健胃片	北京生泰尔科技股份有限公司、爱迪森（北京）生物科技有限公司、北京喜禽药业有限公司、生泰尔（内蒙古）科技有限公司	三类	（2020）新兽药证字 66 号
56	复方非泼罗尼滴剂	洛阳惠中兽药有限公司、普莱柯生物工程股份有限公司、河南新正好生物工程有限公司	二类	（2020）新兽药证字 61 号
57	复方甘草酸苷片	南京农业大学、吉林大学、南京金盾动物药业有限责任公司、河南新感觉兽药有限公司、南京朗博特动物药业有限公司、中博绿亚生物技术有限公司、上海信元动物药品有限公司、河北远征药业有限公司	四类	（2020）新兽药证字 28 号
58	米尔贝肟吡喹酮咀嚼片	浙江海正动物保健品有限公司	五类	（2019）新兽药证字 71 号
59	硫糖铝片	青岛蔚蓝生物股份有限公司、天津市保灵动物保健品有限公司、江苏恒丰强生物技术有限公司、保定冀中生物科技有限公司、北京中科拜克生物技术有限公司、青岛动保国家工程技术研究中心有限公司、山东益远药业有限公司	四类	（2019）新兽药证字 68 号

序　号	新兽药名称	研制单位	类　别	新兽药注册证书号
60	匹莫苯丹咀嚼片	北京欧博方医药科技有限公司、青岛欧博方医药科技有限公司	二类	（2018）新兽药证字 68 号
61	匹莫苯丹原料	江苏慧聚药业股份有限公司	二类	（2018）新兽药证字 67 号
62	盐酸贝那普利咀嚼片	北京欧博方医药科技有限公司、青岛欧博方医药科技有限公司	五类	（2018）新兽药证字 63 号
63	盐酸贝那普利片	来安县仕必得生物技术有限公司、来安县仕必得新兽药研发有限公司、浙江海正动物保健品有限公司、南京威特动物药品有限公司、南京仕必得生物技术有限公司、天津市保灵动物保健品有限公司、南京科灵格动物药业有限公司、南京威嘉仕宠物用品有限公司	五类	（2018）新兽药证字 62 号
64	丙泊酚注射液	广东嘉博制药有限公司、华南农业大学、沛生医药科技（广州）有限公司、青岛农业大学	五类	（2018）新兽药证字 55 号
65	犬血白蛋白注射液	中国人民解放军军事科学院军事医学研究院、北京博莱得利生物技术有限责任公司、泰州博莱得利生物科技有限公司	一类	（2018）新兽药证字 51 号
66	托芬那酸注射液	青岛农业大学、中国农业大学、山东信得科技股份有限公司、河北威远药业有限公司、施维雅（青岛）生物制药有限公司、青岛百慧智业生物科技有限公司、新疆农业大学、齐鲁动物保健品有限公司、南京威特动物药品有限公司	三类	（2018）新兽药证字 21 号
67	托芬那酸	青岛农业大学、中国农业大学、山东信得科技股份有限公司、青岛百慧智业生物科技有限公司、新疆农业大学、齐鲁动物保健品有限公司	三类	（2018）新兽药证字 20 号
68	盐酸贝那普利咀嚼片	河北远征禾木药业有限公司、南京金盾动物药业有限责任公司、江苏恒丰强生物技术有限公司、河北远征药业有限公司	五类	（2018）新兽药证字 14 号
69	乳酸钠林格注射液	江苏恒丰强生物技术有限公司	五类	（2018）新兽药证字 3 号
70	美洛昔康片	齐鲁晟华制药有限公司、佛山市南海东方澳龙制药有限公司、江苏恒丰强生物技术有限公司、齐鲁动物保健品有限公司	五类	（2017）新兽药证字 55 号
71	盐酸贝那普利咀嚼片	中国农业大学动物医学院、瑞普（天津）生物药业有限公司、齐鲁晟华制药有限公司、佛山市南海东方澳龙制药有限公司、北京中农大动物保健品集团湘潭兽药厂	五类	（2017）新兽药证字 46 号

续表

序　号	新兽药名称	研制单位	类　别	新兽药注册证书号
72	伊维菌素咀嚼片	中国农业大学动物医学院、佛山市南海东方澳龙制药有限公司、瑞普（天津）生物药业有限公司、齐鲁晟华制药有限公司、北京中农大动物保健品集团湘潭兽药厂	五类	（2017）新兽药证字 31 号
73	犬瘟热、细小病毒病二联活疫苗（BJ/120株 +FJ/58 株）	北京大北农科技集团股份有限公司、北京科牧丰生物制药有限公司、南京天邦生物科技有限公司、福州大北农生物技术有限公司、中国农业科学院北京畜牧兽医研究所	三类	（2017）新兽药证字 25 号
74	美洛昔康片	南京仕必得生物技术有限公司、来安县仕必得生物技术有限公司、来安县仕必得新兽药研发有限公司、天津市保灵动物保健品有限公司	五类	（2017）新兽药证字 11 号
75	马波沙星	海门慧聚药业有限公司	二类	（2017）新兽药证字 04 号
76	蜘蛛香胶囊	中国人民解放军军事医学科学院军事兽医研究所、江苏农牧科技职业学院、江苏中牧倍康药业有限公司、长春西诺生物科技有限公司	三类	（2017）新兽药证字 02 号
77	美洛昔康片	瑞普（天津）生物药业有限公司、江西省特邦动物药业有限公司、浙江海正动物保健品有限公司、保定冀中药业有限公司、天津瑞普生物技术股份有限公司	五类	（2016）新兽药证字 41 号
78	吡喹酮咀嚼片	新疆畜牧科学院兽医研究所（新疆畜牧科学院动物临床医学研究中心）、中农华威制药股份有限公司	五类	（2016）新兽药证字 29 号
79	维他昔布咀嚼片	北京欧博方医药科技有限公司、青岛欧博方医药科技有限公司	一类	（2016）新兽药证字 22 号
80	维他昔布	北京欧博方医药科技有限公司	一类	（2016）新兽药证字 21 号
81	赛拉菌素滴剂	浙江海正药业股份有限公司、浙江海正动物保健品有限公司、东北林业大学、中国农业科学院兰州畜牧与兽医研究所	二类	（2016）新兽药证字 03 号
82	赛拉菌素	浙江海正药业股份有限公司、东北林业大学、中国农业科学院兰州畜牧与兽医研究所	二类	（2016）新兽药证字 02 号
83	阿莫西林克拉维酸钾片	上海汉维生物医药科技有限公司	五类	（2015）新兽药证字 34 号
84	米尔贝肟吡喹酮片	浙江海正动物保健品有限公司、浙江海正动物药业有限公司	五类	（2015）新兽药证字 31 号

续表

序　号	新兽药名称	研制单位	类　别	新兽药注册证书号
85	美洛昔康注射液	青岛蔚蓝生物股份有限公司、保定阳光本草药业有限公司、山东鲁抗舍里乐药业有限公司高新区分公司、青岛农业大学、青岛康地恩动物药业有限公司	三类	（2015）新兽药证字 25 号
86	美洛昔康	青岛蔚蓝生物股份有限公司、山东鲁抗舍里乐药业有限公司、河北天象生物药业有限公司、青岛农业大学、潍坊康地恩生物制药有限公司	三类	（2015）新兽药证字 24 号
87	马波沙星片	湖北泱盛生物科技有限公司、天津生机集团股份有限责任公司、广东海纳川药业股份有限公司、武汉回盛生物科技有限公司、长沙施比龙动物药业有限公司	二类	（2015）新兽药证字 13 号
88	马波沙星	武汉回盛生物科技有限公司、广东海纳川药业股份有限公司、湖北启达药业有限公司、湖北泱盛生物科技有限公司、长沙施比龙动物药业有限公司	二类	（2015）新兽药证字 12 号
89	注射用马波沙星	浙江国邦药业有限公司、浙江华尔成生物药业股份有限公司	二类	（2014）新兽药证字 49 号
90	马波沙星	浙江国邦药业有限公司	二类	（2014）新兽药证字 48 号
91	美洛昔康内服混悬液	上海汉维生物医药科技有限公司	五类	（2014）新兽药证字 31 号
92	美洛昔康注射液	齐鲁动物保健品有限公司	五类	（2014）新兽药证字 29 号
93	头孢氨苄片	上海汉维生物医药科技有限公司	五类	（2014）新兽药证字 11 号
94	非泼罗尼喷雾剂	上海汉维生物医药科技有限公司	五类	（2014）新兽药证字 09 号
95	非泼罗尼滴剂	浙江海正药业股份有限公司、上海汉维生物医药科技有限公司	二类	2013）新兽药证字 43 号
96	非泼罗尼	浙江海正药业股份有限公司、上海汉维生物医药科技有限公司	二类	（2013）新兽药证字 42 号
97	米尔贝肟片	浙江海正药业股份有限公司	二类	（2013）新兽药证字 35 号
98	米尔贝肟原料	浙江海正药业股份有限公司	二类	（2013）新兽药证字 34 号
99	非泼罗尼滴剂	金坛区凌云动物保健品有限公司	二类	（2013）新兽药证字 26 号

续表

序　号	新兽药名称	研制单位	类　别	新兽药注册证书号
100	非泼罗尼	金坛区凌云动物保健品有限公司	二类	(2013) 新兽药证字 25 号
101	复方达克罗宁滴耳液	北京康牧兽医药械中心制药厂	四类	(2012) 新兽药证字 12 号
102	狂犬病灭活疫苗（SAD 株）	常州同泰生物药业科技有限公司、武汉科前动物生物制品有限责任公司、北京安宇科贸有限责任公司、上海海利生物药品有限公司	三类	(2011) 新兽药证字 49 号
103	狂犬病灭活疫苗（CTN–1 株）	唐山怡安生物工程有限公司、北京科兴生物制品有限公司、中国农业大学	三类	(2011) 新兽药证字 42 号
104	狂犬病灭活疫苗（CVS–11 株）	中国人民解放军军事医学科学院	三类	(2011) 新兽药证字 35 号
105	狂犬病灭活疫苗（Flury 株）	辽宁益康生物股份有限公司	三类	(2011) 新兽药证字 02 号
106	狂犬病灭活疫苗（PV2061 株）	辽宁成大动物药业有限公司	三类	(2011) 新兽药证字 01 号
107	犬细小病毒免疫球蛋白注射液	杨凌凯娜英多克隆动物药业有限公司	二类	(2010) 新兽药证字 38 号
108	犬瘟热活疫苗（CDV–11 株）	齐鲁动物保健品有限公司	三类	(2010) 新兽药证字 09 号
109	狂犬病灭活疫苗（Flury LEP 株）	中国兽医药品监察所、北京海淀中海动物保健科技公司、吉林正业生物制品有限责任公司、齐鲁动物保健品有限公司、北京信得威特科技有限公司、瑞普（保定）生物药业有限公司、乾元浩生物股份有限公司	二类	(2010) 新兽药证字 07 号

数据来源：国家兽药基础数据库。

3.2.6 生产宠物用药品企业

随着中国宠物数量逐年上升，对宠物医疗需求也越来越大，宠物专用药品的研发和生产受到广泛关注。生产宠物用药品的企业将逐渐增多，药品品种将日益丰富，药品质量将进一步提高。

为加强兽药生产质量管理，根据《兽药管理条例》，农业农村部制定兽药生产质量管理规范（兽药 GMP），规范兽药生产管理和质量控制的基本要求，旨在确保持续稳定地生产出符合注册要求的兽药。

表 3-9　生产宠物用药品企业列表（排名不分先后）

序　号	企业名称	许可证号	GMP 证书号
1	新疆海盐制药有限公司	（2022）兽药生产证字 31012 号	（2022）兽药 GMP 证字 31012 号
2	中农威特生物科技股份有限公司	（2022）兽药生产证字 28002 号	（2022）兽药 GMP 证字 28001 号
3	基灵（西安）生物科技有限公司	（2022）兽药生产证字 27055 号	（2022）兽药 GMP 证字 27016 号
4	陕西天宠生物科技有限公司	（2022）兽药生产证字 27050 号	（2022）兽药 GMP 证字 27020 号
5	陕西三原爱丽丝生物科技有限公司	（2022）兽药生产证字 27046 号	（2022）兽药 GMP 证字 27019 号
6	西安乐道生物科技有限公司	（2022）兽药生产证字 27017 号	（2022）兽药 GMP 证字 27009 号
7	陕西圣奥动物药业有限公司	（2022）兽药生产证字 27007 号	（2022）兽药 GMP 证字 27006 号
8	重庆布尔动物药业有限公司	（2022）兽药生产证字 23029 号	（2022）兽药 GMP 证字 23005 号
9	重庆澳龙生物制品有限公司	（2022）兽药生产证字 23024 号	（2022）兽药 GMP 证字 23011 号
10	四川圣卫药业有限公司	（2022）兽药生产证字 22156 号	（2022）兽药 GMP 证字 22033 号
11	四川康泉生物科技有限公司	（2022）兽药生产证字 22145 号	（2022）兽药 GMP 证字 22011 号
12	海卫特（广州）医疗科技有限公司	（2022）兽药生产证字 19155 号	（2022）兽药 GMP 证字 19027 号
13	广东嘉博制药有限公司	（2022）兽药生产证字 19137 号	（2022）兽药 GMP 证字 19012 号
14	广州悦洋生物技术有限公司	（2022）兽药生产证字 19131 号	（2022）兽药 GMP 证字 19003 号
15	广州白云山宝神动物保健品有限公司	（2022）兽药生产证字 19020 号	（2022）兽药 GMP 证字 19011 号
16	广东温氏大华生物科技有限公司动物保健品厂	（2022）兽药生产证字 19017 号	（2022）兽药 GMP 证字 19026 号

序　号	企业名称	许可证号	GMP 证书号
17	洛阳朗威动物药业有限公司	（2022）兽药生产证字 16301 号	（2022）兽药 GMP 证字 16066 号
18	洛阳惠中兽药有限公司	（2022）兽药生产证字 16003 号	（2022）兽药 GMP 证字 16041 号
19	洛阳惠中生物技术有限公司	（2022）兽药生产证字 16300 号	（2022）兽药 GMP 证字 16015 号
20	山东谊源药业股份有限公司	（2022）兽药生产证字 15240 号	（2022）兽药 GMP 证字 15181 号
21	山东龙昌药业有限公司	（2022）兽药生产证字 15436 号	（2022）兽药 GMP 证字 15078 号
22	山东亚华生物科技有限公司	（2022）兽药生产证字 15393 号	（2022）兽药 GMP 证字 15048 号
23	山东好利来动物药业有限公司	（2022）兽药生产证字 15358 号	（2022）兽药 GMP 证字 15031 号
24	济南广盛源生物科技有限公司	（2022）兽药生产证字 15310 号	（2022）兽药 GMP 证字 15118 号
25	青岛蔚蓝动物保健集团有限公司	（2022）兽药生产证字 15118 号	（2022）兽药 GMP 证字 15174 号
26	山东鲁抗舍里乐药业有限公司	（2022）兽药生产证字 15007 号	（2022）兽药 GMP 证字 15037 号
27	江西中成药业集团有限公司	（2022）兽药生产证字 14014 号	（2022）兽药 GMP 证字 14012 号
28	江西博莱大药厂有限公司	（2022）兽药生产证字 14006 号	（2022）兽药 GMP 证字 14022 号
29	杭州爱谨生物科技有限公司	（2022）兽药生产证字 11109 号	（2022）兽药 GMP 证字 11029 号
30	海正药业（杭州）有限公司	（2022）兽药生产证字 11088 号	（2022）兽药 GMP 证字 11008 号
31	浙江海正动物保健品有限公司	（2022）兽药生产证字 11080 号	（2022）兽药 GMP 证字 11010 号
32	江苏南京农大动物药业有限公司 盱眙分公司	（2022）兽药生产证字 10164 号	（2022）兽药 GMP 证字 10041 号
33	江苏慧聚药业股份有限公司	（2022）兽药生产证字 10141 号	（2022）兽药 GMP 证字 10049 号
34	江苏恒丰强生物技术有限公司	（2022）兽药生产证字 10135 号	（2022）兽药 GMP 证字 10055 号等

续表

序　号	企业名称	许可证号	GMP 证书号
35	江苏凌云药业股份有限公司	（2022）兽药生产证字10078 号	（2022）兽药 GMP 证字10029 号
36	江苏中牧倍康药业有限公司	（2022）兽药生产证字10076 号	（2022）兽药 GMP 证字10040 号
37	常州同泰生物药业科技股份有限公司	（2022）兽药生产证字10065 号	（2022）兽药 GMP 证字10059 号
38	南京威特动物药品有限公司	（2022）兽药生产证字10061 号	（2022）兽药 GMP 证字10023 号
39	硕腾（苏州）动物保健品有限公司	（2022）兽药生产证字10042 号	（2022）兽药 GMP 证字10017 号
40	南京金盾动物药业有限责任公司	（2022）兽药生产证字10038 号	（2022）兽药 GMP 证字10060 号
41	辽宁益康生物股份有限公司	（2022）兽药生产证字06013 号	（2022）兽药 GMP 证字06006 号
42	河北朗威生物科技有限公司	（2022）兽药生产证字03179 号	（2022）兽药 GMP 证字03033 号
43	河北呈盛堂动物药业有限公司	（2022）兽药生产证字03143 号	（2022）兽药 GMP 证字03009 号
44	河北科星药业有限公司	（2022）兽药生产证字03011 号	（2022）兽药 GMP 证字03018 号
45	保定冀中药业有限公司	（2022）兽药生产证字03006 号	（2022）兽药 GMP 证字03006 号
46	瑞普（保定）生物药业有限公司	（2022）兽药生产证字03038 号	（2022）兽药 GMP 证字03022 号
47	河北远征禾木药业有限公司	（2022）兽药生产证字03046 号	（2022）兽药 GMP 证字03016 号
48	河北远征药业有限公司	（2022）兽药生产证字03001 号	（2022）兽药 GMP 证字03008 号
49	北京喜禽药业有限公司	（2022）兽药生产证字01052 号	（2022）兽药 GMP 证字01005 号
50	北京中农华正兽药有限责任公司	（2022）兽药生产证字01026 号	（2022）兽药 GMP 证字01007 号
51	四川恒通动保生物科技有限公司	（2021）兽药生产证字22138 号	（2021）兽药 GMP 证字22015 号
52	武汉中博绿亚生物技术有限公司	（2021）兽药生产证字17060 号	（2021）兽药 GMP 证字17015 号
53	山东慈卫药业有限公司	（2021）兽药生产证字15384 号	（2021）兽药 GMP 证字15028 号

序　号	企业名称	许可证号	GMP 证书号
54	青岛欧博方医药科技有限公司	（2021）兽药生产证字 15371 号	（2021）兽药 GMP 证字 15005 号
55	山东鲁抗医药股份有限公司	（2021）兽药生产证字 15208 号	（2021）兽药 GMP 证字 15021 号
56	山东信得科技股份有限公司	（2021）兽药生产证字 15043 号	（2021）兽药 GMP 证字 15052 号等
57	山东鲁抗舍里乐药业有限公司	（2021）兽药生产证字 15009 号	（2021）兽药 GMP 证字 15016 号
58	山东国邦药业有限公司	（2021）兽药生产证字 15339 号	（2021）兽药 GMP 证字 15020 号
59	江西省保灵动物保健品有限公司	（2021）兽药生产证字 14097 号	（2021）兽药 GMP 证字 14014 号
60	浙江国邦药业有限公司	（2021）兽药生产证字 11013 号	（2021）兽药 GMP 证字 11016 号
61	江苏朗博特动物药品有限公司	（2021）兽药生产证字 10172 号	（2021）兽药 GMP 证字 10020 号
62	江苏勃林格殷格翰生物制品有限公司	（2021）兽药生产证字 10159 号	（2021）兽药 GMP 证字 10022 号
63	南京乐宠乐家生物制药有限公司	（2021）兽药生产证字 10149 号	（2021）兽药 GMP 证字 10010 号
64	上海信元动物药品有限公司	（2021）兽药生产证字 09043 号	（2021）兽药 GMP 证字 09007 号
65	上海汉维生物医药科技有限公司	（2021）兽药生产证字 09041 号	（2021）兽药 GMP 证字 09011 号
66	上海同仁药业股份有限公司 上海兽药厂	（2021）兽药生产证字 09024 号	（2021）兽药 GMP 证字 09010 号
67	礼蓝（上海）动物保健有限公司	（2021）兽药生产证字 09001 号	（2021）兽药 GMP 证字 09014 号
68	厦门欧瑞捷生物科技有限公司	（2021）兽药生产证字 13032 号	（2021）兽药 GMP 证字 13001 号
69	生泰尔（内蒙古）科技有限公司	（2021）兽药生产证字 05032 号	（2023）兽药 GMP 证字 05014 号
70	齐鲁制药（内蒙古）有限公司	（2021）兽药生产证字 05024 号	（2021）兽药 GMP 证字 05011 号
71	华北制药集团爱诺有限公司	（2021）兽药生产证字 03083 号	（2021）兽药 GMP 证字 03014 号
72	石家庄市汇丰动物保健品有限公司	（2021）兽药生产证字 03062 号	（2021）兽药 GMP 证字 03001 号

续表

序　号	企业名称	许可证号	GMP 证书号
73	华北制药集团动物保健品有限责任公司	（2021）兽药生产证字03020 号	（2021）兽药 GMP 证字03017 号
74	中科拜克（天津）生物药业有限公司	（2021）兽药生产证字02052 号	（2021）兽药 GMP 证字02002 号等
75	瑞普（天津）生物药业有限公司	（2021）兽药生产证字02003 号	（2021）兽药 GMP 证字02006 号
76	爱迪森（北京）生物科技有限公司	（2021）兽药生产证字01012 号	（2021）兽药 GMP 证字01013 号
77	北京康牧生物科技有限公司	（2021）兽药生产证字01010 号	（2021）兽药 GMP 证字01005 号
78	丽珠集团新北江制药股份有限公司	（2021）兽药生产证字19045 号	（2021）兽药 GMP 证字19026 号
79	中农华威生物制药（湖北）有限公司	（2021）兽药生产证字17065 号	（2021）兽药 GMP 证字17014 号
80	深圳真瑞生物科技有限公司	（2020）兽药生产证字19147 号	（2020）兽药 GMP 证字19016 号
81	肇庆大华农生物药品有限公司	（2020）兽药生产证字19002 号	（2020）兽药 GMP 证字19025 号
82	武汉科前生物股份有限公司	（2020）兽药生产证字17004 号	（2020）兽药 GMP 证字17009 号
83	乾元浩生物股份有限公司郑州生物药厂	（2020）兽药生产证字16013 号	（2023）兽药 GMP 证字16002 号
84	齐鲁动物保健品有限公司	（2020）兽药生产证字15025 号	（2020）兽药 GMP 证字15076 号等
85	北京市飞龙动物药厂	（2020）兽药生产证字08006 号	（2020）兽药 GMP 证字08006 号
86	河北百美达医药科技有限公司	（2020）兽药生产证字03199 号	（2020）兽药 GMP 证字03026 号
87	上海快灵生物科技有限公司	（2019）兽药生产证字09042 号	（2019）兽药 GMP 证字09003 号
88	北京纳百生物科技有限公司	（2019）兽药生产证字01071 号	（2019）兽药 GMP 证字01005 号
89	青岛立见生物科技有限公司	（2018）兽药生产证字15402 号	（2022）兽药 GMP 证字15204 号
90	长春西诺生物科技有限公司	（2017）兽药生产证字07038 号	（2022）兽药 GMP 证字07003 号
91	四川省川龙动科药业有限公司	（2022）兽药生产证字22036 号	（2022）兽药 GMP 证字22024 号

续表

序　号	企业名称	许可证号	GMP 证书号
92	四川吉星动物药业有限公司	（2022）兽药生产证字 22012 号	（2022）兽药 GMP 证字 22029 号
93	成都史纪生物制药有限公司	（2022）兽药生产证字 22001 号	（2022）兽药 GMP 证字 22010 号
94	广西健龙动物药业有限公司	（2022）兽药生产证字 20021 号	（2022）兽药 GMP 证字 20001 号
95	广州万德康科技有限公司	（2022）兽药生产证字 19156 号	（2022）兽药 GMP 证字 19031 号
96	广州市华南农大生物药品有限公司	（2022）兽药生产证字 19091 号	（2022）兽药 GMP 证字 19002 号
97	佛山市佛丹动物药业有限公司	（2022）兽药生产证字 19084 号	（2022）兽药 GMP 证字 19016 号
98	广东温氏大华农生物科技有限公司	（2022）兽药生产证字 19003 号	（2022）兽药 GMP 证字 19013 号
99	湖南圣维动牧生物科技发展 有限责任公司	（2022）兽药生产证字 18064 号	（2022）兽药 GMP 证字 18006 号
100	云南泊尔恒国际生物制药有限公司	（2022）兽药生产证字 25016 号	（2022）兽药 GMP 证字 25004 号
101	重庆牧之友动物药品有限公司	（2022）兽药生产证字 23040 号	（2022）兽药 GMP 证字 23015 号
102	重庆美邦农生物技术有限公司	（2022）兽药生产证字 23036 号	（2022）兽药 GMP 证字 23004 号
103	重庆西农大科信动物药业有限公司	（2022）兽药生产证字 23015 号	（2022）兽药 GMP 证字 23003 号
104	四川科伦百健安科技有限公司	（2022）兽药生产证字 22153 号	（2022）兽药 GMP 证字 22026 号
105	精华药业（成都）有限公司	（2022）兽药生产证字 22139 号	（2022）兽药 GMP 证字 22004 号
106	湖北回盛生物科技有限公司	（2022）兽药生产证字 17044 号	（2022）兽药 GMP 证字 17026 号
107	湖北武当动物药业有限责任公司	（2022）兽药生产证字 17008 号	（2022）兽药 GMP 证字 17033 号
108	荆门亚卫江峰药业有限公司	（2022）兽药生产证字 17005 号	（2022）兽药 GMP 证字 17021 号
109	河南安信畜牧科技发展有限公司	（2022）兽药生产证字 16355 号	（2022）兽药 GMP 证字 16085 号
110	河南金大众生物工程有限公司	（2022）兽药生产证字 16332 号	（2022）兽药 GMP 证字 16080 号

续表

序　号	企业名称	许可证号	GMP 证书号
111	山东爱鲁申生物科技有限公司	（2022）兽药生产证字 15406 号	（2022）兽药 GMP 证字 15089 号
112	山东雨泽银丰动物药业有限公司	（2022）兽药生产证字 15365 号	（2022）兽药 GMP 证字 15189 号
113	山东久隆恒信药业有限公司	（2022）兽药生产证字 15361 号	（2022）兽药 GMP 证字 15060 号
114	山东鲁港福友药业有限公司	（2022）兽药生产证字 15359 号	（2022）兽药 GMP 证字 15116 号
115	德州京信药业有限公司	（2022）兽药生产证字 15346 号	（2022）兽药 GMP 证字 15130 号
116	潍坊市生生兽药有限公司	（2022）兽药生产证字 15149 号	（2022）兽药 GMP 证字 15134 号
117	济南森康三峰生物工程有限公司	（2022）兽药生产证字 15136 号	（2022）兽药 GMP 证字 15122 号
118	山东鲁冠生物科技有限责任公司	（2022）兽药生产证字 15135 号	（2022）兽药 GMP 证字 15119 号
119	烟台爱士津动物保健品有限公司	（2022）兽药生产证字 15126 号	（2022）兽药 GMP 证字 15066 号等
120	江西省大成生物技术有限公司	（2022）兽药生产证字 14065 号	（2022）兽药 GMP 证字 14001 号
121	泰安市山农大药业有限公司	（2022）兽药生产证字 15098 号	（2022）兽药 GMP 证字 15127 号
122	山东中牧兽药有限公司	（2022）兽药生产证字 15125 号	（2022）兽药 GMP 证字 15056 号
123	江西派尼生物药业有限公司	（2022）兽药生产证字 14044 号	（2022）兽药 GMP 证字 14027 号
124	福建奥姆龙生物工程有限公司	（2022）兽药生产证字 13021 号	（2022）兽药 GMP 证字 13006 号
125	桐城市金润药业有限公司	（2022）兽药生产证字 12063 号	（2022）兽药 GMP 证字 12011 号
126	爱力迈（安徽）动物药业有限公司	（2022）兽药生产证字 12061 号	（2022）兽药 GMP 证字 12003 号
127	上海强狮生物医药（石台）有限公司	（2022）兽药生产证字 12056 号	（2022）兽药 GMP 证字 12018 号
128	上海申亚动物保健品阜阳有限公司	（2022）兽药生产证字 12017 号	（2022）兽药 GMP 证字 12004 号
129	杭州博日科技股份有限公司	（2022）兽药生产证字 11105 号	（2022）兽药 GMP 证字 11015 号

序　号	企业名称	许可证号	GMP 证书号
130	吉力生物科技有限公司	（2022）兽药生产证字11104 号	（2022）兽药 GMP 证字11007 号
131	默沙东（宁波）动物保健科技有限公司	（2022）兽药生产证字11089 号	（2022）兽药 GMP 证字11009 号
132	杭州佑本动物疫苗有限公司	（2022）兽药生产证字11054 号	（2022）兽药 GMP 证字11021 号
133	泰州杰恩斯生物医药有限公司	（2022）兽药生产证字10180 号	（2022）兽药 GMP 证字10068 号
134	南通闪水生物科技有限公司	（2022）兽药生产证字10176 号	（2022）兽药 GMP 证字10008 号
135	硕腾生物制药有限公司	（2022）兽药生产证字10173 号	（2022）兽药 GMP 证字10001 号
136	哈尔滨中精生物科技有限公司	（2022）兽药生产证字08045 号	（2022）兽药 GMP 证字08009 号
137	江苏威凌生化科技有限公司	（2022）兽药生产证字10155 号	（2022）兽药 GMP 证字10043 号
138	山西大禹生物工程股份有限公司	（2022）兽药生产证字04129 号	（2022）兽药 GMP 证字04002 号
139	芮城绿曼生物药业有限公司	（2022）兽药生产证字04062 号	（2022）兽药 GMP 证字04028 号
140	张家口万全区科泰生物科技有限公司	（2022）兽药生产证字03197 号	（2022）兽药 GMP 证字03048 号
141	河北华邦生物科技有限公司	（2022）兽药生产证字03181 号	（2022）兽药 GMP 证字03029 号
142	河北中贝佳美生物科技有限公司	（2022）兽药生产证字03148 号	（2022）兽药 GMP 证字03041 号
143	保定阳光本草药业有限公司	（2022）兽药生产证字03131 号	（2022）兽药 GMP 证字03007 号
144	河北地邦动物保健科技有限公司	（2022）兽药生产证字03014 号	（2022）兽药 GMP 证字03019 号
145	湖北中博绿亚生物技术有限公司	（2021）兽药生产证字17060 号	（2021）兽药 GMP 证字17015 号
146	武汉华扬动物药业有限责任公司	（2021）兽药生产证字17015 号	（2021）兽药 GMP 证字17005 号
147	山东新华制药股份有限公司	（2021）兽药生产证字15390 号	（2021）兽药 GMP 证字15023 号
148	山东正牧生物药业有限公司	（2021）兽药生产证字15295 号	（2021）兽药 GMP 证字15035 号

续表

序　号	企业名称	许可证号	GMP 证书号
149	山东晟阳生物工程有限公司	（2021）兽药生产证字 15204 号	（2021）兽药 GMP 证字 15027 号
150	江西众诚方源制药有限公司	（2021）兽药生产证字 14095 号	（2021）兽药 GMP 证字 14005 号
151	江西纵横生物科技有限公司	（2021）兽药生产证字 14088 号	（2021）兽药 GMP 证字 14011 号
152	中牧实业股份有限公司 江西生物药厂	（2021）兽药生产证字 14040 号	（2021）兽药 GMP 证字 14009 号
153	上海同仁药业股份有限公司 上海兽药厂	（2021）兽药生产证字 09024 号	（2021）兽药 GMP 证字 09010 号
154	内蒙古联邦动保药品有限公司	（2021）兽药生产证字 05030 号	（2022）兽药 GMP 证字 05026 号
155	唐山怡安生物工程有限公司	（2021）兽药生产证字 03141 号	（2021）兽药 GMP 证字 03008 号
156	北京金诺百泰生物技术有限公司	（2021）兽药生产证字 01067 号	（2021）兽药 GMP 证字 01007 号
157	广州维伯鑫生物科技有限公司	（2019）兽药生产证字 19143 号	（2019）兽药 GMP 证字 19015 号
158	深圳市康百得生物科技有限公司	（2018）兽药生产证字 19138 号	（2023）兽药 GMP 证字 19020 号
159	哈尔滨国生生物科技股份有限公司	（2017）兽药生产证字 08069 号	（2017）兽药 GMP 证字 08006 号
160	吉林省华牧动物保健品有限公司	（2022）兽药生产证字 07001 号	（2022）兽药 GMP 证字 07005 号
161	河北天元药业有限公司	（2022）兽药生产证字 03013 号	（2022）兽药 GMP 证字 03052 号
162	哈药集团生物疫苗有限公司	（2020）兽药生产证字 08007 号	（2020）兽药 GMP 证字 08007 号
163	天津市保灵动物保健品有限公司	（2022）兽药生产证字 02016 号	（2022）兽药 GMP 证字 02019 号
164	杭州艾宠科技有限公司	（2022）兽药生产证字 11114 号	（2022）兽药 GMP 证字 11036 号
165	大连三仪动物药品有限公司	（2023）兽药生产证字 06001 号	（2023）兽药 GMP 证字 06007 号等
166	英科新创（苏州）生物 科技有限公司	（2023）兽药生产证字 10195 号	（2023）兽药 GMP 证字 10019 号
167	泰州博莱得利生物 科技有限公司	（2023）兽药生产证字 10184 号	（2023）兽药 GMP 证字 10018 号等

续表

序　号	企业名称	许可证号	GMP 证书号
168	河北瑞高药业有限公司	（2022）兽药生产证字 03002 号	（2022）兽药 GMP 证字 03072 号
169	杭州艾替捷英科技有限公司	（2023）兽药生产证字 11116 号	（2023）兽药 GMP 证字 11006 号
170	浙江伊科拜克动物保健品有限公司	（2022）兽药生产证字 11040 号	（2022）兽药 GMP 证字 11035 号
171	浙江拜克生物科技有限公司	（2023）兽药生产证字 11016 号	（2023）兽药 GMP 证字 11001 号
172	河北朗威生物科技有限公司	（2022）兽 药 生 产 证 字 03179 号	（2022）兽药证字 03033 字

数据来源：国家兽药基础数据库。

3.2.7 兽药临床试验质量管理规范宠物类单位信息

为规范兽药临床试验过程，确保试验数据的真实性、完整性和准确性，按照相关规定，申请新兽药注册时，临床试验承担单位需符合兽药临床试验质量管理规范要求。

经过梳理，截至 2024 年 7 月底，符合兽药临床试验质量管理规范的宠物类单位信息如下。

表 3-10　兽药临床试验质量管理规范宠物类单位信息列表（排名不分先后）

单位名称	试验项目	动物试验场所名称
华南农业大学	宠物类药效评价田间试验	云浮市雷米高宠物科技有限公司、青岛初心同心动物医院有限公司、青岛青农动物医院管理有限公司、青岛博隆实验动物有限公司、珠海市香洲区汤姆森宠物医院、广州市华农大动物医院有限公司、广州兽护动物医院有限公司、广州爱诺百思动物医院有限公司、科迩蔓动物诊疗（潮州市）有限公司、北京中农大动物医院有限公司、天津郝大夫护生宠物医院有限责任公司
	宠物类药代动力学试验	华南农业大学实验动物中心
	宠物类生物等效性试验	华南农业大学实验动物中心
	宠物类靶动物安全性试验	华南农业大学实验动物中心
	宠物类药效评价试验	华南农业大学实验动物中心

续表

单位名称	试验项目	动物试验场所名称
华中农业大学	宠物类药效评价试验	华兽大宠物诊所、华中农业大学实验动物中心
	宠物类药效评价田间试验	中国小动物保护协会志愿者联盟郑州站爱心基地、河南郑州宠健宠物服务有限公司、华兽大宠物诊所、张湾区北京北路肖荣犬猫专科医院、武汉市瑞鹏明星宠物医院有限公司、郑州市金水区康旭宠物医院
	宠物类靶动物安全性试验	中国小动物保护协会志愿者联盟郑州站爱心基地、华中农业大学实验动物中心
	宠物类生物等效性试验	湖北逸挚诚生物科技有限公司
	宠物类药代动力学试验	湖北逸挚诚生物科技有限公司
中国农业大学	宠物类生物等效性试验	北京安默赛斯生物科技有限公司、云浮市雷米高宠物科技有限公司
	宠物类药代动力学试验	北京安默赛斯生物科技有限公司、北京远大星火医药科技有限公司
	宠物类靶动物安全性试验	北京安默赛斯生物科技有限公司、济南市金丰实验动物有限公司、北京远大星火医药科技有限公司
	宠物类药效评价试验	海南诺康宠物医院有限公司龙华店、北京远大星火医药科技有限公司
	宠物类药效评价田间试验	北京中农大动物医院有限公司、北京安默赛斯生物科技有限公司、海南省小动物保护协会流浪动物保护基地、北京宠泽园动物医院、北京志胜宠物医院有限公司、北京芭比堂望京动物医院有限公司、北京美联众合京西动物医院有限公司、纳吉亚乐城动物医院（北京）有限公司、重庆市友好动物医院、西安西北农林科大动物医院有限公司、福建农林大学动物科学学院动物医院、镇赉县二华畜牧养殖农民专业合作社、西南大学动物医学院附属动物医院、云浮市雷米高宠物科技有限公司、海南有你我希冀生物科技有限责任公司
中国农业科学院兰州畜牧与兽药研究所	宠物类药效评价田间试验	安宁康乐动物医院、兰州恒泰动物医院有限公司、成都市臻爱宠物医院有限公司紫薇东路动物医院
	宠物类药代动力学试验	中国农业科学院兰州畜牧与兽药研究所（标准化实验动物场）

续表

单位名称	试验项目	动物试验场所名称
天津渤海农牧产业联合研究院有限公司	宠物类药效评价试验	天津渤海农牧产业联合研究院有限公司
	宠物类药效评价田间试验	天津市瑞派长江宠物医院有限公司天塔道宠物医院、邛崃市临邛街道蔡氏宠物诊所、海口普爱同舟动物诊疗服务有限公司、西南大学动物医院附属动物医院
	宠物类药代动力学试验	天津瑞普生物技术股份有限公司空港经济区分公司、天津渤海农牧产业联合研究院有限公司
	宠物类靶动物安全性试验	天津瑞普生物技术股份有限公司空港经济区分公司
	宠物类安全性试验（兽用生物制品）	沈阳吾爱吾爱动物医院有限公司、无锡派特宠物医院有限公司、北京十里堡关忠动物医院有限公司、天津裕达实验动物养殖有限公司、常州贝乐实验动物养殖有限公司、天津市瑞派长江宠物医院有限公司开发区分公司、湖北逸挚诚生物科技有限公司、海安懿宠宠物有限公司
	宠物类有效性试验（兽用生物制品）	天津市瑞派长江宠物医院有限公司开发区分公司、北京十里堡关忠动物医院有限公司、天津渤海农牧产业联合研究院有限公司（动物实验室）、沈阳吾爱吾爱动物医院有限公司、无锡派特宠物医院有限公司、天津裕达实验动物养殖有限公司、常州贝乐实验动物养殖有限公司、湖北逸挚诚生物科技有限公司、海安懿宠宠物有限公司
	宠物类生物等效性试验	天津渤海农牧产业联合研究院有限公司
陕西诺威利华生物科技有限公司	宠物类安全性试验（兽用生物制品）	西安西北农林科大动物医院有限公司、沈阳市沈北新区好宠动物医院有限公司、廊坊市百福动物医院有限公司、历城莱德动物医院中心
	宠物类有效性试验（兽用生物制品）	西安西北农林科大动物医院有限公司、沈阳市沈北新区好宠动物医院有限公司、廊坊市百福动物医院有限公司、陕西诺威利华生物科技有限公司（动物实验室）、历城莱德动物医院中心
青岛农业大学	宠物类药代动力学试验	青岛农业大学动物实验中心

续表

单位名称	试验项目	动物试验场所名称
吉力（浙江）检测服务有限公司	宠物类安全性试验（兽用生物制品）	武汉汉阳区邦友动物医院、绿园区周萍宠物医院、吉林中荷农业科技有限公司、宁波杭州湾新区伊鑫宠物医院
	宠物类有效性试验（兽用生物制品）	武汉汉阳区邦友动物医院、绿园区周萍宠物医院、吉林中荷农业科技有限公司、宁波杭州湾新区伊鑫宠物医院、吉力（浙江）检测服务有限公司（动物实验室）
河南省农畜水产品检验技术研究院（河南省农药兽药饲料检验技术研究院）	宠物类生物等效性试验	郑州大学（实验动物中心）
	宠物类药代动力学试验	郑州大学（实验动物中心）
武汉科前生物股份有限公司	宠物类安全性试验（兽用生物制品）	湖北逸挚诚生物科技有限公司、常州贝乐实验动物养殖有限公司、长沙市岳麓区佳友动物医院
	宠物类有效性试验（兽用生物制品）	湖北逸挚诚生物科技有限公司、常州贝乐实验动物养殖有限公司、长沙市岳麓区佳友动物医院、武汉科前生物股份有限公司（动物实验室）
北京华夏兴洋生物科技有限公司	宠物类有效性试验（兽用生物制品）	天津康文斯生物科技有限公司、江苏兆生源生物技术有限公司、北京华夏兴洋生物科技有限公司（动物实验室）
普莱柯生物工程股份有限公司	宠物类安全性试验（兽用生物制品）	洛阳宠颐生优爱宠物有限公司、石家庄宠佳协合宠物医院有限公司北新街分公司、湖北逸挚诚生物科技有限公司、天津市乖乖宠物医院有限公司、洛阳米果宠物医院有限公司、新郑市新烟办京派宠物诊所、荥阳市宠众康宠物医院有限公司、潍坊市坊子区宠诺宠物诊所、北京宜安动物医院、南京市江宁区乐派宠物医院、长安城北动物医院、石家庄众心动物医院有限公司
	宠物类有效性试验（兽用生物制品）	洛阳宠颐生优爱宠物有限公司、石家庄宠佳协合宠物医院有限公司北新街分公司、湖北逸挚诚生物科技有限公司、普莱柯生物工程股份有限公司（动物实验室）、天津市乖乖宠物医院有限公司、洛阳米果宠物医院有限公司、新郑市新烟办京派宠物诊所、荥阳市宠众康宠物医院有限公司、潍坊市坊子区宠诺宠物诊所、北京宜安动物医院、南京市江宁区乐派宠物医院、长安城北动物医院、石家庄众心动物医院有限公司

续表

单位名称	试验项目	动物试验场所名称
洛阳惠中兽药有限公司	宠物类药效评价试验	洛阳市洛龙区德爱动物医院店、河南狗博仕宠物医院有限公司东方今典分公司、洛阳瑞派猪猪宠物医院有限公司、洛阳市涧西区普奔宠物诊所、洛阳高新开发区铭锐宠物医院、河南狗博仕宠物医院有限公司
	宠物类药效评价田间试验	洛阳瑞派动物医院有限公司、洛阳米果宠物医院有限公司、淮安市优佳宠物医院有限公司、洛阳高新开发区铭锐宠物医院、河南狗博仕宠物医院有限公司、云浮市雷米高宠物科技有限公司、郑州南派宠物医院有限公司、河南狗博仕宠物医院有限公司东方今典分公司
	宠物类靶动物安全性试验	湖北逸挚诚生物科技有限公司
华威特（江苏）生物制药有限公司	宠物类安全性试验（兽用生物制品）	江苏灵赋兆生源生物技术有限公司、海陵区新朋鹏宠物医院、医药高新区永欣宠物医院、仪征安立卯生物科技有限公司、大庆市龙凤区仁术宠物医院、泰兴市恒爱宠物医院、杭州知行动物诊所有限公司
	宠物类有效性试验（兽用生物制品）	江苏灵赋兆生源生物技术有限公司、海陵区新朋鹏宠物医院、医药高新区永欣宠物医院、华威特（江苏）生物制药有限公司（动物实验室）、仪征安立卯生物科技有限公司、大庆市龙凤区仁术宠物医院、泰兴市恒爱宠物医院、杭州知行动物诊所有限公司
青岛易邦生物工程有限公司	宠物类安全性试验（兽用生物制品）	岛博隆实验动物有限公司、杭州市西湖区美美宠物诊所、青岛融恩宠之爱宠物医院有限公司、内蒙古宋大夫动物医院有限责任公司、济南西岭角养殖繁育中心
	宠物类有效性试验（兽用生物制品）	青岛博隆实验动物有限公司、杭州市西湖区美美宠物诊所、青岛融恩宠之爱宠物医院有限公司、内蒙古宋大夫动物医院有限责任公司、青岛易邦生物工程有限公司（动物实验室）、济南西岭角养殖繁育中心
武汉回盛生物科技股份有限公司	宠物类生物等效性试验	湖北逸挚诚生物科技有限公司
	宠物类药代动力学试验	湖北逸挚诚生物科技有限公司

续表

单位名称	试验项目	动物试验场所名称
金宇保灵生物药品有限公司	宠物类安全性试验（兽用生物制品）	河南狗博仕宠物医院有限公司、内蒙古宋大夫动物医院有限责任公司、辽宁沈农禾丰生物技术有限公司、沈阳康平实验动物研究所
	宠物类有效性试验（兽用生物制品）	河南狗博仕宠物医院有限公司、内蒙古宋大夫动物医院有限责任公司、辽宁沈农禾丰生物技术有限公司、沈阳康平实验动物研究所、金宇保灵生物药品有限公司（动物实验室）
北京科牧丰生物制药有限公司	宠物类安全性试验（兽用生物制品）	北京康文斯生物技术开发有限公司、云浮市雷米高宠物科技有限公司、福州市鼓楼区可檬宠物诊所、福清市石竹萌宠站宠物诊所
	宠物类有效性试验（兽用生物制品）	北京康文斯生物技术开发有限公司、云浮市雷米高宠物科技有限公司、福州市鼓楼区可檬宠物诊所、福清市石竹萌宠站宠物诊所、北京科牧丰生物制药有限公司（动物实验室）
吉林特研生物技术有限责任公司	宠物类安全性试验（兽用生物制品）	湖北逸挚诚生物科技有限公司、青岛博隆实验动物有限公司、长春市隆盛实验动物科技有限公司、吉林省吉农禾丰动物医院有限公司、南关区鹏博动物医院、南关区友佳动物医院、长春汽车经济技术开发区爱宠家动物医院、辽源市龙山区丁丁动物诊所
	宠物类有效性试验（兽用生物制品）	湖北逸挚诚生物科技有限公司、青岛博隆实验动物有限公司、长春市隆盛实验动物科技有限公司、吉林省吉农禾丰动物医院有限公司、南关区鹏博动物医院、南关区友佳动物医院、长春汽车经济技术开发区爱宠家动物医院、辽源市龙山区丁丁动物诊所、吉林特研生物技术有限责任公司中心动物房（动物实验室）
南京农业大学	宠物类药效评价试验	泰州市海陵区金鹰犬业养殖场江苏省宠物（藏獒）繁育中心
	宠物类药效评价田间试验	泰州市海陵区金鹰犬业养殖场江苏省宠物（藏獒）繁育中心、连云港市新浦卡尔特种养殖场
	宠物类生物等效性试验	南京农业大学实验动物中心
	宠物类靶动物安全性试验	南京农业大学实验动物中心
	宠物类药代动力学试验	南京农业大学实验动物中心

续表

单位名称	试验项目	动物试验场所名称
长春西诺生物科技有限公司	宠物类安全性试验（兽用生物制品）	绿园区周萍宠物医院、长春市朝阳区博仁宠物医院、净月高新技术产业开发区周萍动物医院、宽城区冠成动物医院、南关区孙大夫动物医院、经济技术开发区恒爱动物医院、高新园区三佳博仁动物医院、二道区爱维动物医院、南京亚特实验动物研究有限公司、青岛中仁澳兰生物工程有限公司、李沧区诺康宠物医院、长春市隆盛实验动物科技有限公司、长春市健坤动物医院有限公司、二道区周萍动物医院、南京市白下区安东动物医院、成华区宠友宠物诊所、天府新区成都片区华阳佰哆萌宠物医院、鞍山市铁西区东亚宠物医院、铁东区宏光宠物医院、郑州市金水区康旭宠物医院、金牛区圣米亚动物医院
	宠物类有效性试验（兽用生物制品）	绿园区周萍宠物医院、长春市朝阳区博仁宠物医院、净月高新技术产业开发区周萍动物医院、宽城区冠成动物医院、南关区孙大夫动物医院、经济技术开发区恒爱动物医院、高新园区三佳博仁动物医院、二道区爱维动物医院、南京亚特实验动物研究有限公司、青岛中仁澳兰生物工程有限公司、李沧区诺康宠物医院、长春市隆盛实验动物科技有限公司、长春西诺生物科技有限公司（动物实验室）、长春市健坤动物医院有限公司、二道区周萍动物医院、南京市白下区安东动物医院、成华区宠友宠物诊所、天府新区成都片区华阳佰哆萌宠物医院、鞍山市铁西区东亚宠物医院、铁东区宏光宠物医院、郑州市金水区康旭宠物医院、金牛区圣米亚动物医院
齐鲁动物保健品有限公司	宠物类安全性试验（兽用生物制品）	江苏灵赋兆生源生物技术有限公司、北京葆心动物医院有限责任公司、湖北逸挚诚生物科技有限公司、天津市康怡宠物医院、济南金丰实验动物有限公司、高新园区谢博士动物医院
	宠物类有效性试验（兽用生物制品）	江苏灵赋兆生源生物技术有限公司、北京葆心动物医院有限责任公司、湖北逸挚诚生物科技有限公司、天津市康怡宠物医院、济南金丰实验动物有限公司、高新园区谢博士动物医院、齐鲁动物保健品有限公司（动物实验室）

续表

单位名称	试验项目	动物试验场所名称
吉林和元生物工程股份有限公司	宠物类安全性试验（兽用生物制品）	南关区孙大夫动物医院
	宠物类有效性试验（兽用生物制品	南关区孙大夫动物医院、吉林和元生物工程股份有限公司（动物实验室）
慧普（宁波）生物技术有限公司	宠物类药效评价田间试验	慧普（宁波）生物技术有限公司、宁波市芭比堂爱心宠物医院有限公司、宁波市海曙区佳雯恒爱宠物医院有限责任公司、莱山区天佑宠物医院、烟台开发区爱心流浪动物救助收容中心、宁波市海曙青林湾芭比堂爱心宠物医院有限公司、杭州皮卡丘宠物医院有限公司、海南省小动物保护协会、邯郸市复兴区野生动植物保护协会
北京中科基因技术股份有限公司	宠物类药效评价田间试验	北京仁心动物医院有限公司、北京海悦瑞诚动物医院管理有限公司、郑州市二七区南派宠物医院、河南福润德宠物医院有限公司、郑州市管城区康迪宠物医院、郑州市郑东新区圣康宠物医院、淮安市优佳宠物医院有限公司、云浮市雷米高宠物科技有限公司
西安国联质量检测技术股份有限公司	宠物类生物等效性试验	西安迪乐普生物医学有限公司
烟台赛普特检测服务有限公司	宠物类药代动力学试验	烟台赛普特检测服务有限公司、泰州丰达农牧科技有限公司分公司
	宠物类生物等效性试验	烟台赛普特检测服务有限公司
	宠物类靶动物安全性试验	烟台赛普特检测服务有限公司、泰州丰达农牧科技有限公司分公司
	宠物类药效评价试验	烟台赛普特检测服务有限公司
	宠物类药效评价田间试验	济南班菲尔德宠物医院有限公司、淮安菲丽丝宠物医院、山东牧院心仪动物医院有限公司、山东心仪动物医院有限公司槐荫区分公司、心仪（泰安）动物医院有限公司、莱山区天佑宠物医院、烟台巧乐滋宠物医院有限责任公司、常州市红一梅动物诊疗有限公司
吉林大学	宠物类药效评价试验	长春兽大动物医院有限公司
	宠物类药效评价田间试验	长春兽大动物医院有限公司
	宠物类靶动物安全性试验	长春兽大动物医院有限公司

续表

单位名称	试验项目	动物试验场所名称
国药集团动物保健股份有限公司	宠物类安全性试验（兽用生物制品）	湖北逸挚诚生物科技有限公司、长春市宽城区爱博动物诊所、扬州四方实验动物科技有限公司、青岛博隆实验动物有限公司、武汉奈斯宠物医院有限责任公司、武汉市丹景动物医院有限公司、赛罕区京爱动物医院、呼和浩特市新城区新远宠物医院、邗江区爱宠一族生活会馆
	宠物类有效性试验（兽用生物制品）	湖北逸挚诚生物科技有限公司、长春市宽城区爱博动物诊所、扬州四方实验动物科技有限公司、青岛博隆实验动物有限公司、国药集团动物保健股份有限公司（动物实验室）、武汉奈斯宠物医院有限责任公司、武汉市丹景动物医院有限公司、赛罕区京爱动物医院、呼和浩特市新城区新远宠物医院、邗江区爱宠一族生活会馆
青岛海华生物集团股份有限公司	宠物类安全性试验（兽用生物制品）	福州振和实验动物技术开发有限公司、沈阳康平实验动物研究所、青岛博隆实验动物有限公司、青岛青农动物医院管理有限公司、四川农业大学教学动物医院、郑州市金水区康旭宠物医院、西安西北农林科大动物医院有限公司、杭州浙大动物医院有限公司、青岛厚朴清江宠物医院有限责任公司、青岛青农动物医院管理有限公司
	宠物类有效性试验（兽用生物制品）	福州振和实验动物技术开发有限公司、沈阳康平实验动物研究所、青岛博隆实验动物有限公司、青岛青农动物医院管理有限公司、青岛海华生物集团股份有限公司（动物实验室）、四川农业大学教学动物医院、郑州市金水区康旭宠物医院、西安西北农林科大动物医院有限公司、杭州浙大动物医院有限公司、青岛厚朴清江宠物医院有限责任公司、青岛青农动物医院管理有限公司
北京远大星火医药科技有限公司	宠物类生物等效性试验	北京远大星火医药科技有限公司
	宠物类药代动力学试验	北京远大星火医药科技有限公司
	宠物类靶动物安全性试验	北京远大星火医药科技有限公司
	宠物类药效评价田间试验	北京国泰华旺动物医院、北京玉堂动物医院有限公司

续表

单位名称	试验项目	动物试验场所名称
泰州博莱得利生物科技有限公司	宠物类安全性试验（兽用生物制品）	泰兴市添使宠物医院、北京美联众合京西动物医院有限公司、北京美联众合伴侣动物医院有限公司、北京美联众合动物医院股份有限公司、北京美联众合爱康动物医院有限公司、北京美联众合百环动物医院有限公司、泰州市勇峰宠物犬养殖场、青岛博隆实验动物有限公司、天津美联众合动物医院有限公司、天津美联众合爱猫动物医院有限责任公司、济南美联众合动物医院有限公司山大路分公司、济南美联众合动物医院有限公司明湖分公司、济南美联众合动物医院有限公司领秀分公司、泰州市海陵区泰爱牧宠物医院、云浮市雷米高宠物科技有限公司、海陵区泰牧动物医院
	宠物类有效性试验（兽用生物制品）	泰兴市添使宠物医院、北京美联众合京西动物医院有限公司、北京美联众合伴侣动物医院有限公司、北京美联众合动物医院股份有限公司、北京美联众合爱康动物医院有限公司、北京美联众合百环动物医院有限公司、泰州市勇峰宠物犬养殖场、青岛博隆实验动物有限公司、天津美联众合动物医院有限公司、天津美联众合爱猫动物医院有限责任公司、济南美联众合动物医院有限公司山大路分公司、济南美联众合动物医院有限公司明湖分公司、济南美联众合动物医院有限公司领秀分公司、泰州市海陵区泰爱牧宠物医院、云浮市雷米高宠物科技有限公司、海陵区泰牧动物医院、泰州博莱得利生物科技有限公司（动物实验室）
	宠物类药效评价试验	泰州博莱得利生物科技有限公司
	宠物类药效评价田间试验	泰兴市添使宠物医院、海陵区泰牧动物医院、派菲尔德（上海）宠物有限公司普陀分公司
苏州艾益动物药品有限公司	宠物类安全性试验（兽用生物制品）	常州贝乐实验动物养殖有限公司、杭州张旭滨和动物医院有限公司、沈阳百维动物医院有限公司
	宠物类有效性试验（兽用生物制品）	常州贝乐实验动物养殖有限公司、杭州张旭滨和动物医院有限公司、沈阳百维动物医院有限公司、苏州艾益动物药品有限公司（动物实验室）

续表

单位名称	试验项目	动物试验场所名称
西咸新区国睿一诺药物安全评价研究有限公司	宠物类药效评价田间试验	西安市未央区月伴宠物诊所、西安国际港务区优优宠物诊所、泰州丰达农牧科技有限公司、西安市高陵区月伴宠物医院服务部、西咸新区国睿一诺药物安全评价研究有限公司
	宠物类生物等效性试验	西咸新区国睿一诺药物安全评价研究有限公司
	宠物类药代动力学试验	西咸新区国睿一诺药物安全评价研究有限公司
	宠物类靶动物安全性试验	西咸新区国睿一诺药物安全评价研究有限公司
北京生泰尔科技股份有限公司	宠物类药效评价试验	北京安立宠物医院有限责任公司、北京荣安动物医院有限责任公司、北京本家动物医院有限公司、北京润泽关忠动物医院有限公司、北京熙爱友佳动物医院有限公司、三环关忠（北京）动物医院有限公司、北京瑞诚动物医院有限公司、北京中山动物医院有限责任公司房山分公司、北京中山动物医院有限责任公司四季青分公司、北京中山动物医院有限责任公司、北京中山动物医院有限责任公司康营分公司、北京星云天朗动物医院有限公司、北京宠医英才动物医院管理有限公司、北京海悦瑞诚动物医院管理有限公司、北京宠泽园动物医院有限公司
	宠物类药代动力学试验	北京安立宠物医院有限责任公司、北京荣安动物医院有限责任公司、北京本家动物医院有限公司、北京润泽关忠动物医院有限公司、北京熙爱友佳动物医院有限公司、三环关忠（北京）动物医院有限公司、北京瑞诚动物医院有限公司、北京中山动物医院有限责任公司房山分公司、北京中山动物医院有限责任公司四季青分公司、北京中山动物医院有限责任公司、北京中山动物医院有限责任公司康营分公司、北京星云天朗动物医院有限公司、北京宠医英才动物医院管理有限公司、北京海悦瑞诚动物医院管理有限公司、北京宠泽园动物医院有限公司、北京远大星火医药科技有限公司
	宠物类靶动物安全性试验	北京康文斯生物技术开发有限公司、北京生泰尔科技股份有限公司

网数来源：中国兽药信息网。

3.3 宠物用药品、保健品主要品牌

3.3.1 宠物用药品主要品牌

表 3-11　宠物用药品主要品牌（排名不分先后）

药品分类	主要品牌
驱虫药	勃林格、硕腾、礼蓝动保、默沙东、汉维宠仕、维克、海正动保、朗博特、King 魔方、优力维、布尔派特、瑞普、惠中动保、澳龙、金盾药业、爱益浓、多萌、同仁仁宠、南农动药、牵尼贝尔、远征、宠仙翁、爱依达、迪奥威、佑诺威、优乐盾、小可宠药、达士威、丙斯康、轲一、奥维他、那非普、丽珠、纽特兰曼斯、瑞沃特、回盛生物、欧博方、佑多萌、鲁米苏、福瑞坦、拜卡、美施美康、瑞德医生、南京金盾、匹乐德、鲁抗动保、贝思倍健、司瑞林、河北朗威生物、辉鹏
疫苗	硕腾、勃林格、默沙东、梅里亚、英特威、法国维克、爱迪森、康华动保、瑞普生物、天恩泰、吉林五星宠必威、科前、海博莱、博莱得利、中牧股份、西诺生物、唐山怡安、爱宠生物、吉林正业生物、云南生物、华派生物、金宇生物、惠中动保
抗生素	硕腾、汉维宠仕、礼蓝、法国维克、信元、布尔派特、回盛生物、海正动保、朗博特、金盾药业、欧博方、诗华、法国威隆、保灵宠物、澳龙、优力维、瑞普、佑多萌、南农动药、鲁抗动保、远征、联邦宠物、信得、同仁仁宠、牵尼贝尔、爱依达、迪奥威、小可宠药、佑诺威、达士威、宠仙翁、弗尔莱葆、百美达、奥维他、纽特兰曼斯、鲁米苏、福克、好兽医、King 魔方、美施美康、瑞德医生、匹乐德、好兽医、瑞晖、丽健动保、辉鹏、贝思倍健、禾烁、华驰千盛、天宠制药、河北朗威生物、烟台爱士津、冀中药业、惠中动保、辉鹏
外部用药	法国维克、布尔派特、诗华、King 魔方、金盾药业、朗博特、优力维、澳龙、南农动药、佑多萌、博益乐、木户元康、牵尼贝尔、汇涵、远征、球球、迪奥威、葆喻、宠仙翁、爱益浓、爱依达、优乐盾、达士威、佑诺威、纽特兰曼斯、爱迪森、瑞德医生、贝思倍健、禾烁、司瑞林、河北朗威生物、卡芙派
生物制品	中科拜克、瑞普生物、元亨生物、博莱得利、京博恒、巴特菲科技、泰淘气、巴特菲科技、科前生物、惠中动保、海正动保、信得、中博绿亚、博莱得利、回盛生物、西诺生物、法国维克、中牧股份、惠中动保
胃肠病药	硕腾、汉维宠仕、信元、朗博特、金盾药业、欧博方、保灵宠物、优力维、优瑞生物、南农动药、佑多萌、牵尼贝尔、迪奥威、远征、同仁仁宠、球球、佑诺威、宠仙翁、达士威、奥维他、纽特兰曼斯、爱迪森、鲁米苏、King 魔方、美施美康、礼蓝动保、瑞沃特、恒丰强、贝思倍健、司瑞林、天宠制药、维医特、烟台爱士津、冀中药业、禾烁、惠中动保、弗尔莱葆、荷兰倍帮
心脏病药	勃林格、汉维宠仕、惠中动保、同仁仁宠、远征、牵尼贝尔、球球、爱依达、金盾药业、爱迪森、佑多萌、J 医生、达士威、匹乐德、恒丰强、保灵宠物、贝思倍健、禾烁、欧博方、天宠制药、维医特

续表

药品分类	主要品牌
肾脏病药	勃林格、汉维宠仕、惠中动保、同仁仁宠、远征、牵尼贝尔、球球、爱依达、金盾药业、爱迪森、佑多萌、J 医生、恒丰强、禾烁、欧博方、天宠制药
肝病药	朗博特、远征、牵尼贝尔、球球、爱迪森、南京金盾、礼蓝动保、贝思倍健、禾烁、天宠制药、维医特、冀中药业
注射剂类	朗博特、奇泰、恒丰强、贝思倍健、司瑞林、天宠制药、威嘉仕、冀中药业、冀中药业
麻醉药	法国维克、欧博方、恒丰强、瑞普、优瑞生物、牵尼贝尔、高福、佑多萌、禾烁、中牧股份
眼科药	华驰千盛、King 魔方、爱水润、朗博特、木户元康、优力维、同仁仁宠、牵尼贝尔、爱益浓、葆喻、奥维他、佑多萌、拜卡、好兽医、瑞德医生、南京金盾、康福箔、贝思倍健、司瑞林、法国维克、冀中药业、弗尔莱葆
皮肤病药	硕腾、汉维宠仕、法国维克、布尔派特、朗博特、欧博方、优力维、澳龙、瑞普、佑多萌、木户元康、南农动药、牵尼贝尔、迪奥威、同仁仁宠、球球、葆喻、爱依达、优乐盾、圣罗恩、皮特芬、金盾药业、纽特兰曼斯、鲁米苏、拜卡、南京金盾、达士威、远征、保灵宠物、瑞德医生、贝思倍健、禾烁、司瑞林、河北朗威生物、卡芙派、惠中动保、弗尔莱葆
解热镇痛药	勃林格、硕腾、汉维宠仕、信元、布尔派特、恒丰强、欧博方、法国威隆、保灵宠物、澳龙、南农动药、佑多萌、鲁抗动保、牵尼贝尔、迪奥威、球球、同仁仁宠、丙斯康、宠仙翁、佑诺威、纽特兰曼斯、鲁米苏、拜卡、King 魔方、美施美康、达士威、远征、贝思倍健、信得、J 医生、冀中药业、辉鹏
关节疾病药	勃林格、汉维宠仕、海正动保、布尔派特、瑞普、同仁仁宠、远征、球球、牵尼贝尔、天宠制药、维医特、弗尔莱葆
神经系统药	朗博特、优力维、南农动药、远征、同仁仁宠、牵尼贝尔、佑诺威、达士威、瑞德医生、贝思倍健、拜卡、达士威、朗博特
呼吸系统药	保灵宠物、纽特兰曼斯、爱迪森、佑多萌、鲁米苏、King 魔方、美施美康、瑞德医生、礼蓝动保、信元、达士威、瑞沃特、朗博特、贝思倍健、维医特、冀中药业、维医特
中兽药	瑞晖、爱迪森、南农动药、远征、牵尼贝尔、迪奥威、球球、优乐盾、宠仙翁、爱依达、爵氏、纽特兰曼斯、冀中药业、弗尔莱葆
肿瘤药	保灵宠物、牵尼贝尔、球球、瑞晖、瑞沃特、硕腾、默沙东
耳科药	法国维克、布尔派特、King 魔方、朗博特、法国威隆、惠中动保、澳龙、博益乐、优力维、木户元康、瑞普、南农动药、葆喻、圣罗恩、远征、牵尼贝尔、优乐盾、南京金盾、佑多萌、贝思倍健、康福箔、禾烁、司瑞林、欧博方、河北朗威生物、卡芙派、威嘉仕、弗尔莱葆
口腔药	汉维宠仕、布尔派特、博益乐、达士威、木户元康、同仁仁宠、牵尼贝尔、葆喻、拜卡、King 魔方、美施美康、卡芙派、弗尔莱葆
药物绝育	法国维克

药品分类	主要品牌
镇静药	硕腾、朗博特、佑多萌、信元、瑞普、司瑞林、欧博方、法国维克
消毒类	朗博特、中科拜克、木户元康、纽特兰曼斯、远征、回盛生物、科缘、好兽医、信得、萌宠护卫、施德维特、康福箔、冀中药业、弗尔莱葆
泌尿健康类	法国维克、奥维他、纽特兰曼斯、汉维宠仕、贝贝神仙水、回盛生物、纽贝健、King魔方、美施美康、礼蓝动保、信元、达士威、匹乐德、朗博特、贝思倍健、司瑞林、维医特、惠中动保、弗尔莱葆、司瑞林、维医特
抗过敏药	回盛生物、佑多萌、鲁米苏、贝思倍健、冀中药业

3.3.2 宠物保健品主要品牌

表 3-12　宠物保健品主要品牌 (排名不分先后)

保健品分类	主要品牌
美毛护肤类	华驰千盛、卫仕、汉维宠仕、红狗、法国维克、回盛生物、瑞晖、布尔派特、King魔方、欧博方、朗诺、麦德氏、宠儿香、谷登、瑞普、乐唯诺、汉优、湃特安琪儿、毛太好、信得、安贝、奥维他、唯派特、盖夫、维普斯、小橡研医、南农动药、球球、宝来利来、蓝特斯、龙昌动保、牵尼贝尔、美宠氏、格德海、怡乐宠、丰兹欧、绝魅、派乐菲、德克罗、弗尔莱葆、外星猫、倍珍宝、强生宠儿、德美丝、沃尼兹、维斯康、金盾药业、木户元康、贝贝神仙水、纽贝健、佑多萌、拜卡、美施美康、南京金盾、信得、优瑞生物、那非普、疯传宠粮、朗博特、惠伦宝、益动、麦德氏、乐宠健康、派乐菲、维医特、昵萌宠健、澳滋麦、芯护、香港弗莱、乐施、宠圣堂、安里弗斯、禾生、惠中动保
补钙健骨类	卫仕、汉维宠仕、红狗、信元、瑞晖、布尔派特、King魔方、麦德氏、欧博方、朗诺、宠儿香、信得、谷登、盖夫、乐唯诺、汉优、安贝、奥维他、南农动药、牵尼贝尔、小宠、迪奥威、惠伦宝、美宠氏、小橡研医、球球、赛乐宠、唯派特、益动、禾生、弗尔莱葆、琼臻、凯塔斯、维普斯、速力盖、蓝特斯、绝魅、怡乐宠、琼臻、J医生、弗尔莱葆、朗博特、强生宠儿、沃尼兹、维斯康、纽特兰曼斯、回盛生物、纽贝健、美施美康、湃特安琪儿、小宠、乐宠健康、派固坚、宠圣堂、法国维克、昵萌宠健、拜卡、澳滋麦、芯护、香港弗莱、乐施、宠圣堂、安里弗斯、禾生、弗尔莱葆
处方食品类	皇家、希尔斯、信元、比瑞吉、爱迪森、雀巢普瑞纳、汉优、舒馨、瑞晖、有个圈、那非普、曼赤肯食品、拜卡、斯巴奇、上海脸谱生物、爱旺斯、宠儿香、J医生、普安特、乖宝、赛科、淘力派、琥珀、安贝、澳滋麦、芯护、英派特、乐施、宠圣堂

续表

保健品分类	主要品牌
关节养护类	华驰千盛、卫仕、汉维宠仕、红狗、欧博方、麦德氏、安贝、萨沙、赛级、奥维他、MAG、蓝特斯、沃尼兹、维斯康、美施美康、回盛生物、集宠国际、纽贝健、瑞晖、拜卡、好兽医、King 魔方、信得、贝思倍健、赛乐宠、湃特安琪儿、瑞普生物、朗博特、惠伦宝、益动、宠儿香、那非普、乐宠健康、派固威、河北朗威生物、维医特、昵萌宠健、澳滋麦、芯护、香港弗莱、乐施、宠圣堂、沃霖普斯、凯塔斯、安替诺、安里弗斯、荷兰倍帮、禾生、弗尔莱葆、曼乐生
口腔护理类	汉维宠仕、法国维克、博莱得利、麦锌佳、博乐丹、沃尼兹、维斯康、那非普、木户元康、贝贝神仙水、集宠国际、朗诺、纽贝健、瑞晖、拜卡、德国施德维特、多美洁、湃特安琪儿、惠伦宝、贝思倍健、斯康、伊里斯、禾生、赛恩宠、芯护、香港弗莱、乐施、宠圣堂、上海脸谱生物、荷兰倍帮、弗尔莱葆
胃肠调理类	华驰千盛、卫仕、汉维宠仕、红狗、信元、瑞晖、麦德氏、南农动药、奥维他、MAG、朗诺、安贝、宠儿香、优瑞生物、唯派特、澳利华、湃特安琪儿、谷登、汉优、爱益浓、曼赤肯、纽贝健、佑多萌、信得、宝来利来、丰兹衡、赛乐宠、牵尼贝尔、小橡研医、球球、蓝特斯、迪奥威、普乐特新、美宠氏、维普斯、怡乐宠、益通生、琼臻、禾生、凯塔斯、弗尔莱葆、小宠、倍珍保、拜恩、科莱施、沃尼兹、维斯康、那非普、贝贝神仙水、回盛生物、欧博方、j 医生、拜卡、优跃、King 魔方、美施美康、礼蓝动保、滴乐维、维爱多、信得、疯传宠粮、朗博特、惠伦宝、益动、英派特、乐宠健康、琥珀、派常安、宠圣堂、诺安百特、河北朗威生物、维医特、昵萌宠健、澳滋麦、芯护、香港弗莱、乐施、宠圣堂、上海脸谱生物、凯塔斯、安里弗斯、禾生、普乐特新、惠中动保、弗尔莱葆
肝肾保护类	华驰千盛、汉维宠仕、红狗、瑞晖、King 魔方、金盾药业、欧博方、宠儿香、谷登、盖夫、安贝、奥维他、唯派特、佑多萌、信得、南农动药、牵尼贝尔、汉优、宝来利来、龙昌动保、曼赤肯、湃特安琪儿、脸谱、迪奥威、美宠氏、琼臻、怡乐宠、蓝特斯、禾烁、凯塔斯、胺肾、赛乐宠、弗尔莱葆、贝里奥、麦德氏、拜卡、球球、沃尼兹、法国威隆、纽特兰曼斯、维爱多、贝贝神仙水、信得、回盛生物、纽贝健、美施美康、南京金盾、礼蓝动保、乐宠健康、朗博特、贝思倍健、派甘宝、宠圣堂、维医特、昵萌宠健、澳滋麦、芯护、香港弗莱、乐施、宠圣堂、上海脸谱生物、安里弗斯、禾生、安灏、慢圣康、惠中动保
心脏养护类	汉维宠仕、欧博方、澔斯、红狗、沃尼兹、纽贝健、瑞晖、拜卡、King 魔方、美施美康、南京金盾、信得、湃特安琪儿、瑞普生物、乐宠健康、益动、派新康、肥心康、安贝、维医特、维医特、芯护、香港弗莱、乐施、宠圣堂、沃霖普斯、凯塔斯、禾生、安灏
免疫过敏类	华驰千盛、湃特安琪儿、宠儿香、疯传宠粮、乐宠健康、J 医生、派乐菲、欧博方、昵萌宠健、芯护、香港弗莱、宠圣堂、安里弗斯

续表

保健品分类	主要品牌
泌尿养护类	华驰千盛、拜卡、瑞晖、维爱多、信得、疯传宠粮、纽贝健、贝思倍健、惠伦宝、派实净、安贝、美施美康、欧博方、赛恩宠、维医特、昵萌宠健、芯护、香港弗莱、乐施、宠圣堂、上海脸谱生物、凯塔斯、安里弗斯、禾生、普乐特新、惠中动保、弗尔莱葆
行为辅助类	华驰千盛、卫仕、汉维宠仕、法国维克、瑞晖、布尔派特、King 魔方、诗华、朗诺、谷登、南农动药、安贝、奥维他、湃特安琪儿、美宠氏、蓝特斯、乐宠健康、欧博方、麦德氏、、禾烁、纽贝健、派聪宝、宠圣堂、费乐萌、芯护、香港弗莱、宠圣堂、凯塔斯、荷兰倍帮
耳部清洁类	法国威隆、奥维他、那非普、木户元康、纽特兰曼斯、远征、瑞晖、拜卡、南京金盾、欧博方、礼蓝动保、多美洁、湃特安琪儿、瑞普生物、朗博特、派乐菲、King 魔方、禾烁、法国维克、卡芙派、河北朗威生物、芯护、宠圣堂、派乐菲、荷兰倍帮、弗尔莱葆
综合营养类	华驰千盛、卫仕、汉维宠仕、红狗、信元、法国维克、瑞晖、布尔派特、海正动保、金盾药业、宠儿香、欧博方、朗诺、麦德氏、乐唯诺、瑞普、谷登、南农动药、安贝、牵尼贝尔、佑多萌、宝来利来、汉优、唯派特、盖夫、奥维他、曼赤肯、美宠氏、惠伦宝、球球、怡乐宠、蓝特斯、宠维、凯塔斯、维普斯、益通生、小橡研医、琼臻、禾生、繁诗诺、爱益浓、弗尔莱葆、贝里奥、强生宠儿、小宠、科莱施、倍珍保、赛级、拜恩、外星猫、可爱的犬、维斯康、博莱得利、那非普、回盛生物、集宠国际、纽贝健、朗博特、贝贝神仙水、拜卡、King 魔方、美施美康、施德维特、南京金盾、维爱多、DHP、湃特安琪儿、益动、贝思倍健、信得、上海脸谱生物、J 医生、琥珀、速补血康、宠圣堂、维医特、昵萌宠物、健澳滋麦、芯护、乐施、宠圣堂、安里弗斯、荷兰倍帮、禾生
眼鼻护理类	华驰千盛、法国维克、弗尔莱葆、外星猫、强生宠儿、达士威、埃尔金、科莱施、美尼喵、小壳、倍珍保、可鲁、维斯康、博莱得利、奥维他、那非普、木户元康、拜卡、纽特兰曼斯、瑞晖、施德维特、南京金盾、乐宠健康、麦德氏、湃特安琪儿、惠伦宝、疯传宠粮、闪粹、美尼旺、芯护、香港弗莱、乐施、禾烁、宠圣堂、上海脸谱生物、安里弗斯、伊里斯、弗尔莱葆

3.3.3 猫科专用宠物用药品、保健品主要品牌

表 3-13　猫科专用宠物用药品、保健品主要品牌

药品、保健品分类	主要品牌
抗生素	硕腾、汉维宠仕、信元、布尔派特、海正动保、同仁仁宠、南农动药、小可宠药、牵尼贝尔、迪奥威、澳龙、佑诺威、远征、欧博方、芯护、惠中动保
皮肤病药	汉维宠仕、布尔派特、瑞晖、金盾药业、朗博特、木户元康、南农动药、牵尼贝尔、迪奥威、美宠氏、格德海、曼赤肯、同仁仁宠、球球、爱益浓、葆喻、朗博特、上海脸谱生物、芯护、河北朗威生物、惠中动保
泌尿系统药	汉维宠仕、信元、瑞晖、佑多萌、南农动药、曼赤肯、同仁仁宠、牵尼贝尔、球球、奥维他、回盛生物、贝贝神仙水、乐宠健康、香港弗莱、上海脸谱生物、芯护、惠中动保
传染病用药	华驰千盛、瑞晖、King 魔方、中科拜克、南农动药、牵尼贝尔、小可宠药、上海脸谱生物、芯护
胃肠病药	汉维宠仕、硕腾、瑞晖、布尔派特、南农动药、曼赤肯、牵尼贝尔、迪奥威、球球、安宁健、上海脸谱生物、芯护
外部用药	汉维宠仕、瑞晖、诗华、远征、芯护、河北朗威生物、赛恩宠、愈宠亲
呼吸系统药	爱益浓、回盛生物、纽贝健、上海脸谱生物、芯护
驱虫药	勃林格、硕腾、礼蓝、默沙东、法国维克、汉维宠仕、海正动保、朗博特、瑞普、King 魔方、优力维、布尔派特、惠中动保、澳龙、金盾药业、多萌、南农动药、牵尼贝尔、远征、同仁仁宠、宠仙翁、爱益浓、爱依达、迪奥威、佑诺威、优乐盾、小可宠药、达士威、丙斯康、轲一、奥维他、那非普、丽珠、纽特兰曼斯、瑞沃特、回盛生物、欧博方、佑多萌、远征、复新微控、芯护、河北朗威生物、荷兰倍帮
心脏养护类	汉维宠仕、欧博方、澔斯、红狗、沃尼兹、纽贝健、瑞晖、芯护
处方食品类	皇家、信元、比瑞吉、爱迪森、雀巢普瑞纳、汉优、舒馨、冠能、瑞晖、淘力派、维爱多、有个圈、那非普、曼赤肯、琥珀、澳滋麦、上海脸谱生物、芯护、安贝、英派特、贝壳优品

3.4 宠物用药品发展趋势

3.4.1 精准医疗驱动宠物用药品细分化

宠物医疗逐步向专科化方向发展，将催生宠物用药品的需求不断增加，品类不断细分，种类也更加丰富，这将为宠物用药品企业的研发及创新发展提供良好机遇。

3.4.2 宠物用药品疗效进一步增强

随着宠物年龄的增大，老年宠物用药品需求不断增加，但目前治疗相关疾病的药物相对短缺。宠物用药品研发成本高、周期长，市场缺口大。未来，随着市场需求的激增和宠物用药品研发生产实力的提升与技术升级，相关企业会考虑研发对宠物疾病疗效更好的药品。

3.4.3 政策助力宠物用药品研发

目前国内兽药研发主要以仿制为主，医药创新研究技术和生产工艺与世界发达国家还存在较大差距。《"十四五"全国畜牧兽医行业发展规划》指出，加快中兽药产业发展，加快发展宠物专用药。国家相关政策的陆续出台与新版《兽药生产质量管理规范》和《兽药经营质量管理规范》的实施，对兽药企业从生产到经营的各个环节都提出了新的要求。未来，我国宠物用药品市场将逐步走向规范化。

宠物医药巨大的潜力市场，吸引着越来越多的人药企业，据不完全统计，国药集团、广药集团、丽珠医药、康辰药业、康华生物、华东医药、阳光诺和、杭州百诚、联邦制药等知名药企已着手宠物药相关布局。

相对而言，人药转宠物药具有很大优势，人药企业可以利用已有的研发技术和经验，加快宠物药的开发过程。国内政策逐渐向宠物用药倾斜，允许已批准上市的人用化学药品转化为宠物用兽药产品。但人药转宠物药也面临一些挑战，如宠物用药和配方的精准性，以及药物浓度的差异性，还需考虑药物的适口性，这些都是企业需要克服的难题。

表 3-14　政策文件及主要内容

政策文件	主要政策内容
《宠物用化学药品注册临床资料要求》农业农村部公告第 261 号（2020 年）	明确了国外已上市销售但在国内未上市销售的各类兽用原料及其制剂的注册分类
《人用化学药品转宠物用化学药品注册资料要求》农业农村部公告第 330 号（2020 年）	明确了用于转宠物用化学药品的人用化学药品的范围、原料药注册和制剂注册的要求
《人用中药转为宠物用中药注册资料要求》农业农村部公告第 610 号（2022 年）	明确了人用中药转为宠物用中药的处方组成、制法、包装材料的注册要求，包括药学研究资料要求、药理毒理研究资料要求、临床研究资料要求
《预防类兽用生物制品临床试验审批资料要求》《治疗类兽用生物制品临床试验审批资料要求》农业农村部公告第 558 号（2022 年）	明确了预防类兽用生物制品临床试验审批资料要求。对一般资料、生产与攻毒用菌（毒、虫）种研究资料、生产用细胞系研究资料、主要原辅材料选择研究资料、生产工艺研究资料、产品质量研究资料、中间试制研究资料、临床试验资料进行详细说明；明确了治疗类兽用生物制品临床试验审批资料要求。对一般资料、生产用原材料研究资料、攻毒用菌（毒、虫）种研究资料、生产工艺研究资料、产品质量研究资料、中间试制报告、临床试验资料进行详细说明

04

第 4 章
宠物医疗器械及其企业调研

4.1 宠物医疗器械概况

4.1.1 宠物医疗器械发展阶段

1990 年以前（萌芽期）：

宠物医疗行业刚刚起步，宠物医疗器械几乎一片空白。

1990–2000 年（起步期）：

宠物医疗行业逐步兴起和发展，一批以动物影像、检验检测和医疗耗材等为主营业务的企业诞生。

2001–2010 年（成长期）：

宠物医疗机构大规模发展，催生出大量宠物医疗器械企业，国内品牌开始深耕宠物医疗领域，国际品牌也纷纷抢占中国市场。

2011 年至今（发展期）：

随着宠物医疗行业快速发展，各类资本开始进入宠物医疗器械市场，智能型医疗器械不断涌现，众多大动物用器械和人用医疗耗材进入宠物医疗市场，行业市场快速扩容。

4.1.2 宠物医疗器械产业链图谱

上游：

上游行业为医疗器械零组件制造，涉及的行业有电子元件、原材料、软件系统、新兴技术等领域。上游行业的科技进步将直接影响到医疗器械的技术水平。同时，人工智能、物联网和区块链技术也为宠物医疗器械行业的发展创新注入新鲜血液。

中游：

主要为医疗器械的研发、制造、销售以及服务的相关行业。目前行业竞争格局分为国产品牌和国外品牌，其国产品牌以迈瑞动物医疗、华东医疗、东软医疗、乐普医疗、万德康、谛宝诚等企业的医疗器械品牌为代表；国外品牌则以爱德士、硕腾、GE 医疗、日本富士等企业的医疗器械品牌为代表。

下游：

主要是宠物诊疗机构、第三方诊断实验室等为宠物提供诊疗服务的机构，是宠物医疗器械主要的购买和使用方，直接影响医疗器械的生产和销售，在很大程度上决定着整个器械产业的规模和发展水平。

图 4-1　宠物医疗器械产业链图谱

4.1.3 宠物医疗器械行业规模

据不完全统计，宠物医疗器械类相关企业超 500 家，但目前我国宠物医疗器械行业仍处于发展期，国内大部分宠物医疗器械企业规模较小，专业化程度有待提高。

截至 2024 年，我国宠物医疗器械市场规模约为 95 亿元。

4.1.4 宠物医疗器械主要分类

目前宠物医疗器械主要集中于医学影像、手术设备器械和检验检测三大方向，且大多是根据人用设备原理进行改造后延伸到宠物领域的。

医学影像类器械主要有超声诊断仪、CT 扫描仪、核磁共振波谱仪等。

手术设备器械主要有呼吸设备、麻醉设备、手术台、无源医疗器械、有源医疗器械、手术照明器械、牙科手术器械、骨科手术器械、眼科手术器械等。

检验检测器械包括血细胞分析仪、血液生化分析仪、血型分析仪、血凝仪、生化分析仪、血气分析仪、粪便分析仪、尿液分析仪、化学发光免疫分析仪、微量元素分析仪、质谱仪、PCR 扩增仪等。

4.1.5 宠物医疗器械发展趋势

我国宠物医疗器械行业在服务能力、专业化程度、产业链集约化程度等方面均有较大发展空间。预计未来我国宠物医疗器械行业将整合加速，头部企业将带领市场向规范化、品牌化发展，同时企业将更深入地发掘客户的需求。这些都将为我国宠物医疗器械行业市场规模稳步增长提供新动力，促使行业发展走向成熟，整体发展趋势呈以下特点。

第一，人用医疗器械厂家进入宠物医疗行业的逐年增多。近年来，迈瑞医疗、乐普医疗、GE 医疗、东软医疗等多家从事人用医疗设备、器械的品牌纷纷进入宠物医疗市场，利用在人用医疗设备、器械领域取得的技术创新和产品研发的成功经验，对宠物医疗设备、器械进行研发和创新。

第二，智能型诊断设备及高端仪器的应用呈上升趋势。随着计算机技术的广泛应用，智能医疗设备开始进入宠物医疗领域，使医生在诊断方面更加精准、高效。未来，智能医疗设备的升级和应用在医学影像、远程诊断、健康管理等宠物医疗领域将不断扩宽。

第三，宠物检测类目还比较单一，未来还有较大发展空间。

第四，国产器械产品占比呈逐年上升趋势，大部分宠物医院的国产器械占比超过一半。

第五，影像类、检验检测类器械产品增幅最快。

4.2 宠物医疗器械细分市场概况

4.2.1 宠物医疗器械细分市场

目前生产和销售宠物医疗器械的企业中，占比最多的是手术及治疗器械，其次是影像器械、手术耗材、检验及检查器械。

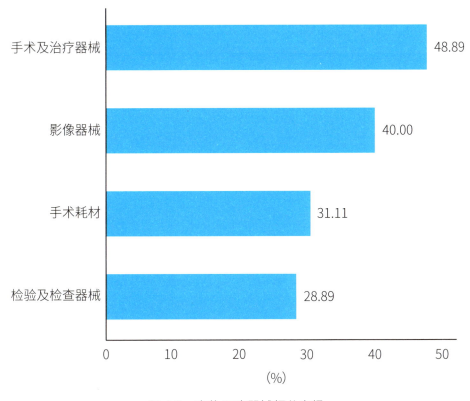

图 4-2　宠物医疗器械细分市场

4.2.2 宠物医院诊断设备使用情况

显微镜、血液生化分析仪、血细胞分析仪、免疫荧光分析仪、PCR 扩增仪、血气分析仪是宠物医院经常使用的诊断设备。

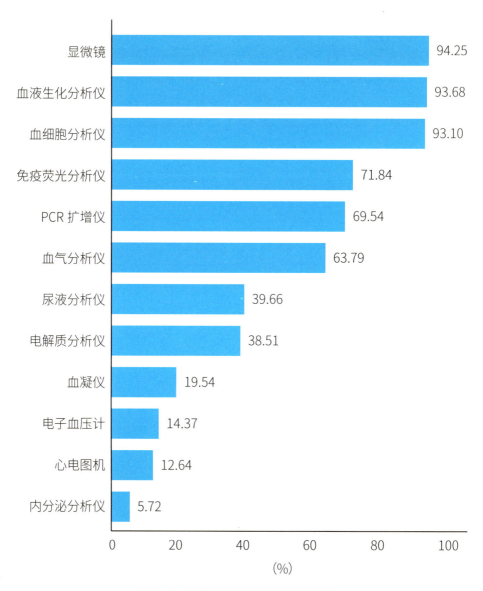

图 4-3　宠物医院诊断设备使用情况

4.2.3 宠物医院影像设备使用情况

宠物医院的影像器械中，DR 拍片机、B 超机、彩超机、X 光机使用较多。近年来，CT 机、核磁共振分析仪等高端影像设备也走进了宠物医院。

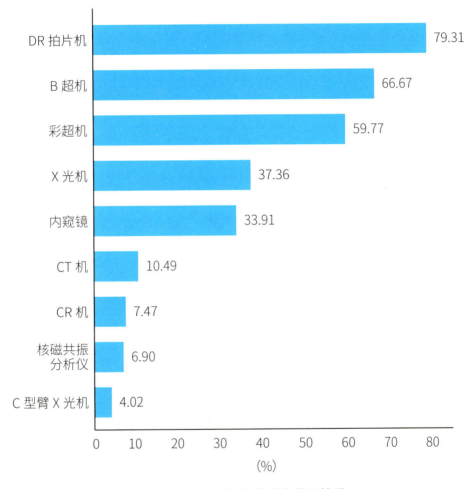

图 4-4　宠物医院影像设备使用情况

4.2.4 宠物医院手术类器械使用情况

手术类器械中，宠物医院常用的有麻醉机、洗牙机、心电监护仪、超声刀、呼吸机等。

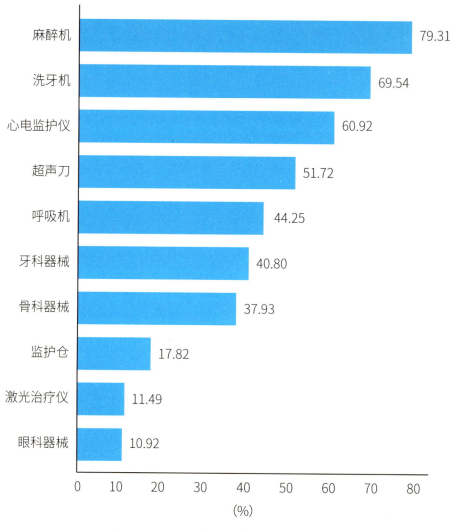

图 4-5　宠物医院手术类器械使用情况

4.2.5 国产与进口器械比例

医院使用的兽医器械中，国产器械居多的宠物医院占比接近一半，进口器械居多的宠物医院占比约 1/3。

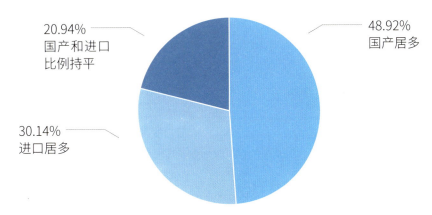

20.94%
国产和进口
比例持平

48.92%
国产居多

30.14%
进口居多

图 4-6　2024 年中国宠物医疗国产与进口器械使用比例

4.2.6 器械产品购买方式

宠物医院器械产品主要购买方式排在首位的是从经销商处购买，其次是厂家购买，近年来，从网络购买的比例也在上升。

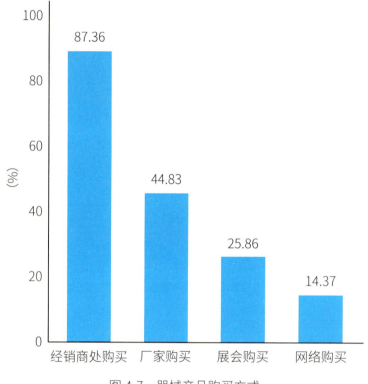

图 4-7　器械产品购买方式

4.2.7 医疗器械占资产总额的占比

宠物医疗器械是宠物医院的重要资产，调查显示，器械设备资产占医院资产
总额比重最多的在 20%~40% 区间。

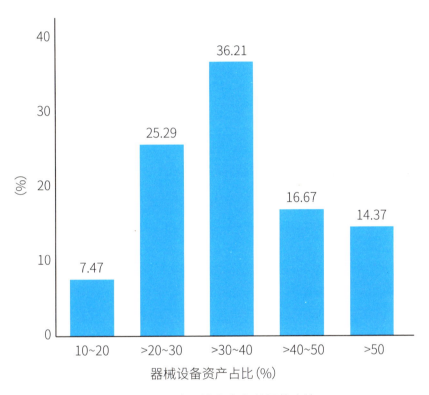

图 4-8　医疗器械占资产总额的占比

4.3 宠物医疗器械发展限制因素

4.3.1 标准体系不健全

宠物医疗器械是新兴行业，很多产品是近几年随着宠物诊疗的发展而兴起的，因此缺乏完善的国家标准和行业标准来规范其发展，导致市场上产品质量参差不齐，给消费者带来了一定的困扰。此外，宠物医疗器械领域的管理体系、质量监测体系、第三方机构建设体系均比较薄弱，不利于兽医器械的产业化发展。

4.3.2 研发生产热情不高

宠物的生理和解剖结构差异较大，需要更加专业的医疗器械，这增加了研发、生产的难度和成本。另外，人用医疗器械的通用性较强，导致宠物专用常规器械的研发热情相对较低。

4.3.3 监管体系不健全

2021 年修订的《中华人民共和国动物防疫法》明确兽医器械的管理办法由国务院规定，未来会统筹监管，但具体的实施细则和配套的法规尚未完善。目前，宠物医疗器械市场的准入门槛相对较低，技术水平要求不高，亟须完善兽医器械监管的相关法律法规体系，健全监管配套标准，严把兽医器械产品准入关。

4.4 宠物医疗器械主要的发展方向

随着宠主对宠物健康的关注度提升，尤其当宠物逐渐步入老年，复杂疾病增多，对体外检测类、影像类、微创手术类的需求不断增长。

另外，以中国宠物医疗的发展现状，专注于一个领域很难取得盈利。因此，从单个器械到器械套装研发是个行之有效的路径，特别是医疗耗材领域，产品线应该多而全。同时医疗器械的形状、材质要符合动物解剖学的原理，兼顾医疗器械的应用场景与医院临床实际。

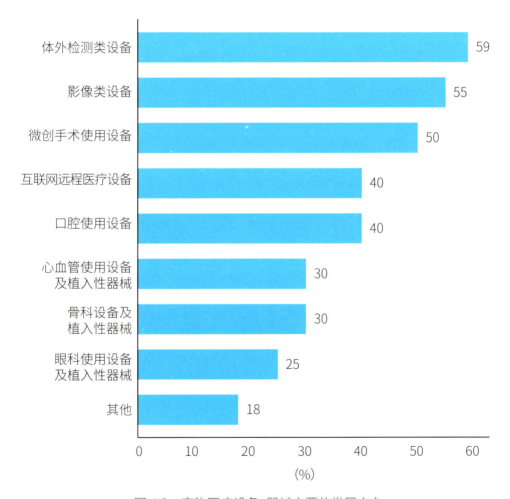

图 4-9　宠物医疗设备、器械主要的发展方向

数据说明：多选题，总和大于 100%。

4.5 检验及检查器械主要品牌

表 4-1　检验及检查器械主要品牌（排名不分先后）

设备分类	主要品牌
血细胞分析仪	迈瑞动物医疗、硕腾、万德康、爱德士、富士胶片、爱宠 iCHONG、博士医药、帝迈、爱科来、德峰、基蛋动物、优利特、日本光电、诺马、瑞典布尔、施诺华、仁山医疗、普康、基灵、康泰医学、锦唯它、卓越生物、爱贝斯、微纳芯、吉米、宝灵曼、锦瑞
血液生化分析仪	爱德士、迈瑞动物医疗、乐普医疗、硕腾、万德康、谛宝诚、帝迈、爱科来、锦瑞、爱宠 iCHONG、台湾天亮、耶图、斯马特、基蛋动物、优利特、微纳芯、基灵、施诺华、仁山医疗、普康、康泰医学、昱帕医药、锦唯它、朝云帆、普朗医疗、富士胶片、幽兰、爱贝斯、微纳芯、西尔曼
血气分析仪	爱德士、硕腾、海卫特、雅培、谛宝诚、斯马特、雷度米特、丹麦雷度、仁山医疗、西门子、万德康、卓越生物、晶捷科技、日本富士、天亮、基灵、锦瑞
电解质分析仪	爱德士、迈瑞动物医疗、富士胶片、斯马特、爱科来、仁山医疗、晶捷科技、西门子
尿液分析仪	爱德士、迈瑞动物医疗、乐普医疗、硕腾、爱宠 iCHONG、瑞沃德、中联动保、施诺华、仁山医疗、优利特、爱科来、锦唯它、观点生物、爱视点、海卫特
显微镜	爱德士、迈瑞动物医疗、乐普医疗、硕腾、爱宠 iCHONG、瑞沃德、中联动保、施诺华、仁山医疗、优利特、爱科来、锦唯它、麦迪实业、观点生物、爱视点
免疫荧光分析仪	万德康、海卫特、乐普医疗、朝云帆、仁山医疗、栢惠生物、普朗医疗、雷森生物、基蛋动物、韩国巴迪泰、浦吉光、孚莱士、韩国安捷、斯马特、爱医生物、锦唯它、朝云帆、雷森、施诺华
PCR 扩增仪	迈瑞动物医疗、万德康、海卫特、乐普医疗、雷森、仁山医疗、栢惠生物、雷森生物、基蛋动物、韩国巴迪泰、浦吉光、朝云帆、孚莱士、韩国安捷、斯马特、昱帕医药、巴特菲科技、卡尤迪、基灵、爱基因、方舟、大圣宠医、刚竹医疗、卡尤迪、微纳芯、杭州准芯生物、施诺华
血凝仪	爱德士、硕腾、迈瑞动物医疗、海卫特、万德康、斯马特、施诺华
血糖检测仪	硕腾、优利特、尊然动保
内分泌分析仪	富士胶片、爱德士、百微特
血脂分析仪	优利特、三诺
电子血压计	斯玛特、金脑人、双博、百微特、鑫丽维康、强生、顺泰、中国马特、康泰医学、万宠达、幽兰、施诺华

续表

设备分类	主要品牌
多普勒血压计	金脑人、玉研仪器、施诺华
心电图机	博士医药、瑞沃德、安普康、星康医疗、中国马特、迈瑞动物医疗、康泰医学、百微特、中旗生物、施诺华、大为医疗
检耳镜	金脑人、古氏、宝声、萤火虫
尿液有形成分分析仪	安侣、优利特、科宝、瑞沃德
化学发光分析仪	万德康、长光华、博科

4.6 影像器械主要品牌

表 4-2　影像器械主要品牌(排名不分先后)

设备分类	主要品牌
DR 拍片机	迈瑞动物医疗、澳弗动物医疗、华东医疗、大昌、万东医疗、谛宝诚、方博士、图腾、爱宠 iCHONG、聚行健齿、百微特、安科、威图、施诺华、仁山医疗、南京普爱、合意、山西万科、美诺瓦、影诺威、凯威特、慧龙悦影、上海布鲁泰克、米卡萨、幽兰、德铭联众、菲林克斯、唯特锐医疗、蓝影动物医疗、合肥登特菲、汉缔动物医疗(口腔)、宜宠、必康、德嘉瑞、大为医疗、睿物影
B 超机	迈瑞动物医疗、理邦、澳弗动物医疗、德铭联众、祥生、汕超、大为、百微特、显达、仁山医疗、威尔德、柏塔超声、朝云帆、康泰医学、凯信电子、凯尔、百胜、飞利浦、祥生、大为医疗、飞依诺、宜慧康
彩超机	迈瑞动物医疗、GE 医疗、乐普医疗、理邦、澳弗动物医疗、汕超、百胜、百微特、施诺华、仁山医疗、蓝韵、飞依诺、韩国爱飞纽、柏塔超声、康泰医学、祥生、凯信电子、凯尔、蓝影、开立、大为医疗、中旗生物、宜慧康
CT 机	GE 医疗、美时医疗、澳弗动物医疗、飞利浦、谛宝诚、图腾、华东医疗、赛诺威盛、安科、仁山医疗、联影、万东医疗、开普、大昌、瑞宠、聚行健齿、明峰、蓝影动物医疗、东软医疗、合肥登特菲、萌盛达医学影像、百微特、睿视医疗、睿物影
核磁共振分析仪	GE 医疗、澳弗动物医疗、飞利浦、华东医疗、谛宝诚、万东医疗、安科、施诺华、仁山医疗、开普、大昌、瑞宠、鑫高益、美时医疗、百微特、金石医疗、联影医疗、北京斯派克
内窥镜	迈瑞动物医疗、爱宠 iCHONG、乐普医疗、图腾、欧加华、谛宝诚、施诺华、仁山医疗、CETRO 西川、瑞沃德、沈大、卡尔史托斯、功匠、图优、富士、杰泰、蓝影动物医疗、开立、汉缔动物医疗(口腔)、澳华、奥林巴斯、百特、功匠、舒博尔、贝特诺康、戴特维、施可瑞、艾鑫伟业、翡宠
CR 机	聚行健齿、仁山医疗、幽兰、图腾、汉缔动物医疗(口腔)、施诺华
X 光机	聚行健齿、仁山医疗、幽兰、百微特、西川、沈大、澳华、舒博尔、马特、大为医疗、万东、施诺华
C 型臂 X 光机	乐普医疗、GE 医疗、谛宝诚、百微特、必康、万东、正源

4.7 手术及治疗相关器械主要品牌

表 4-3　手术及治疗相关器械主要品牌(排名不分先后)

设备分类	主要品牌
基础外科手术器械	爱宠 iCHONG、瑞沃德、乐普医疗、普恩华、江苏美卡迪、上海贝瑞、维英、乔根森、古氏、上海博进、江南、赛柯动物、顺宠、希翼康佳、贝思倍健、宠多助、翡宠
骨科器械	中新贺美、佰陆、乐普医疗、爱宠 iCHONG、瑞沃德、江苏美卡迪、普恩华、乔根森、仁山医疗、维英、希翼康佳、天津大圣、亿飞扬、百舍医疗、上海博进、赛柯动物、古氏、顺宠、创辉医疗、希翼康佳、贝思倍健、宠多助、翡宠
眼科器械	观点生物、爱宠 iCHONG、金脑人、瑞沃德、仁山医疗、维英、普恩华、乔根森、美国锐科、赛柯动物、爱视点、上邦医疗、顺宠、希翼康佳、兴和、爱凯、施诺华
牙科器械	瑞沃德、古氏、聚行健齿、谛宝诚、爱宠 iCHONG、仁山医疗、普恩华、乔根森、江苏美卡迪、赛柯动物、幽兰、希翼康佳、贝思倍健、施诺华
心脏微创介入器械	竑宇医疗、乐普医疗、卡拉宠物医院、正心科技
麻醉机	迈瑞动物医疗、GE 医疗、爱宠 iCHONG、古氏、威图、施诺华、德菲医疗、山姆维特、仁山医疗、瑞沃德、木村、中国马特、普朗医疗、山姆维特、赛极威、万宠达、德嘉瑞、飞泰、德峰、吉米、百微特、舒普思达、新瑞、大为医疗
呼吸机	迈瑞动物医疗、爱宠 iCHONG、乐普医疗、瑞沃德、施诺华、仁山医疗、山姆维特、百微特、德菲医疗、木村、金新斯盛、万宠达、中国马特
心电监护仪	迈瑞动物医疗、理邦、乐普医疗、博士医药、金脑人光电、爱宠 iCHONG、威图、竑宇医疗、瑞沃德、百微特、山姆维特、施诺华、仁山医疗、上海贝瑞、康泰医学、万宠达、中国马特、幽兰、德嘉瑞、永康宠物医疗、德峰、创莱、戴瑞、大为医疗、中旗生物
超声刀	爱宠 iCHONG、威图、乐普医疗、施诺华、谛宝诚、仁山医疗、舒博尔、百微特、飞阔医疗、彼岸医疗、芝麻开花、优利特、祥生、汇发、戴瑞、吉米、强生、思卓瑞、麦科唯、瑞捷、奥林巴斯、世格赛思、蛇牌、柯惠、贝朗、派特、厚凯、施可瑞、大为医疗、贝特诺康、柯柏、逸思、睿速优宠
洗牙机、牙科工作站	爱宠 iCHONG、古氏、瑞沃德、聚行健齿、百微特、优利特、施诺华、仁山医疗、幽兰
洗耳机	爱宠 iCHONG、仁山医疗、宝声

设备分类	主要品牌
监护舱	爱宠 iCHONG、施诺华、仁山医疗、上海普佳、瑞沃德、东邦电器、聚行健齿、深圳谊业、丽泽、莱弗特
手术无影灯	迈瑞动物医疗、硕丰医疗、施诺华、重庆邦桥、上海恩都、大为医疗
激光治疗仪	谛宝诚、戴美、江苏聚睿、瑞沃德、德铭联众、瑞瀚博、聚行健齿、亿飞扬、幽兰、芸禾、尊然动保、维迈乐、施诺华
呼吸麻醉一体机	迈瑞动物医疗、德菲、瑞沃德、施诺华
动物肿瘤消融系统	彼岸医疗、臻宠医疗、广州乐牧、由格医疗、则塔动保、威图医疗、阿尔法动物医疗

4.8 输液、注射及其他器械主要品牌

表 4-4　输液、注射及其他器械主要品牌（排名不分先后）

设备分类	主要品牌
输液泵	迈瑞动物医疗、爱宠 iCHONG、东莞恒丰、百微特、威图、山姆维特、施诺华、仁山医疗、恒泰康、上海正灏、科力建元、康泰医学、永康宠物医疗、施诺华、大为医疗
注射泵	迈瑞动物医疗、瑞沃德、安科、爱宠 iCHONG、百微特、山姆维特、仁山医疗、智如、恒泰康、科力建元、汇特、史密斯佳士比、康泰医学、东莞恒丰、永康宠物医疗、施诺华、大为医疗
输血泵	迈瑞动物医疗、中联动保、东莞恒丰
眼压计	观点生物、爱凯、美国锐科
裂隙灯	兴和、谛宝诚、仁山医疗、爱视点、观点生物、施诺华
超声乳化仪	傲帝、强生、观点生物、仁山医疗
眼科手术显微镜	金脑人、仁山医疗、施诺华
动物视网膜筛查仪	观点生物、爱视点、仁山医疗
动物用视网膜电位仪	观点生物、仁山医疗
兽用中央监护系统	迈瑞动物医疗
AI 智能检测	硕腾、东软医疗、帝迈、贝芯宠科技、快瞳科技
高压氧舱	金脑人、施诺华、苏宠、宝如意、上海塔望、国之恒
核酸检测仪	精因赛飞、遂真生物、巴特菲科技
介入类	乐普医疗、强生医疗
眼底照相机	北京润仪、观点生物、爱视点、施诺华
眼科冷冻治疗仪	北京润仪、爱视点
雾化器	康泰医学、鹏燕、恒明医疗、可孚、好动医、特鲁德尔国际医疗、绣宠
眼科耗材类	爱视点、观点生物
脉搏血氧仪	康泰医学、双赢医疗、咖米龙
制氧机	康泰医学、医润德、贝思倍健、永康宠物医疗、施诺华

续表

设备分类	主要品牌
检测耗材（试剂、试纸、染色液等）	优瑞生物、它氏净、卓检、仁山医疗、昶盛国际
酶类器械护理	优瑞生物、仁山医疗
犬猫用导尿管	维湃、邦标医疗、贝意品、巴思图、宠翰、贝思倍健
呼吸、麻醉、急救、输血等耗材和套件	维湃、永岳医疗、东莞恒丰、贝思倍健、上海纳辉、古氏
升温毯	东莞恒丰、永康宠物医疗、宁波东邦、艾鑫伟业、合肥伦烁

4.9 宠物医疗设备、器械企业目录

表 4-5　宠物医疗设备、器械企业目录

序　号	宠物医疗设备、器械企业名称	序　号	宠物医疗设备、器械企业名称
1	硕腾（上海）企业管理有限公司	24	上海基恩科技有限公司
2	上海豫宠网络科技有限公司（爱宠 iCHONG）	25	上海乐普云智科技股份有限公司
		26	上海臻察科技有限公司
3	爱德士缅因生物制品贸易（上海）有限公司	27	上海泽帜科技有限公司
		28	上海蕊珑科技有限公司
4	通用电气医疗系统贸易发展（上海）有限公司	29	上海古氏贸易有限公司
		30	上海普佳金属制品有限公司
5	贝朗医疗（上海）国际贸易有限公司	31	上海赛知生物科技有限公司
6	上海博进电子仪表设备工贸有限公司	32	上海仁山医疗器械有限公司
7	上海新眼光医疗器械股份有限公司	33	必康天成（上海）信息科技有限公司
8	爱科来国际贸易（上海）有限公司	34	上海博进医疗器械有限公司
9	上海宠乐金属制品有限公司	35	巍隆贸易（上海）有限公司
10	上海康美医疗器械有限公司	36	上海欧加华医疗仪器有限公司
11	上海勇前实业有限公司	37	上海悠森树生物科技有限公司
12	上海瑞曼信息科技有限公司	38	上海云沭数据有限公司
13	上海恩都医疗科技有限公司	39	海塔望智能科技有限公司
14	上海丙强医疗器械有限公司	40	上海吉米宠物用品有限公司
15	上海鼎爱金属制品有限公司	41	上海贝瑞电子科技有限公司
16	上海立蓓实业有限公司	42	上海竑宇医疗科技有限公司
17	麦帝贸易（上海）有限公司	43	上海奕瑞光电子科技股份有限公司
18	上海纳临生物科技有限公司	44	澳弗（上海）医学影像科技有限公司
19	上海麦本医疗科技有限公司	45	观点（上海）生物科技有限公司
20	兽丘生物科技（上海）有限公司	46	上海金环医疗用品股份有限公司
21	上海普佳金属制品有限公司	47	上海联影医疗科技股份有限公司
22	上海成运医疗器械股份有限公司	48	上海澳华内镜股份有限公司
23	上海容晖生物科技有限公司	49	上海波咔宠物用品有限公司

序　号	宠物医疗设备、器械企业名称	序　号	宠物医疗设备、器械企业名称
50	上海基灵生物科技有限公司	78	北京金新斯盛远科技有限公司
51	谛宝诚（上海）医学影像科技有限公司	79	维奥达（北京）科技有限公司
52	麦迪康医疗用品贸易（上海）有限公司	80	卡尤迪生物科技（北京）有限公司
53	芝麻开花医疗器械（上海）有限公司	81	北京东方孚兴科技有限公司
54	卡尔史托斯内窥镜（上海）有限公司	82	北京东方联鸣科技发展有限公司
55	布鲁泰克（上海）影像科技有限公司	83	北京希诺谷生物科技有限公司
56	阿尔法迈士医疗科技（上海）有限公司	84	北京纳百生物科技有限公司
57	上海波鸿医疗器械科技有限公司	85	北京艾非克斯生物科技有限公司
58	上海康达卡勒幅医疗科技有限公司	86	马特京华（北京）科技有限公司
59	上海丰兆金属制品有限公司	87	北京欧林美帝医疗设备有限公司
60	上海品臻影像科技有限公司	88	北京德铭联众科技有限公司
61	富士胶片（中国）投资有限公司	89	山姆维特（北京）科技有限公司
62	百美达医药科技（北京）有限公司	90	北京万东鼎立医疗设备有限公司
63	赛诺威盛科技（北京）股份有限公司	91	北京鑫丽维康科技有限公司
64	莫纳希洛琴国际贸易（北京）有限公司	92	北京瑞得信达科技有限公司
65	北京世纪元亨动物防疫技术有限公司	93	北京安科奥赛技术发展有限公司
66	北京中联动保科技有限责任公司	94	北京拓瑞检测技术有限公司
67	北京天勤一和生物科技有限公司	95	北京佑宠生物科技有限公司
68	北京杰恩斯国际生物科技有限公司	96	北京纳诺金生物科技有限公司
69	卡尤迪生物科技（北京）有限公司	97	北京德诺泰克科技有限公司
70	北京智知科技有限公司	98	深圳市普乐瑞生物科技有限公司
71	北京汇诺安科技有限公司	99	深圳迈瑞生物医疗电子股份有限公司
72	北京倍特双科技发展有限公司	100	深圳市成立泰电子设备有限公司
73	北京纳晶生物科技有限公司	101	深圳市锦瑞生物科技有限公司
74	北京普兰丹特科技有限责任公司	102	深圳谷森宠物有限公司
75	北京思瑞德医疗器械有限公司	103	深圳市宝润科技有限公司
76	爱普东方经贸（北京）有限公司	104	深圳市帝迈生物技术有限公司
77	北京唯迈医疗设备有限公司	105	深圳市普康电子有限公司

续表

序　号	宠物医疗设备、器械企业名称	序　号	宠物医疗设备、器械企业名称
106	深圳市图腾动物医疗科技有限公司	134	深圳市金石医疗科技有限公司
107	深圳普乐瑞生物科技有限公司	135	深圳市恒翊科技有限公司
108	深圳显达生物医疗技术有限公司	136	深圳市时迈医疗设备有限公司
109	深圳安普康影像有限公司	137	深圳舒博尔宠物医学科技有限公司
110	深圳联开生物医疗科技有限公司	138	深圳显融医疗科技有限公司
111	深圳市瑞欧医疗技术有限公司	139	广州中劢授医医疗设备有限公司
112	深圳市刚竹医疗科技有限公司	140	广州万德康科技有限公司
113	深圳市幽兰医疗科技有限公司	141	广州盛炽科技有限公司
114	深圳市聚兼生物科技有限公司	142	广州天泓医疗科技有限公司
115	柏塔科技（深圳）有限公司	143	广州悦洋生物技术有限公司
116	深圳市谊业仪器有限公司	144	广州华玺医疗科技有限公司
117	深圳市理邦精密仪器股份有限公司	145	海卫特（广州）医疗科技有限公司
118	英特波科技（深圳）有限公司	146	广州市威马兽医科技服务有限公司
119	深圳迈瑞动物医疗科技股份有限公司	147	广州市迪景微生物科技有限公司
120	深圳星康医疗科技有限公司	148	喜宠生物科技（广州）有限公司
121	深圳宜华生物科技有限公司	149	广州市德灵实验仪器有限公司
122	深圳市帝迈生物技术有限公司	150	广东尚爱嘉宠营养科技有限公司
123	深圳锦瑞生物科技有限公司	151	惠州市阳光生物科技有限公司
124	深圳安科高技术股份有限公司	152	东莞恒丰医疗科技有限公司
125	深圳市瑞沃德生命科技有限公司	153	东莞立港医疗器材有限公司
126	汕头市超声仪器研究所股份有限公司	154	东莞源和生物科技有限公司
127	佛山市顺德区德维医疗器械有限公司	155	汕头市超声仪器研究所有限公司
128	中山市知密亚兽医设备生产有限公司	156	爱若维生物科技（苏州）有限公司
129	深圳市百微特生物技术有限公司	157	毛妈妈(苏州)电器科技有限公司
130	深圳市威图医疗科技有限公司	158	苏州艾得泰酷医疗科技有限公司
131	深圳蓝韵医学影像有限公司	159	江苏美时医疗技术有限公司
132	深圳市康斯特医疗科技有限公司	160	江苏拜尔斯医疗科技有限公司
133	深圳市品诺时代科技有限公司	161	江苏省淮安市天润医疗器械有限公司

续表

序　号	宠物医疗设备、器械企业名称	序　号	宠物医疗设备、器械企业名称
162	英科新创苏州生物科技有限公司	190	南京景辉生物科技有限公司
163	大为宠物医疗（江苏）有限公司	191	南京舒普思达医疗设备有限公司
164	江苏奇天基因生物科技有限公司	192	南京和禧生物科技有限公司
165	金科利斯生物科技南通有限公司	193	南京亚南特种照明电器厂
166	康派（江苏）医疗科技有限公司	194	南京天鸿通国际贸易有限公司
167	淮安中林医疗器械有限公司	195	南京初见医药科技有限公司
168	臻宠生物科技泰州有限公司	196	南京华仁生物科技有限公司
169	润昌机械制造泰州有限公司	197	江苏基蛋动物科技有限公司
170	国之恒生命科学技术（南京）有限公司	198	江苏英诺华医疗技术有限公司
171	江苏英诺华医疗科技有限公司	199	江苏三叶医疗科技有限公司
172	飞依诺科技（苏州）有限公司	200	江苏美迪卡医疗科技有限公司
173	苏州瑞派宁科技有限公司	201	江苏雷森生物科技有限公司
174	苏州四海通仪器有限公司	202	江苏欧曼电子设备有限公司
175	苏州点晶生物科技有限公司	203	无锡百泰克生物技术有限公司
176	苏州赛柯医疗科技有限公司	204	无锡市煊业科技发展有限公司
177	苏州合意医疗器械有限公司	205	无锡精派机械有限公司
178	苏州速迈医疗设备有限公司	206	无锡祥生医疗科技股份有限公司
179	苏州百舍医疗器械有限公司	207	无锡市江南医用缝合线厂
180	苏州贝恩医疗器械有限公司	208	常州舣舟医疗器械有限公司
181	苏州合意医疗器械有限公司	209	常州好利医疗科技有限公司
182	徐州市永康电子科技有限公司	210	常州苏宠生物科技有限公司
183	徐州市凯信电子设备有限公司	211	山东海迪科医用制品有限公司
184	徐州预立电子科技有限公司	212	山东博斯达环保科技有限公司
185	普恩华（常州）宠物医疗有限公司	213	山东鑫桥联康生物工程有限公司
186	徐州栢惠生物科技有限公司	214	山东硕丰医疗设备有限公司
187	苏州百舍医疗器械有限公司	215	山东欧陆商贸有限公司
188	徐州维尔乐生物科技有限公司	216	山东德菲医疗科技有限公司
189	苏州赛柯医疗科技有限公司	217	青岛中腾生物技术有限公司

续表

序　号	宠物医疗设备、器械企业名称	序　号	宠物医疗设备、器械企业名称
218	烟台瀚岚生物科技有限公司	246	浙江荷斯兰超导科技有限公司
219	宁波爱基因科技有限公司	247	浙江安吉赛安芙生物科技有限公司
220	宁波江北瑞晶医疗器械有限公司	248	浙江迪福润丝生物科技有限公司
221	宁波聚行智能科技有限公司	249	浙江安贞医疗科技有限公司
222	宁波柏安医疗器械有限公司	250	杭州纽太生物科技有限公司
223	普恩华（宁波）医疗科技有限公司	251	洛阳普泰生物技术有限公司
224	杭州优思达生物技术有限公司	252	优视生物科技有限公司
225	杭州首天光电技术有限公司	253	桂林优利特医疗电子有限公司
226	杭州贤至生物科技有限公司	254	湖南医药集团医疗设备有限公司
227	杭州准芯生物技术有限公司	255	湖南淘宠医疗科技有限公司
228	杭州艾替捷英科技有限公司	256	湖南润美基因科技有限公司
229	杭州诺威泰克生物技术有限公司	257	亿飞扬（武汉）技术有限公司
230	杭州德天生物技术有限公司	258	艾博（武汉）生物技术有限公司
231	杭州汉光医疗科技有限公司	259	武汉功匠内窥镜设备有限公司
232	义乌市耐狮宠物用品有限公司	260	武汉博激世纪科技有限公司
233	宁波聚行健齿智能科技有限公司	261	戴动科技（武汉）有限公司
234	宁波普恩华国际贸易有限公司	262	河北菲林克斯科技有限公司
235	杭州遂真生物技术有限公司	263	河北天地智慧医疗设备股份有限公司
236	杭州芯宠技术有限公司	264	河北弗来来生物科技有限公司
237	常州市道格医疗科技有限公司	265	石家庄亿生堂医用品有限公司
238	常州柯柏电子科技有限公司	266	石家庄华东医疗科技有限公司
239	常州百代生物科技股份有限公司	267	石家庄天牧通生物科技有限公司
240	杭州美诺瓦医疗科技股份有限公司	268	天津森迪恒生科技发展有限公司
241	嘉兴朝云帆生物科技有限公司	269	天津拓瑞医药科技有限公司
242	双博（嘉兴）生物科技有限公司	270	天津希翼康佳医疗器械贸易有限公司
243	杭州遂真生物技术有限公司	271	天津微纳芯科技有限公司
244	宁波东邦电器有限公司	272	天津东丽区鲸谷医疗器械贸易商行
245	浙江朗德迩医疗科技股份有限公司	273	天津力得康医疗科技有限公司

续表

序　号	宠物医疗设备、器械企业名称	序　号	宠物医疗设备、器械企业名称
274	天津妙娅生物科技有限公司	300	兴化市同昌不锈钢制品厂
275	中新贺美（天津）动物骨科有限公司	301	沈阳大昌医学影像技术有限公司
276	山西万科医用设备有限公司	302	沈阳沈大内窥镜有限公司
277	金瑞鸿捷（厦门）生物科技有限公司	303	东软医疗系统股份有限公司
278	赛恩威特（厦门）生物科技有限公司	304	沈阳普斯曼医疗器械有限公司
279	鑫高益医疗设备股份有限公司	305	百卫动物临床检验实验室
280	福建省百仕韦医用高分子股份有限公司	306	厦门圣慈医疗器材有限公司
281	衡奕精密工业股份有限公司	307	厦门一正安诺医疗器材有限公司
282	合肥宠遇生物科技有限公司	308	麦克奥迪实业集团有限公司
283	合肥高贝斯医疗卫生用品有限公司	309	兰州雅华生物技术有限公司
284	安徽佰陆小动物骨科器械有限公司	310	亚海国际有限公司
285	成都恒泰康科技有限公司	311	首美达股份有限公司
286	晓智科技（成都）有限公司	312	君乐宝医疗设备有限公司
287	成都斯马特科技有限公司	313	江西派尼生物药业有限公司（派比）
288	成都威尔诺生物科技有限公司	314	韩国 ANIVET 公司
289	成都戴斯博科技有限公司	315	祐强医疗仪器有限公司
290	重庆智笠创商贸有限公司	316	艾米股份有限公司
291	重庆如泰科技有限公司	317	保生国际生医股份有限公司
292	重庆弘善医疗设备有限公司	318	明峰医疗系统股份有限公司
293	重庆精钢宠物设备制造有限公司	319	飞利浦（中国）投资有限公司
294	合肥金脑人光电仪器有限责任公司	320	西北机器有限公司
295	四川瀚湄医疗器械有限公司	321	益宠生医股份有限公司
296	西安贝特诺康信息科技有限公司	322	中拓奕腾
297	西安西川医疗器械有限公司	323	美国 InnoSound 科技公司
298	西安惠普生物科技有限公司	324	亚果生医股份有限公司
299	天亮医疗器材股份有限公司	325	新加坡克雷多生物科技私人有限公司

数据来源：根据公开数据整理。（排名不分先后）

第 5 章
宠物医疗服务机构调研

5.1 宠物医院管理系统（SaaS）调研

根据美国市场研究公司 Grand View Research 的调查显示，2023 年全球兽医软件行业市场规模达 12.92 亿美元，预计 2024—2030 年的平均复合增长率为 12.66%；兽医软件市场的增长主要受以下因素影响：兽医软件集成商的采用率不断提高、兽医院和诊所的数量增加、远程医疗软件的采用率增加和动物保健支出的增加等。

5.1.1 概述

随着科技和宠物行业的进步，越来越多的宠物医院开始使用宠物医院管理系统（SaaS）。电子病历管理，实验室报告读取，影像数据归档、在线存储和查询，病历与药品监测系统的整合，门诊、住院、手术、药品、收费的标准化管理，医院的绩效指标以及有效的营销活动等系统涵盖的功能，实现了宠物医院的数字化管理。

5.1.2 国内宠物诊疗管理系统分类

国内大型连锁医院如新瑞鹏、瑞派等具有独立 IT 研发部门，使用其自主研发的软件。单体医院主要选择国内软件公司开发的软件产品，如迅德、爱宠 iCHONG、小暖医生、汉思、赢途等。部分有外资背景的医院，则直接使用国外管理软件或者汉化国外的软件使用。

国内的系统研发速度很快。从基本的功能设定，到满足临床需要，再到让临床工作变得更加轻松快捷，系统的更新时间短，功能越来越齐全。

目前迅德、爱宠 iCHONG、小暖医生等信息管理系统，已经逐渐占领市场，各个系统的功能也在逐步完善。同时它它医生、谛宝医生、倍效店务、识讯探宠等软件系统也在崛起。

5.1.3 优势

实现了信息管理的无纸化，提高了工作效率：宠物医院管理系统改变了传统的纸质记档方式。提高了医院的经营管理水平：宠物医院管理系统不仅能方便地输入和查看各种信息，还能根据需要生成各种统计报表，帮助管理人员掌握经营情况，指导医院的运营方向。

简化了工作流程，提高了服务水平和效益：宠物医院管理系统的介入，优化了人力及财力资源，医院有更多的资源向提高服务水平上倾斜，提高了用户满意度，增强了用户黏性，吸引了更多的用户。

科学管理，安全可靠：线上数据打通了不同部门的信息交流渠道，降低了资料损坏或丢失的风险。

5.1.4 国内外目前主要的宠物医院管理系统

贝塔猫：一家融合深厚人医诊疗软件功底的宠物行业数字化医疗公司。目前，贝塔猫已将迅德软件和小暖医生两个医疗软件品牌纳入了自身体系中，但仍保留了两个医疗软件品牌的运行独立性。这主要是为了照顾宠物医院和宠物医生的使用习惯，同时也为用户和合作伙伴提供更长期、更优质的产品和服务。整合迅德和小暖医生后，贝塔猫可以为宠物医院提供医院管理软件、AI 辅助诊断、大数据及供应链等更加多元化的综合性服务。目前，贝塔猫合作的宠物医院数量已达10000+，合作企业 60+，在线用户数量也达 45000+。未来贝塔猫将推出迅德 Go软件，打通多平台操作系统的连接壁垒，便于随时随地查看跟进病例情况，帮助宠物医院强化系统管理和服务，增强客户黏性。

爱宠 iCHONG：一款专门为宠物医院、宠物店设计打造的信息化、数据化管理软件，包含医疗、库存、会员、通知提醒、数据统计等功能，诊疗流程全覆盖。目前已覆盖 300 多个城市，6000 多家宠物医院、宠物店，其"一对一专业技术支持"市场占有率非常高。

宠物云：始创于 2000 年，具有多年的宠物医院管理经验，是国内最早开发动物医院管理信息软件的公司之一，也是国内首家涉足宠物医疗行业 SaaS 的平台。

赢途：IntoVetGE 支持动物医院的日常工作，同时通过网络实现会员医院之间兽医学相关信息的共享与交流。其多版本运营模式满足大、中、小型不同规模医院的需求。独有的设备（化验室设备、影像设备等）连接功能，让医院可以更加有效地管理病历。此外，赢途还全球首创搭载了 PACS（影像归档和通信系统）管理系统，实现管理系统与 PACS 的连接，以及管理系统与宠主 APP 的连接。

它它医生：主打宠物医院业务生态闭环，提升宠物医院的运营管理效率和诊疗管理效率，更加降低人工管理成本，致力于成为一款更懂业务的宠物医院管理软件。它它医生围绕宠物医院多业态发展的趋势和特点，在满足宠物医院日常管理需求的基础上，赋能医院矩阵式布局、跨平台经营、私域平台搭建、远程住院探视等多项特色服务。系统还同时支持多平台、多端口同步免费使用，是更懂宠物医院业务的管理软件。

5.2 第三方宠物疾病检测实验室

第三方宠物疾病检测实验室是指宠物医院之外的宠物疾病检测实验中心，其服务的客户主要为宠物医院，类似于人类医学领域的"迪安诊断""金域医学"。但与人类疾病诊断不同，动物无法使用人类语言进行沟通，相对来说各类医疗检测服务更为重要。而单个或小型连锁宠物医院无法承担高昂的仪器设备、实验室建设费用，其客户数量也不足以支撑相关人员的费用和运营成本，因此专业的第三方宠物疾病检测实验室应运而生。作为一种共享经济产物，它的出现可以大幅降低诊断费用。

美国爱德士实验室（IDEXX Laboratories）是全球最大的第三方宠物疾病诊断实验室。在国外的第三方检测中心中，除了美国爱德士，德国的纳博科临动物临床检验实验室也是宠物医院的另一个选择。在国内，主要的公司有上海百卫、天津拓瑞检测、南京博敏达、兽丘等。此外，中国农业大学动物医院也提供第三方检测服务。目前，国内的宠物医疗行业还处于初步发展阶段，第三方宠物医学诊断在国内宠物医学诊断市场的份额还较小，但随着诊断项目的日益增多，第三方宠物医学诊断行业的需求将大增，未来发展的空间较大。

表 5-1　第三方宠物疾病检测实验室

机构名称		
爱德士	菲优特	德国纳博科临
上海百卫	威尔动检	兽丘
天津拓瑞	维威国际	南京博敏达
应节科技	中国农业大学动物医院	中农董军实验室

在商业模式方面，中国的第三方宠物医学检测行业呈现出互联网化的特点，把互联网作为营销渠道的补充手段，提供低价的第三方宠物医学检测产品。规模较小或非连锁的宠物医院由于资金链的限制，更容易与第三方检测中心达成合作，形成互补的关系；而对于规模较大的连锁医院来说，既可能与第三方检测中心达成合作，也可能随着宠物医疗的发展在医疗设备配置上与第三方检测中心展开竞争。近年来，宠物医疗技术的发展和医学技术的进步，使得现有实验仪器小型化、操作简易化、报告结果及时化的 POCT（即时检测）越来越受到宠物医疗行业的青睐。

5.3 宠物行业展会

5.3.1 国内主流宠物医疗展会

目前国内主要的兽医大会有中国兽医大会、东西部小动物临床兽医师大会、北京宠物医师大会。其中，中国兽医大会由中国兽医协会主办；东西部小动物临床兽医师大会是全国性的兽医大会，规模较大且影响广泛，至今已经举办了 16 届，2024 年参会兽医超过 2 万名；北京宠物医师大会由北京小动物诊疗行业协会主办。

5.3.2 国内宠物行业展会

表 5-2 2024 年国内主流宠物行业展会

展会名称	时　间	地　点
第十九届香港宠物节	2024 年 1 月 25 日—28 日	香港
第十一届中国（深圳）国际宠物用品展览会	2024 年 3 月 14 日—17 日	深圳
第十一届北京国际宠物用品展览会（雄鹰京宠展）	2024 年 3 月 29 日—4 月 1 日	北京
第四届 TOPS 它博会	2024 年 4 月 11 日—14 日	上海
第十二届天一成都国际宠物博览会	2024 年 4 月 25 日—28 日	成都
2024 广州国际潮流宠物展	2024 年 5 月 10 日—12 日	广州
2024 第五届东北（沈阳）国际宠物博览会	2024 年 5 月 17 日—19 日	沈阳
第八届中国（西安）国际宠物用品博览会	2024 年 5 月 17 日—19 日	西安
第二届中部长沙宠博会（中宠展）	2024 年 5 月 17 日—19 日	长沙
第二届趣宠会暨 2024 天津国际宠物产业博览会	2024 年 5 月 24 日—26 日	天津
2024 义乌国际宠物用品展览会	2024 年 5 月 24 日—26 日	义乌
第七届中原国际宠物产业博览会	2024 年 6 月 7 日—9 日	郑州
第六届青岛国际宠物展	2024 年 6 月 14 日—16 日	青岛
第七届昆明东盟宠物博览会	2024 年 7 月 19 日—21 日	昆明
第二十六届亚洲宠物展览会	2024 年 8 月 21 日—25 日	上海
第二十八届中国国际宠物水族展	2024 年 9 月 10 日—13 日	广州
第五届华东宠物用品展	2024 年 10 月 18 日—20 日	杭州
第十二届深圳宠物展	2024 年 10 月 25 日—27 日	深圳

5.3.3 国际宠物医疗行业展会

表 5-3　2024 国际宠物医疗行业展会

展会名称	时　间	地　点
北美兽医师大会	2024 年 1 月 14 日—18 日	美国奥兰多
德国（莱比锡）国际兽医大会	2024 年 1 月 18 日—20 日	德国莱比锡
第九十六届美国西部兽医年会暨展览会	2024 年 2 月 17 日—21 日	美国拉斯维加斯
美国芝加哥兽医博览会	2024 年 5 月 16 日—17 日	美国芝加哥
澳大利亚国际兽医展览会	2024 年 5 月 27 日—31 日	澳大利亚墨尔本
第十二届亚洲小动物兽医协会联席会	2024 年 7 月 19 日—21 日	马来西亚吉隆坡
第四十九届世界小动物兽医师大会	2024 年 9 月 3 日—5 日	中国苏州
新加坡兽医展览会	2024 年 10 月 25 日—26 日	新加坡
英国伦敦兽医展览会	2024 年 11 月 14 日—15 日	英国伦敦

5.4 宠物医疗行业培训机构

表 5-4　宠物医疗行业培训机构(排名不分先后)

培训机构	公司名称
欧洲兽医高级学院	上海欧译文化交流中心
东西部 V 课（线上兽医继续教育平台）	东西志览国际文化发展无锡有限公司
宠医客	汇依信息技术（上海）有限公司
中国英才兽医高级培训中心 （祥和中国国际兽医职业高级培训学校）	广州祥和宠物会展服务有限责任公司
铎悦教育	上海铎悦教育科技有限公司
万宠传媒兽医高级学苑	安徽万宠宠物诊疗技术咨询有限公司
爱宠学苑	上海豫宠网络科技有限公司
潘氏兽医学苑	潘氏（北京）动物医学研究院
勃林格学苑	勃林格殷格翰动物保健（上海）有限公司
CSAVS 国际兽医学院	南京宠阳企业管理有限公司
阳光兽医继续教育学院	北京德铭联众科技有限公司
北部宠物医师培训中心	长城国际展览有限责任公司
睿眼眼科	上海睿之眼培训管理公司
华夏英才兽医学院	北京华夏英才兽医科技有限公司
BlueSAO 佰陆骨科培训	安徽佰陆小动物骨科器械有限公司
展腾国际兽医教育	北京中泽梓凌文化传媒有限公司
爱凡特眼科实操营	爱凡特（上海）医疗咨询服务有限公司
幽涯学院	深圳市幽兰医疗科技有限公司
海正动保·赢创商学苑	浙江海正动物保健品有限公司
汉维学苑	上海汉维生物医药科技有限公司
惠中讲堂	洛阳惠中动物保健有限公司
礼蓝学苑	礼蓝（四川）动物保健有限公司

培训机构	公司名称
瑞兽医谷	深圳迈瑞动物医疗科技股份有限公司
宠壹堂	宠壹堂（天津）科技有限公司
宠知启宠物临床教学中心	四川宠知启企业管理有限公司
宠物医师网	博杨（北京）科技有限公司
爱德士宠物医师加油站	爱德士缅因生物制品贸易（上海）有限公司
皇家兽医精英荟	皇誉宠物食品（上海）有限公司
硕腾学苑	硕腾（上海）企业管理有限公司
云帆讲堂	嘉兴朝云帆生物科技有限公司
宠物营养与健康管理师培训	南京瀚星信息科技有限公司
泽成教育（兽课网）	泽成维特教育科技（厦门）有限公司
宠医堂农大学习中心	湖南宠医堂教育咨询有限公司
宠学堂	浙江宠学堂教育科技有限公司
VETLAND 威狼兽医教育	广州威南兽医教育科技有限公司
宠医汇	安徽宠医汇医疗科技有限公司
华仁启成商学院	北京华驰千盛生物科技有限公司
元牧教育	山东元牧教育信息科技有限公司
瑞辰学苑	瑞辰宠物医院集团

5.5 全国宠物医疗相关行业协（学）会（不含港澳台地区、排名不分先后）

表 5-5　全国宠物医疗相关行业协（学）会

序　号	宠物医疗相关行业协（学）会名称	序　号	宠物医疗相关行业协（学）会名称
1	中国兽药协会宠物医药分会	25	山东省宠物行业协会
2	中国兽医协会宠物诊疗分会	26	济南市宠物医师协会
3	中国畜牧兽医学会小动物医学分会	27	济南市小动物诊疗行业协会
4	江苏省宠物诊疗行业协会	28	辽宁省畜牧兽医学会小动物学分会
5	南京市宠物诊疗行业协会	29	沈阳市宠物医师协会
6	苏州市动物诊疗协会	30	大连市小动物诊疗行业协会
7	无锡市宠物业协会	31	吉林省宠物诊疗行业协会
8	徐州市宠物诊疗行业协会	32	哈尔滨市动物诊疗行业协会
9	常州市宠物诊疗行业协会	33	大庆市动物诊疗行业协会
10	南通市宠物诊疗行业协会	34	湖南省宠物诊疗行业协会
11	扬州市宠物诊疗美容协会	35	重庆市宠物诊疗协会
12	淮安市宠物诊疗行业协会	36	重庆市畜牧兽医学会小动物医学分会
13	泰州市宠物犬业协会	37	江西省宠物诊疗协会
14	连云港市宠物诊疗协会	38	江西省畜牧兽医学会小动物医学分会
15	上海市畜牧兽医学会小动物医学分会	39	江西省宠物行业协会
16	上海市宠物业行业协会	40	安徽省小动物诊疗行业协会
17	四川省宠物协会医师分会	41	广西宠物诊疗行业协会
18	四川兽医协会宠物诊疗分会	42	深圳市宠物医疗协会
19	杭州市小动物诊疗行业协会	43	深圳市宠物行业协会
20	宁波市宠物行业协会	44	广州市动物诊疗行业协会
21	金华市宠物诊疗行业协会	45	佛山市宠物诊疗行业协会
22	北京小动物诊疗行业协会	46	东莞市宠物诊疗协会
23	青岛市宠物医师协会	47	东莞市畜牧兽医学会动物诊疗分会
24	山东省兽医协会宠物产业兽医分会	48	惠州市宠物诊疗行业协会

续表

序　号	宠物医疗相关行业协（学）会名称	序　号	宠物医疗相关行业协（学）会名称
49	福州市畜牧兽医学会宠物学分会	66	河南省畜牧兽医学会兽医外科暨小动物医学分会
50	包头市宠物行业协会		
51	西安市小动物诊疗行业协会	67	云南省畜牧兽医学会小动物医学分会
52	武汉市畜牧兽医行业协会宠物分会	68	福建省宠物服务行业协会
53	荆州市小动物诊疗行业协会	69	福建省畜牧兽医学会宠物与外科学分会
54	海南省宠物诊疗协会	70	福建省畜牧兽医学会小动物医学分会
55	兰州市宠物医师协会	71	四川省畜牧兽医学会兽医外科与小动物医学分会
56	河北省畜牧业协会小动物诊疗行业分会		
57	河北省畜牧兽医学会宠物学分会	72	广东省畜牧兽医学会小动物医学专业委员会
58	天津市小动物诊疗行业协会		
59	贵阳市宠物诊疗行业自律协会	73	珠海畜牧兽医学会小动物医学委员会
60	银川市小动物诊疗行业协会	74	武汉畜牧兽医学会小动物诊疗专业委员会
61	西藏宠物行业协会		
62	山西省宠物诊疗行业协会	75	江苏省畜牧兽医学会宠物医学专业委员会
63	山西省畜牧业协会宠物诊疗和服务行业分会		
64	河南省宠物医院协会	76	浙江省畜牧兽医学会小动物营养与疾病防治分会
65	郑州市宠物诊疗行业协会		

06

第 6 章
宠主宠物医疗消费调研

6.1 概述

报告取样时间：2024 年 7 月 1 日－ 2024 年 8 月 30 日。

样本数量：共计取样 5124 个，有效案例 4099 个。

样本取自一、二、三、四线及以下城市。其中，一线城市（北上广深）占比 33.83%，二线城市（省会城市及经济发达地市）占比 43.39%，三、四线及以下城市占比 22.78%。

本章节将从宠主画像、宠主消费偏好、宠主对各项检查项目的接受程度、宠主消费行为四个方面对宠主的宠物医疗消费情况展开统计。

6.2 宠主画像

6.2.1 年龄分布

目前养宠的主力为 90 后，占主导地位；其次是 80 后宠主；00 后的比例不断提高。

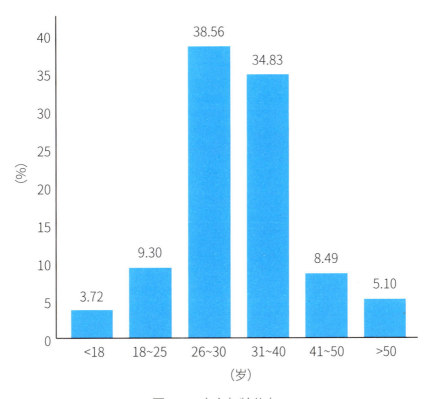

图 6-1　宠主年龄分布

　　一线及二线城市中，年龄在 26~30 岁的宠主占比最高；三、四线及以下城市中，年龄在 18~25 岁的宠主占比最高。

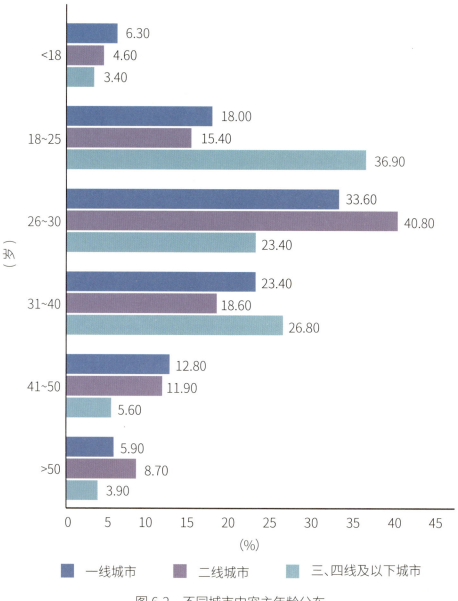

图 6-2　不同城市中宠主年龄分布

6.2.2 宠主画像——种类

猫和犬在宠主养宠种类中占比最大，达 90% 以上；异宠占比约为 10%；同时养犬及猫的宠主占比约为 14%。

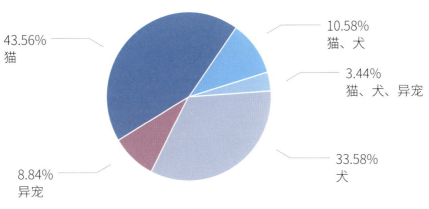

图 6-3　宠主养宠种类分布

6.2.3 宠主画像——养宠年限

超五成的宠主养宠年限在 3 年以下。不同城市中，宠主的养宠年限均为 1~3 年占比最高。其中，养猫的宠主养宠年限在 1~3 年的占比 54.6%。

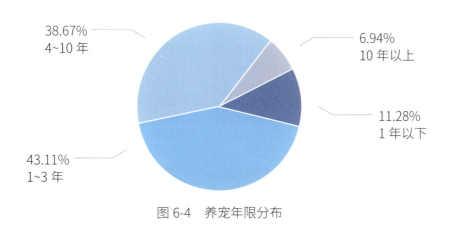

图 6-4　养宠年限分布

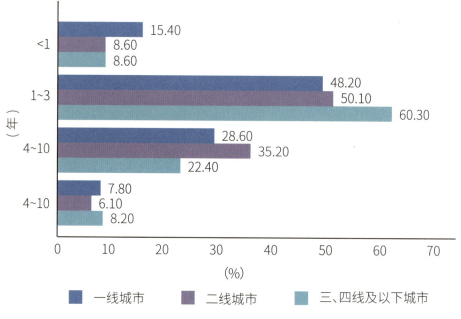

图 6-5　不同城市各年龄段宠主养宠年限分布

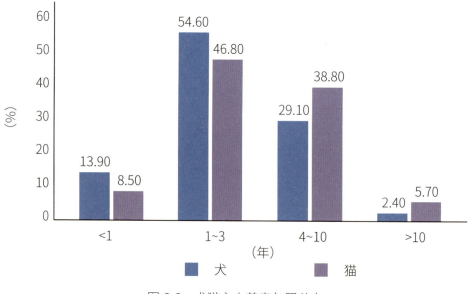

图 6-6　犬猫主人养宠年限分布

6.2.4 宠主画像——学历

学历为大学本科的宠主占比最高，为 34.5%。分城市看，均为大学本科学历的宠主占比最高。犬猫宠主相比较，犬宠主学历为大学专科的占比最高；猫宠主学历为高中、中专的占比最高。

5.20%
初中及以下

23.50%
高中、中专

34.50%
大学本科

29.50%
大学专科

图 6-7　宠主学历分布

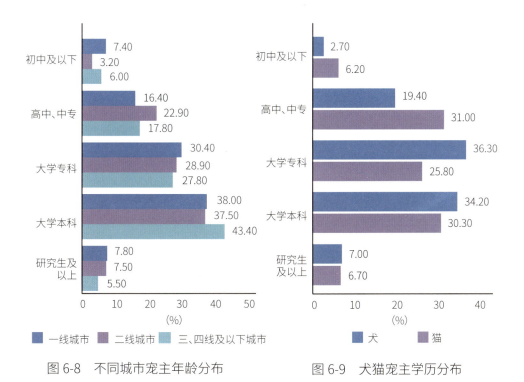

初中及以下　7.40 / 3.20 / 6.00
高中、中专　16.40 / 22.90 / 17.80
大学专科　30.40 / 28.90 / 27.80
大学本科　38.00 / 37.50 / 43.40
研究生及以上　7.80 / 7.50 / 5.50

初中及以下　2.70 / 6.20
高中、中专　19.40 / 31.00
大学专科　36.30 / 25.80
大学本科　34.20 / 30.30
研究生及以上　7.00 / 6.70

■ 一线城市　■ 二线城市　■ 三、四线及以下城市

■ 犬　■ 猫

图 6-8　不同城市宠主年龄分布

图 6-9　犬猫宠主学历分布

6.2.5 宠主画像——收入

月收入在 5000~8000 元的宠主占比最高。分城市看，一、二线城市中月收入 5000~8000 元的宠主占比最高，三、四线及以下城市月收入 3000~5000 元的宠主占比最高。不论是犬宠主还是猫宠主，月收入在 5000~8000 元的宠主占比最高，均超过 30%。

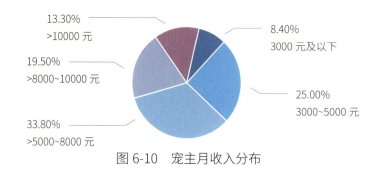

图 6-10　宠主月收入分布

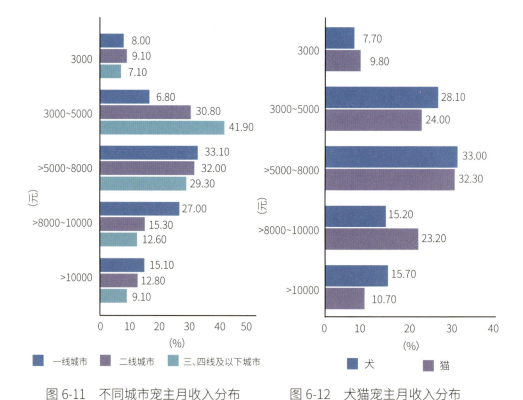

图 6-11　不同城市宠主月收入分布　　图 6-12　犬猫宠主月收入分布

6.2.6 宠主画像——养宠数量

养宠数量为 1 只的宠主占比最高。其中，犬宠主养宠数量为 1 只的占比超过一半，为 56.80%；猫宠主中，养宠数量为 1 只和 2~3 只的占比相差不大，分别为 45.30% 和 42.50%。

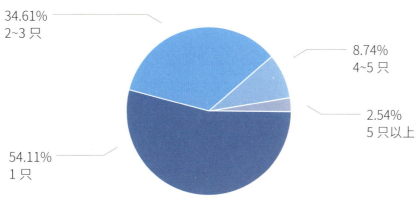

图 6-13　养宠数量分布

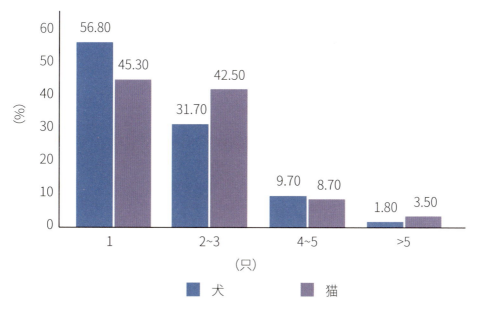

图 6-14　犬猫宠主养宠数量分布

6.2.7 宠主画像——宠物角色及养宠原因

53.17% 的宠主将宠物当作亲密的家人或者朋友。其中，视作家人的占比为 28.50%，视作朋友的占比为 24.67%。另外有 33.39% 的宠主把宠物仅仅视作宠物。养宠原因占比前三的分别是"喜欢小动物""提供情绪价值，缓解孤独""纾解生活压力"。

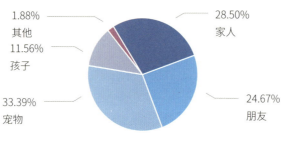

图 6-15　宠物角色分布

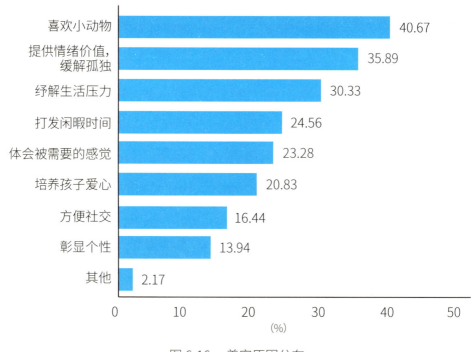

图 6-16　养宠原因分布

6.3 宠主消费偏好

6.3.1 宠主选择宠物医院的渠道占比

宠主选择宠物医院的信息渠道中占比前三的分别是"亲朋好友推荐""本地生活信息本台""宠物医疗专业平台"。一线城市的宠主在选择宠物医院的渠道上对"本地生活信息平台"的青睐胜于其他城市；二线城市的宠主更多地倾向于"宠物医疗专业平台"；三、四线城市及以下的宠主，通过"亲朋好友推荐""新媒体渠道""线下宣传""搜索引擎"选择宠物医院高于其他城市。

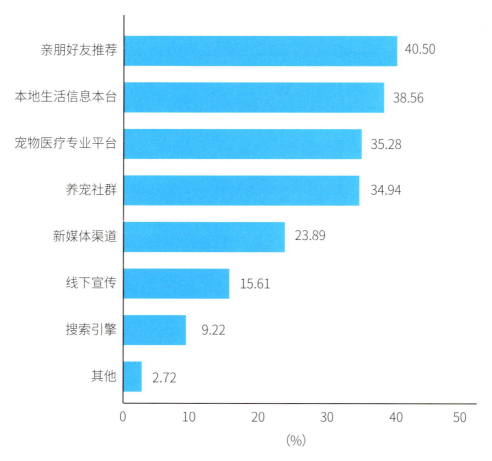

图 6-17　宠主选择宠物医院的信息获得渠道占比

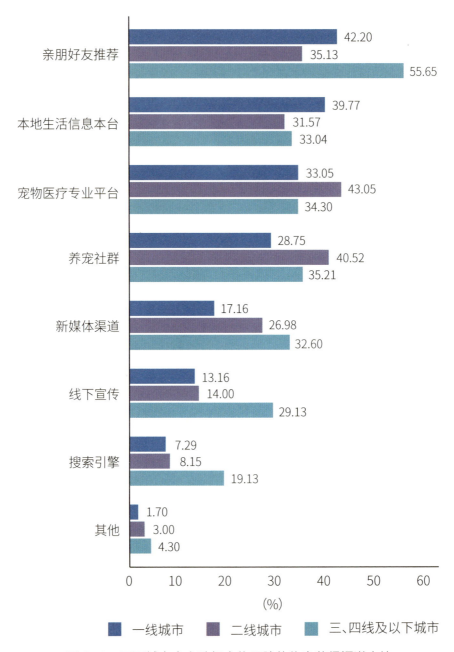

图 6-18　不同城市宠主选择宠物医院的信息获得渠道占比

6.3.2 影响宠主选择宠物医院的因素占比

影响宠主选择宠物医院的因素占比最大的是"诊疗水平"，其次是"价格合适"，第三是"距离适中，到达方便"。其中，一线城市及二线城市宠主，对"诊疗水平""价格合适"更为注重；三、四线及以下城市宠主对"诊疗水平""医院环境"更为看重。

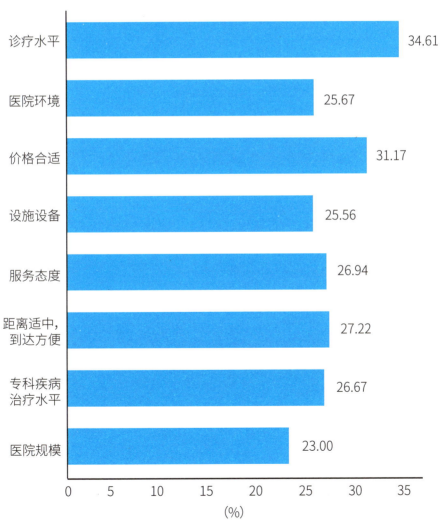

图 6-19　影响宠主选择宠物医院的因素占比

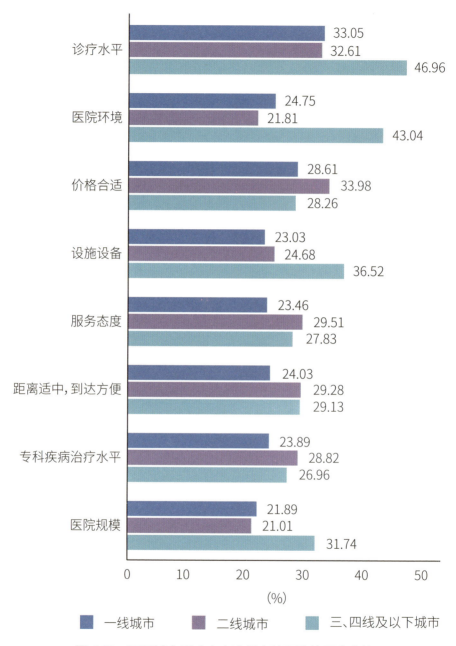

图 6-20　不同城市影响宠主选择宠物医院的因素占比

6.3.3 宠主在宠物医院消费的品类占比

宠主在宠物医院的消费品类中，占比前三的分别是"购买宠物用药品""美容洗护""给宠物看病"。二线城市宠主在宠物医院给宠物"美容洗护"的消费品类占比明显高于其他城市。三、四线及以下城市宠主在宠物医院给宠物"给宠物看病""购买宠物用药品""购买宠物零食、日粮"的消费品类占比高于一、二线城市。

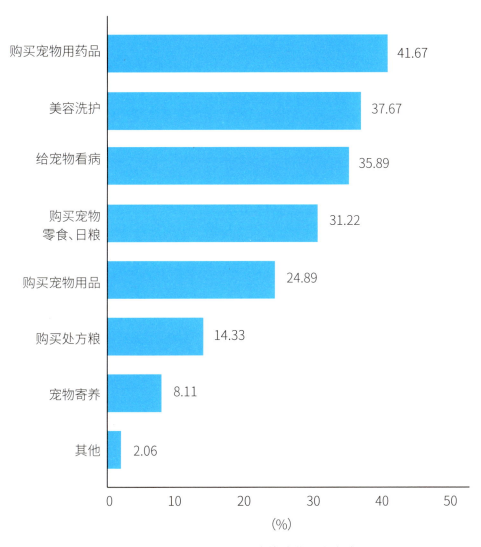

图 6-21   宠主在宠物医院的消费品类占比

图 6-22　不同城市宠主在宠物医院的消费品类占比

6.4 宠主消费行为分析

6.4.1 宠主在宠物医疗方面的消费频率

46.94% 的宠主有定期进行宠物医疗消费的习惯，43.33% 的宠主在宠物生病时才会进行宠物医疗消费，9.72% 的宠主从不进行宠物医疗消费。

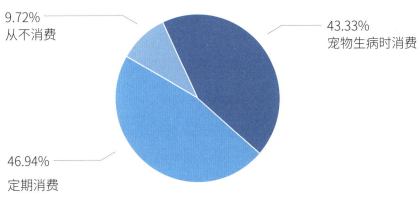

图 6-23　宠主医疗消费频率

6.4.2 宠主在宠物驱虫方面的消费行为

47.94% 的宠主选择定期驱虫，40.34% 的宠主驱虫时间不固定。选择国际驱虫品牌的宠主占比为 65.51%，选择国产驱虫品牌的宠主占比为 34.49%。

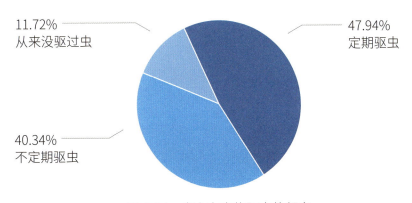

图 6-24　宠主在宠物驱虫的频率

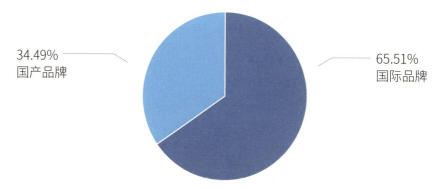

图 6-25　宠主在宠物驱虫品牌选择占比

6.4.3 宠主在宠物医疗方面的月均消费金额

宠主在宠物医疗方面月均消费金额在 500 元以下的占比最多。消费金额在 500~1000 元的，一线城市宠主占比最多。消费金额在 1000 元以上的，月收入在 10000 元及以上的宠主占比更高。

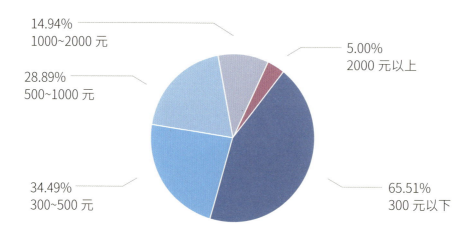

图 6-26　宠主在宠物医疗方面月均消费占比

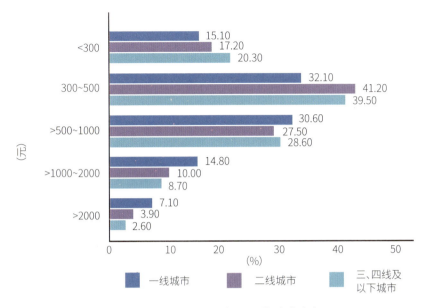

图 6-27　不同城市宠主月均消费金额

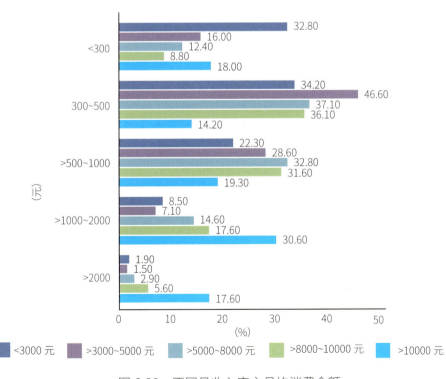

图 6-28　不同月收入宠主月均消费金额

6.4.4 宠主经常使用的线上消费渠道

宠主线上消费渠道占比最高的是电商平台（包括淘宝、京东、拼多多、抖音等）。相较于其他城市，一线城市宠主通过线上代购、宠物医院 App 进行线上消费的占比略高。

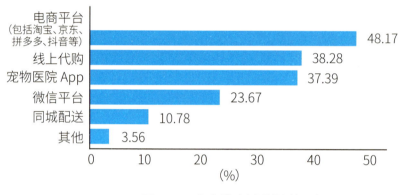

图 6-29　宠主线上消费渠道分布

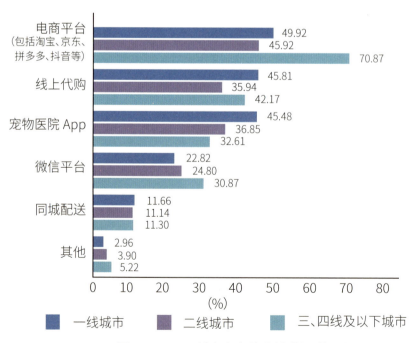

图 6-30　不同城市宠主线上消费渠道分布

犬、猫宠主线上消费渠道占比排名前三的分别是电商平台（包括淘宝、京东、拼多多、抖音等）、宠物医院 App、线上代购和电商平台（包括淘宝、京东、拼多多、抖音等）、线上代购、宠物医院 App。

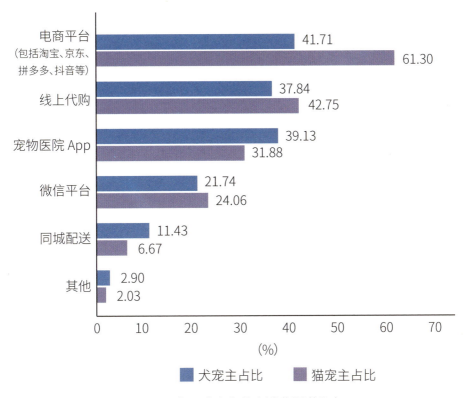

图 6-31　犬、猫宠主线上消费渠道分布

6.4.5 宠主线上问诊使用情况及使用原因

超六成宠主使用过线上问诊。一线城市中使用过线上问诊的宠主占比高于其他城市类型；犬猫宠主使用过线上问诊的占比均超过六成。

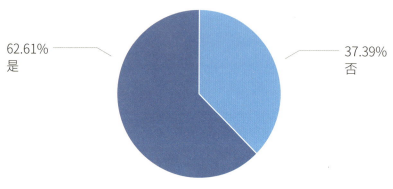

图 6-32　宠主线上问诊使用情况

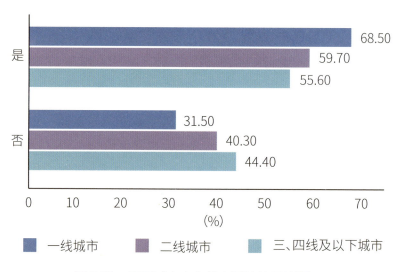

图 6-33　不同城市宠主线上问诊使用情况

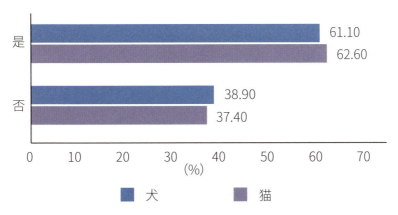

图 6-34　犬猫宠主线上问诊使用情况分布

　　宠主使用线上问诊平台占比排名前三的分别是京东、淘宝、阿闻医生。"及时诊疗""方便""病情突发"是宠主使用线上问诊的主要原因。此外，宠主使用线上问诊咨询病情排名前三的分别是寄生虫问题、肠胃消化系统健康问题、皮肤健康问题。

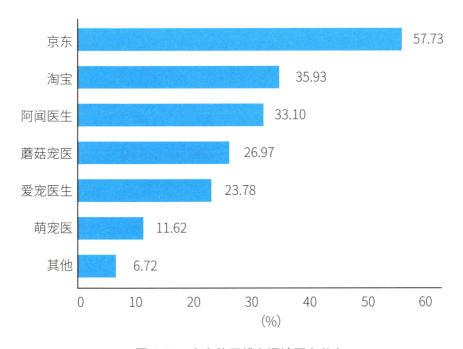

图 6-35　宠主使用线上问诊平台分布

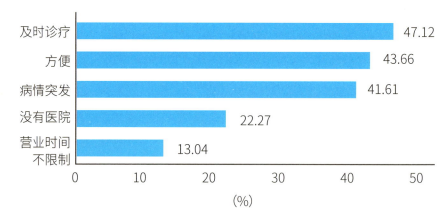

图 6-36　宠主使用线上问诊病情分布

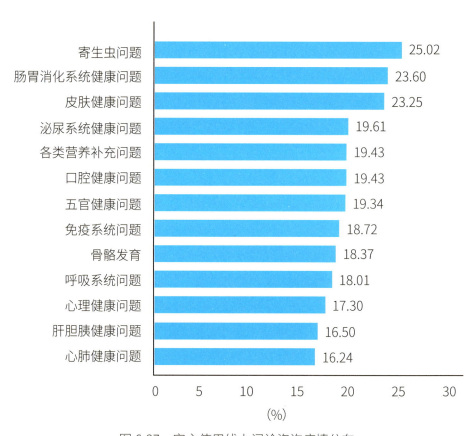

图 6-37　宠主使用线上问诊咨询病情分布

6.4.6 宠主认为的宠物就医痛点

就医痛点占比排名前三的分别是"诊疗费用高""消费不透明""诊疗水平参差不齐"。

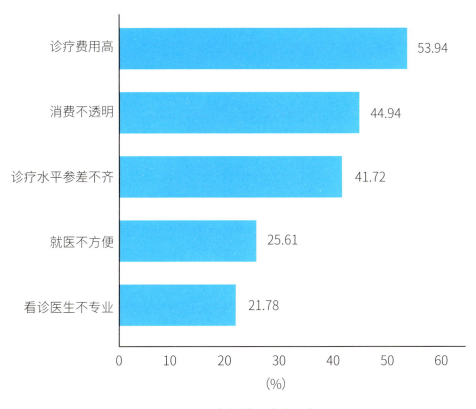

图 6-38　宠物就医痛点分布

6.5 国产猫三联疫苗使用情况

超过六成的宠主使用过国产猫三联疫苗。宠主没用过国产猫三联疫苗的原因分布中，位列前三的分别是"没用过，不敢尝试""更信任国际品牌""担心效果不好"。

宠主通过宠物医院使用国产猫三联疫苗的占比为 46.84%，位列第一；宠主线上平台自行购买国产猫三联疫苗占比为 29.42%，位列第二。

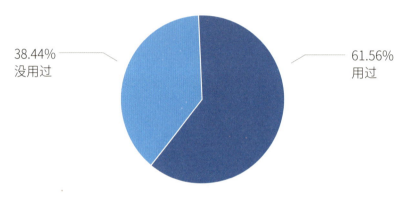

38.44%
没用过

61.56%
用过

图 6-39　国产猫三联疫苗使用情况

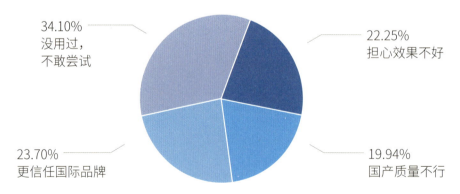

34.10%
没用过，
不敢尝试

22.25%
担心效果不好

23.70%
更信任国际品牌

19.94%
国产质量不行

图 6-40　不使用国产猫三联疫苗原因分布

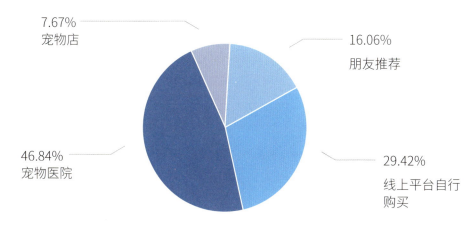

图 6-41　宠主使用国产猫三联疫苗渠道分布

　　使用过国产猫三联疫苗的宠主中，58.94% 的宠主认为效果很好，34.39% 的宠主认为效果一般，6.68% 的宠主认为效果不好。

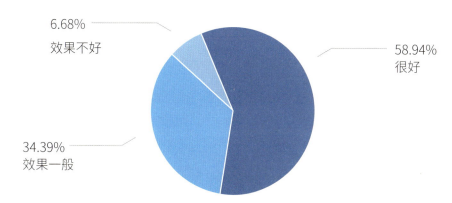

图 6-42　国产猫三联疫苗使用效果分布

07

第 7 章
宠物医疗行业未来展望

7.1 宠物产业发展方兴未艾，宠物医疗稳步有升

目前，我国宠物产业总体规模稳步增长。截至 2024 年，市场规模接近 3000 亿，预计未来三年还将继续平稳增长。中国宠物医疗行业受宠物数量的不断攀升、宠物行业市场的细分、中国家庭结构的转变以及资本重仓布局等因素影响，加速了发展和变革。宠物医疗作为除宠物食品外的第二大刚需市场，规模达到了 735 亿元，约占整个宠物产业的 24.5%。对比欧美和日韩成熟市场，我国宠物医疗市场规模，还存在较大的增长空间。

虽然现阶段国内宠物用药品国外品牌占据更大的市场份额，我国宠物用药品企业起步较晚，大部分规模较小，国产宠物医药产值占整个兽药产值的比例仅在 20% 左右，但是随着宠物数量的增长、宠主消费意愿的增强以及人均可支配收入的增加，国产宠物用药品市场在未来定会进一步繁荣。

农业农村部为推进宠物用兽药注册工作，发布了《人用化学药品转宠物用化学药品注册资料要求》等文件，促使国内人用药企业纷纷进入宠物医药赛道，以解决宠物用药的临床供需矛盾。在国家政策的扶持下，国产猫疫苗取得新突破，截至 2024 年年底，已经有 8 款国产猫三联疫苗通过了农业农村部的应急评价（农业农村部 701 号公告、716 号公告、731 号公告、747 号公告、799 号公告），涉及天津瑞普生物技术有限公司、中国农业科学院上海兽医研究所、泰州博莱得利生物科技有限公司、华中农业大学、普莱柯生物工程有限公司、中牧实业股份有限公司、长春西诺生物科技有限公司、辽宁益康生物股份有限公司等企业、科研院所及高等院校，国产猫三联疫苗实现上市销售。在市场需求和资本的带动下，近几年，国产宠物药品研发实力也在不断增强。2023—2024 年，共有 30 余种宠物新兽药批准上市，创历史新高。

预防医学也被越来越多地提及，未来宠物诊疗会逐渐从治疗为主的模式转向预防为主、防治结合的模式，预防医学在其中发挥的作用将越来越大。然而，医生与宠主之间的认知还存在一定差距，因此一方面需要广大兽医加强学习，另一方面需要努力提高宠主对宠物预防保健的重视程度。

近年来，迈瑞医疗、乐普医疗、GE 医疗、东软医疗等多家从事人医设备、器械的公司纷纷进入宠物医疗赛道，将在人用医疗设备、器械领域取得的技术创新

和产品研发的成功经验嫁接到宠物医疗领域，宠物医疗设备国产品牌总体占比已略高于国外品牌。影像类设备仍是宠物医疗器械设备的主流。未来体外检测类设备、微创手术类设备和互联网远程诊疗设备或有较大发展。预计未来我国宠物医疗器械行业将整合加速，头部企业将带领市场向规范化、品牌化的方向发展。同时，企业将更深入地发掘客户的需求，为我国宠物医疗器械行业市场规模稳步增长提供新动力。

7.2 专科化是宠物诊疗机构较明显的发展趋势

专科化是宠物诊疗机构较明显的发展趋势，也是提升诊疗水平的一个重要方向，同时还有助于增加营收。调查显示，全国有超过七成的宠物医院开设了专科业务，其中猫科、外科和皮肤科的业务占比最高。此外，随着年轻群体对异宠需求量的增加，异宠专科的需求量也在增加；随着宠物主人对中兽医认知程度加深，中兽医也在逐渐兴起。未来，为满足消费者对特定疾病精细化诊疗的需求，宠物医院的诊疗领域将进一步细分，专病专治将成为主要发展方向。

专科化不仅对宠物诊疗机构产生了重要影响，对宠物医疗器械、宠物用药品等领域的发展也起到了促进作用，会带动相关企业研发和生产更适合宠物用的药品和器械，更好地服务于宠物医疗市场，提高宠物诊疗水平。

7.3 宠物医疗人才市场亟须数量和质量双增长，在职兽医再教育为破局之刃

我国宠物医疗行业不断升级，对专业人才的需求不断增长，目前宠物诊疗人才缺口较大，培养和储备人才已经刻不容缓，而受办学条件所限，许多职业院校培养的毕业生在知识储备、技能要求、素质目标方面与实际岗位能力需求的差距较大。为补齐人才培养短板，提高宠物医疗人才培养质量，宠物医疗继续教育显得尤为重要。中国兽医协会一直致力于探索兽医继续教育发展，联合相关会员单位于 2019 年 5 月正式成立了"中国兽医协会兽医继续教育联合体"，目前已经得到了业内的广泛认可，为参与继续教育项目学习的学员提供了学习记录，为用人单位提供了人才评价的参考，为宠物医疗行业健康可持续发展提供了人才培养上

的支撑，同时为行业培养高素质人才找到新的路径和方法，为行业持续健康发展提供更多助力。同时越来越多的品牌也加入到兽医继续教育行列中，为宠物医生带来全新的运营理念和临床诊疗技术。

7.4 "它经济"持续增长，"Z世代"宠主催生宠物行业的经济新业态

"吸猫撸犬""猫犬双全"成为"Z世代"宠主新的生活方式和情感需求。数据显示，超过一半的宠主年龄在18~30岁之间，90后、95后的宠主在健康养宠理念的塑造、宠物高品质消费以及宠物社交关系的建立等方面均催生了宠物行业的新经济生态。这种宠物行业的新经济生态对宠物医疗行业的发展产生了深远影响：宠物饲养、保健、护理方面更加精细；养宠知识获取渠道增多，呈现社交属性。在宠物疾病治疗方面，宠主希望尽可能做到"防患于未然"，通过定制科学健康的宠物餐食、加强预防和保健等预防宠物疾病的发生。因此，宠物医疗行业从业者面对"Z世代"宠主，需要在情感上认同"亲密伙伴""宝贝""爱子"这样的身份迭代，通过沟通传递科学、健康的饲养方式。

随着宠主人群的年轻化、高知识化，宠主会越来越在意养宠生活的质量，这就需要宠物医生能够在宠物的全生命周期中提供专业的指导和关怀。另一方面宠物诊疗机构要注意自媒体平台的运营和社群的打造，并将线上医疗模式作为线下医疗的补充，最终实现与宠主之间由浅至深的信任关系的建立。

7.5 宠物医院连锁化进程增速减缓，但依然稳步扩增

目前单体诊疗机构仍为宠物诊疗市场的主流，截至2024年10月，拥有五家以上（含五家）店面的宠物连锁机构占比约21.1%。头部连锁宠物诊疗机构的增长趋势有所放缓，但中小型连锁宠物诊疗机构保持稳步增长。连锁化发展有利于整合优质资源、形成品牌效应、延伸全产业链，可以集中力量提高医疗技术水平，打造良好口碑。随着宠主对宠物健康需求的精细化，连锁医院可以满足宠主对特定疾病精细化诊疗的需求，提供定制化的服务。

结语

　　2024 年中国宠物医疗行业仍面临诸多挑战，具有诸多不确定性，行业整体规模虽呈增长趋势，但效益性的数据仍旧下滑。宠物诊疗机构专科化的进程持续推进，精准医疗不断发展，行业政策法规日趋完善，宠物用药品和保健品、器械和设备及其他服务正往各细分领域渗透，宠主对宠物医疗保健的关注度也不断提高。

　　作为宠物医疗行业生态圈的核心，宠物诊疗机构的发展前景值得期待。其中，宠物诊疗机构的竞争日趋激烈，硬件设备已不再是门槛。宠主对专科化、便捷性和服务质量的要求进一步提高，需要宠物诊疗机构提升技术服务的同时，不断提升规范化管理水平。宠物诊疗机构如何更好地运营，如何把握"互联网 +"和专科化发展机遇，如何建立良性竞争关系，都是需要认真思考的问题。

　　中国宠物医疗行业仍是一片蓝海，而在这片蓝海之下必有许多暗流。随着季节和风向的变化，时而波涛滚滚、汹涌澎湃，时而风平浪静、阳光明媚。为了到达胜利的彼岸，我们需要准确的数据分析、客观理性的判断以明确发展方向。

附录 1

宠物医疗行业政策及法律法规

相关内容由青岛东方动物卫生法学研究咨询中心提供

随着国家兽医公共卫生立法进程的加快，目前我国以《中华人民共和国动物防疫法》为主体，以二十多部条例、管理办法等相关规定为配套，宠物医疗行业的法律法规体系逐渐健全和完善。特别是《执业兽医和乡村兽医管理办法》《动物诊疗机构管理办法》的发布实施，促使我国宠物医疗行业逐步进入规范化发展的新时代。

在宠物医疗行业，根据《中华人民共和国动物防疫法》《执业兽医和乡村兽医管理办法》《动物诊疗机构管理办法》《兽药管理条例》等相关规定，农业农村部主管全国执业兽医和乡村兽医管理工作；县级以上地方人民政府农业农村主管部门主管本行政区域内的执业兽医和乡村兽医管理工作。

1. 执业兽医及诊疗机构管理法律制度解读

1.1 执业兽医和乡村兽医管理办法

1.1.1《执业兽医和乡村兽医管理办法》总则

《执业兽医和乡村兽医管理办法》于 2022 年 9 月 7 日农业农村部令 2022 年第 6 号公布，自 2022 年 10 月 1 日起施行。

1. 立法目的

维护执业兽医和乡村兽医合法权益，规范动物诊疗活动，加强执业兽医和乡村兽医队伍建设，保障动物健康和公共卫生安全。

2. 执业兽医、乡村兽医的分类

执业兽医，包括执业兽医师和执业助理兽医师。

乡村兽医，是指尚未取得执业兽医资格，经备案在乡村从事动物诊疗活动的人员。

3. 执业兽医和乡村兽医的管理体制

农业农村部主管全国执业兽医和乡村兽医管理工作，加强信息化建设，建立完善执业兽医和乡村兽医信息管理系统。

农业农村部和省级人民政府农业农村主管部门制定实施执业兽医和乡村兽医的继续教育计划，提升执业兽医和乡村兽医素质和执业水平。

县级以上地方人民政府农业农村主管部门主管本行政区域内的执业兽医和乡村兽医管理工作，加强执业兽医和乡村兽医备案、执业活动、继续教育等监督管理。

4. 继续教育

鼓励执业兽医和乡村兽医接受继续教育。执业兽医和乡村兽医继续教育工作可以委托相关机构或者组织具体承担。执业兽医所在机构应当支持执业兽医参加继续教育。

5. 兽医行业管理

执业兽医、乡村兽医依法执业，其权益受法律保护。兽医行业协会应当依照法律、法规、规章和章程，加强行业自律，及时反映行业诉求，为兽医人员提供信息咨询、宣传培训、权益保护、纠纷处理等方面的服务。

6. 表彰和奖励制度

对在动物防疫工作中做出突出贡献的执业兽医和乡村兽医，按照国家有关规定给予表彰和奖励。

7. 补助和抚恤待遇

对因参与动物防疫工作致病、致残、死亡的执业兽医和乡村兽医，按照国家有关规定给予补助或者抚恤。

8. 优先确定村级动物防疫员制度

县级人民政府农业农村主管部门和乡（镇）人民政府应当优先确定乡村兽医作为村级动物防疫员。

1.1.2 执业兽医资格考试

1. 考试制度

国家实行执业兽医资格考试制度。执业兽医资格考试由农业农村部组织，全国统一大纲、统一命题、统一考试、统一评卷。

2. 考试条件

具备以下条件之一的，可以报名参加全国执业兽医资格考试：

①具有大学专科以上学历的人员或全日制高校在校生，专业符合全国执业兽医资格考试委员会公布的报考专业目录。

② 2009 年 1 月 1 日前已取得兽医师以上专业技术职称。

③依法备案或登记，且从事动物诊疗活动十年以上的乡村兽医。

3. 考试类别和科目

执业兽医资格考试类别分为兽医全科类和水生动物类，包含基础、预防、临床和综合应用四门科目。

4. 考试管理

农业农村部设立的全国执业兽医资格考试委员会负责审定考试科目、考试大纲、发布考试公告、确定考试试卷等，对考试工作进行监督、指导和确定合格标准。

5. 资格证书的取得

执业兽医资格证书分为两种，即执业兽医师资格证书和执业助理兽医师资格证书。通过执业兽医资格考试的人员，由省、自治区、直辖市人民政府农业农村主管部门根据考试合格标准颁发执业兽医师或者执业助理兽医师资格证书。

1.1.3 执业备案

1. 执业备案的程序

（1）执业兽医的备案条件

取得执业兽医资格证书并在动物诊疗机构从事动物诊疗活动的，应当向动物诊疗机构所在地备案机关备案。动物饲养场、实验动物饲育单位、兽药生产企业、动物园等单位聘用的取得执业兽医资格证书的人员，可以凭聘用合同办理执业兽医备案，但不得对外开展动物诊疗活动。

（2）乡村兽医的备案条件

具备以下条件之一的，可以备案为乡村兽医：

①取得中等以上兽医、畜牧（畜牧兽医）、中兽医（民族兽医）、水产养殖等相关专业学历；

②取得中级以上动物疫病防治员、水生物病害防治员职业技能鉴定证书或职业技能等级证书；

③从事村级动物防疫员工作满五年。

（3）备案材料

执业兽医或者乡村兽医备案的，应当向备案机关提交以下材料：

①备案信息表。

②身份证明。除前述规定的材料外，执业兽医备案还应当提交动物诊疗机构聘用证明，乡村兽医备案还应当提交学历证明、职业技能鉴定证书或职业技能等级证书等材料。

2. 备案管理

（1）备案机关

备案机关是指县（市辖区）级人民政府农业农村主管部门；市辖区未设立农业农村主管部门的，备案机关为上一级农业农村主管部门。

（2）备案审查

备案材料符合要求的，应当及时予以备案；不符合要求的，应当一次性告知备案人补正相关材料。备案机关应当优化备案办理流程，逐步实现网上统一办理，提高备案效率。

（3）执业兽医多点执业的备案制度

执业兽医可以在同一县域内备案多家执业的动物诊疗机构；在不同县域从事动物诊疗活动的，应当分别向动物诊疗机构所在地备案机关备案。执业的动物诊疗机构发生变化的，应当按规定及时更新备案信息。

1.1.4 执业活动管理

1. 执业限制

①患有人畜共患传染病的执业兽医和乡村兽医不得直接从事动物诊疗活动。

②经备案专门从事水生动物疫病诊疗的执业兽医，不得从事其他动物疫病诊疗。

2. 执业场所

执业兽医应当在备案的动物诊疗机构执业，但动物诊疗机构间的会诊、支援、应邀出诊、急救等除外。乡村兽医应当在备案机关所在县域的乡村从事动物诊疗活动，不得在城区从业。

3. 执业权限

（1）执业兽医师的权限

执业兽医师可以从事动物疾病的预防、诊断、治疗和开具处方、填写诊断书、出具动物诊疗有关证明文件等活动。

（2）执业助理兽医师的权限

执业助理兽医师可以从事动物健康检查、采样、配药、给药、针灸等活动，在执业兽医师指导下辅助开展手术、剖检活动，但不得开具处方、填写诊断书、出具动物诊疗有关证明文件。省、自治区、直辖市人民政府农业农村主管部门根据本地区实际，可以决定执业助理兽医师在乡村独立从事动物诊疗活动，并按执业兽医师进行执业活动管理。

4. 处方笺、病历的管理制度

执业兽医师应当规范填写处方笺、病历。未经亲自诊断、治疗，不得开具处方、填写诊断书、出具动物诊疗有关证明文件。执业兽医师不得伪造诊断结果，出具虚假动物诊疗证明文件。

5. 关于实习管理的规定

参加动物诊疗教学实践的兽医相关专业学生和尚未取得执业兽医资格证书、在动物诊疗机构中参加工作实践的兽医相关专业毕业生，应当在执业兽医师监督、指导下协助参与动物诊疗活动。

6. 执业兽医和乡村兽医的执业义务

执业兽医和乡村兽医在执业活动中应当履行下列义务：
①遵守法律、法规、规章和有关管理规定。
②按照技术操作规范从事动物诊疗活动。
③遵守职业道德，履行兽医职责。
④爱护动物，宣传动物保健知识和动物福利。

7. 兽药和兽医器械的使用制度

执业兽医和乡村兽医应当按照国家有关规定使用兽药和兽医器械，不得使用假劣兽药、农业农村部规定禁止使用的药品及其他化合物和不符合规定的兽医器械。

8. 兽药和兽医器械的不良反应报告制度

执业兽医和乡村兽医发现可能与兽药和兽医器械使用有关的严重不良反应的情况，应当立即向所在地人民政府农业农村主管部门报告。

9. 兽医器械和诊疗废弃物的处理规定

执业兽医和乡村兽医在动物诊疗活动中，应当按照规定处理使用过的兽医器械和诊疗废弃物。

10. 疫情报告义务的控制措施

执业兽医和乡村兽医在动物诊疗活动中发现动物染疫或者疑似染疫的，应当按照国家规定立即向所在地人民政府农业农村主管部门或者动物疫病预防控制机构报告，并迅速采取隔离、消毒等控制措施，防止动物疫情扩散。执业兽医和乡村兽医在动物诊疗活动中发现动物患有或者疑似患有国家规定应当扑杀的疫病时，不得擅自进行治疗。

11. 履行动物疫病的防控义务

执业兽医和乡村兽医应当按照当地人民政府或者农业农村主管部门的要求，参加动物疫病预防、控制和动物疫情扑灭活动，执业兽医所在单位和乡村兽医不得阻碍、拒绝。

12. 承接政府购买服务的规定

执业兽医和乡村兽医可以通过承接政府购买服务的方式开展动物防疫和疫病诊疗活动。

13. 执业情况报告制度

执业兽医应当于每年三月底前，按照县级人民政府农业农村主管部门要求如实报告上年度兽医执业活动情况。

14. 监督管理规定

县级以上地方人民政府农业农村主管部门应当建立健全日常监管制度，对辖区内执业兽医和乡村兽医执行法律、法规、规章的情况进行监督检查。

1.1.5 法律责任

违反《执业兽医和乡村兽医管理办法》规定，执业兽医有下列行为之一的，依照《中华人民共和国动物防疫法》第一百零六条第一款的规定予以处罚。即由县级以上地方人民政府农业农村主管部门责令停止动物诊疗活动，没收违法所得，并处三千元以上三万元以下罚款；对其所在的动物诊疗机构处一万元以上五万元以下罚款。

1. 在责令暂停动物诊疗活动期间从事动物诊疗活动的。

2. 超出备案所在县域或者执业范围从事动物诊疗活动的。

3. 执业助理兽医师直接开展手术，或者开具处方、填写诊断书、出具动物诊疗有关证明文件的。

4. 违反《执业兽医和乡村兽医管理办法》规定，执业兽医对患有或者疑似患有国家规定应当扑杀的疫病的动物进行治疗，造成或者可能造成动物疫病传播、流行的，依照《中华人民共和国动物防疫法》第一百零六条第二款的规定予以处罚。即，由县级以上地方人民政府农业农村主管部门给予警告，责令暂停六个月以上一年以下动物诊疗活动；情节严重的，吊销执业兽医资格证书。

5. 违反《执业兽医和乡村兽医管理办法》规定，执业兽医未按县级人民政府农业农村主管部门要求如实形成兽医执业活动情况报告的，依照《中华人民共和国动物防疫法》第一百零八条的规定予以处罚。即，由县级以上地方人民政府农业农村主管部门责令改正，可以处一万元以下罚款；拒不改正的，处一万元以上五万元以下罚款，并可以责令停业整顿。

6. 违反《执业兽医和乡村兽医管理办法》规定，执业兽医在动物诊疗活动中有以下行为之一的，由县级以上地方人民政府农业农村主管部门责令限期改正，处一千元以上五千元以下罚款。

7. 执业兽医在动物诊疗活动中不规范填写处方笺、病历的。

8. 执业兽医在动物诊疗活动中未经亲自诊断、治疗，开具处方、填写诊断书、出具动物诊疗有关证明文件的。

9. 执业兽医在动物诊疗活动中伪造诊断结果，出具虚假动物诊疗证明文件的。

10. 乡村兽医不按照备案规定区域从事动物诊疗活动的。

1.2 动物诊疗机构管理办法

1.2.1《动物诊疗机构管理办法》总则

《动物诊疗机构管理办法》于 2022 年 9 月 7 日农业农村部令 2022 年第 5 号公布，自 2022 年 10 月 1 日起施行。

1. 立法目的

加强动物诊疗机构管理，规范动物诊疗行为，保障公共卫生安全。

2. 调整对象

在中华人民共和国境内从事动物诊疗活动的机构，应当遵守《动物诊疗机构管理办法》。

3. 动物诊疗的定义

动物诊疗，是指动物疾病的预防、诊断、治疗和动物绝育手术等经营性活动，包括动物的健康检查、采样、剖检、配药、给药、针灸、手术、填写诊断书和出具动物诊疗有关证明文件等。

4. 动物诊疗机构的分类

动物诊疗机构，包括动物医院、动物诊所以及其他提供动物诊疗服务的机构。

5. 动物诊疗机构的管理体制

农业农村部负责全国动物诊疗机构的监督管理。县级以上地方人民政府农业农村主管部门负责本行政区域内动物诊疗机构的监督管理。

6. 动物诊疗机构的信息化管理

农业农村部加强信息化建设，建立健全动物诊疗机构信息管理系统。县级以上地方人民政府农业农村主管部门应当优化许可办理流程，推行网上办理等便捷方式，加强动物诊疗机构信息管理工作。

1.2.2 诊疗许可

1. 动物诊疗许可制度

国家实行动物诊疗许可制度。从事动物诊疗活动的机构，应当取得动物诊疗许可证，并在规定的诊疗活动范围内开展动物诊疗活动。

2. 动物诊疗机构的条件

（1）动物诊疗机构的一般条件

从事动物诊疗活动的机构，应当具备以下条件：

①有固定的动物诊疗场所，且动物诊疗场所使用面积符合省、自治区、直辖市人民政府农业农村主管部门的规定。

②动物诊疗场所选址距离动物饲养场、动物屠宰加工场所、经营动物的集贸市场不少于二百米。

③动物诊疗场所设有独立的出入口，出入口不得设在居民住宅楼内或者院内，不得与同一建筑物的其他用户共用通道。

④具有布局合理的诊疗室、隔离室、药房等功能区。

⑤具有诊断、消毒、冷藏、常规化验、污水处理等器械设备。

⑥具有诊疗废弃物暂存处理设施，并委托专业处理机构处理。

⑦具有染疫或者疑似染疫动物的隔离控制措施及设施设备。

⑧具有与动物诊疗活动相适应的执业兽医。

⑨具有完善的诊疗服务、疫情报告、卫生安全防护、消毒、隔离、诊疗废弃物暂存、兽医器械、兽医处方、药物和无害化处理等管理制度。

（2）动物诊疗所的条件

动物诊所除具备动物诊疗机构的一般条件外，还应当具备以下条件：

①具有一名以上执业兽医师。

②具有布局合理的手术室和手术设备。

（3）动物医院的条件

动物医院除具备动物诊疗机构的一般条件外，还应当具备以下条件：

①具有三名以上执业兽医师。

②具有 X 光机或者 B 超等器械设备。

③具有布局合理的手术室和手术设备。

除动物医院外，其他动物诊疗机构不得从事动物颅腔、胸腔和腹腔手术。

3. 设立动物诊疗机构的程序

（1）申请

从事动物诊疗活动的机构，应当向动物诊疗场所所在地的发证机关提出申请。发证机关，是指县（市辖区）级人民政府农业农村主管部门；市辖区未设立农业农村主管部门的，发证机关为上一级农业农村主管部门。

（2）申请材料

申请设立动物诊疗机构的，应当提交以下材料：

①动物诊疗许可证申请表。

②动物诊疗场所地理方位图、室内平面图和各功能区布局图。

③动物诊疗场所使用权证明。

④法定代表人（负责人）身份证明。

⑤执业兽医资格证书。

⑥设施设备清单。

⑦管理制度文本。

申请材料不齐全或者不符合规定条件的，发证机关应当自收到申请材料之日起五个工作日内一次性告知申请人需补正的内容。

（3）动物诊疗机构的名称

动物诊疗机构应当使用规范的名称。未取得相应许可的，不得使用"动物诊所"或者"动物医院"的名称。

（4）审核

发证机关受理申请后，应当在十五个工作日内完成对申请材料的审核和对动物诊疗场所的实地考查。符合规定条件的，发证机关应当向申请人颁发动物诊疗许可证；不符合条件的，书面通知申请人，并说明理由。专门从事水生动物疫病诊疗的，发证机关在核发动物诊疗许可证时，应当征求同级渔业主管部门的意见。

发证机关办理动物诊疗许可证，不得向申请人收取费用。

4. 动物诊疗许可证管理

动物诊疗许可证应当载明诊疗机构名称、诊疗活动范围、从业地点和法定代表人（负责人）等事项。动物诊疗许可证格式由农业农村部统一规定。

动物诊疗许可证不得伪造、变造、转让、出租、出借。动物诊疗许可证遗失的，应当及时向原发证机关申请补发。

5. 分支机构的设立

动物诊疗机构设立分支机构的，应当按照《动物诊疗机构管理办法》的规定另行办理动物诊疗许可证。

6. 动物诊疗机构的变更

动物诊疗机构变更名称或者法定代表人（负责人）的，应当在办理市场主体变更登记手续后十五个工作日内，向原发证机关申请办理变更手续。动物诊疗机构变更从业地点、诊疗活动范围的，应当按照《动物诊疗机构管理办法》规定重新办理动物诊疗许可手续，申请换发动物诊疗许可证。

1.2.3 诊疗活动管理

1. 从业活动管理

县级以上地方人民政府农业农村主管部门应当建立健全日常监管制度，对辖区内动物诊疗机构和人员执行法律、法规、规章的情况进行监督检查。动物诊疗机构应当依法从事动物诊疗活动，建立健全内部管理制度，在诊疗场所的显著位置悬挂动物诊疗许可证和公示诊疗活动从业人员基本情况。

2. 利用互联网开展动物诊疗活动的管理

动物诊疗机构可以通过在本机构备案从业的执业兽医师，利用互联网等信息技术开展动物诊疗活动，活动范围不得超出动物诊疗许可证核定的诊疗活动范围。

3. 关于实习管理的规定

动物诊疗机构应当对兽医相关专业学生、毕业生参与动物诊疗活动加强监督指导。

4. 兽药和兽医器械的使用制度

动物诊疗机构应当按照国家有关规定使用兽医器械和兽药，不得使用不符合规定的兽医器械、假劣兽药和农业农村部规定禁止使用的药品及其他化合物。

5. 兼营的管理规定

动物诊疗机构兼营动物用品、动物饲料、动物美容、动物寄养等项目的，兼营区域与动物诊疗区域应当分别独立设置。

6. 病历、处方笺的管理制度

（1）病历

动物诊疗机构应当使用载明机构名称的规范病历，包括门（急）诊病历和住院病历。病历档案保存期限不得少于三年。病历根据不同的记录形式，分为纸质病历和电子病历。电子病历与纸质病历具有同等效力。病历包括诊疗活动中形成的文字、符号、图表、影像、切片等内容或者资料。

（2）处方笺

动物诊疗机构应当为执业兽医师提供兽医处方笺，处方笺的格式和保存等应当符合农业农村部规定的兽医处方格式及应用规范。

7. 放射性诊疗设备的管理制度

动物诊疗机构安装、使用具有放射性的诊疗设备的，应当依法经生态环境主管部门批准。

8. 疫情报告义务

动物诊疗机构发现动物染疫或者疑似染疫的，应当按照国家规定立即向所在地农业农村主管部门或者动物疫病预防控制机构报告，并迅速采取隔离、消毒等控制措施，防止动物疫情扩散。动物诊疗机构发现动物患有或者疑似患有国家规定应当扑杀的疫病时，不得擅自进行治疗。

9. 染疫动物、诊疗废弃物的处理规定

动物诊疗机构应当按照国家规定处理染疫动物及其排泄物、污染物和动物病理组织等。动物诊疗机构应当参照《医疗废物管理条例》的有关规定处理诊疗废弃物，不得随意丢弃诊疗废弃物，排放未经无害化处理的诊疗废水。

10. 履行动物疫病的防控义务

动物诊疗机构应当支持执业兽医按照当地人民政府或者农业农村主管部门的要求，参加动物疫病预防、控制和动物疫情扑灭活动。动物诊疗机构应当配合农业农村主管部门、动物卫生监督机构、动物疫病预防控制机构进行有关法律法规宣传、流行病学调查和监测工作。

11. 承接政府购买服务的规定

动物诊疗机构可以通过承接政府购买服务的方式开展动物防疫和疫病诊疗活动。

12. 业务培训制度

动物诊疗机构应当定期对本单位工作人员进行专业知识、生物安全以及相关政策法规培训。

13. 诊疗活动报告制度

动物诊疗机构应当于每年三月底前将上年度动物诊疗活动情况向县级人民政府农业农村主管部门报告。

1.2.4 法律责任

1. 主管部门违法行为的法律责任

县级以上地方人民政府农业农村主管部门不依法履行审查和监督管理职责，玩忽职守、滥用职权或者徇私舞弊的，依照有关规定给予处分；构成犯罪的，依法追究刑事责任。

2. 动物诊疗机构及诊疗活动从业人员违法行为的法律责任

违反《动物诊疗机构管理办法》，动物诊疗机构有下列行为之一的依照《中华人民共和国动物防疫法》第一百零五条第一款的规定予以处罚。即由县级以上地方人民政府农业农村主管部门责令停止诊疗活动，没收违法所得，并处违法所得一倍以上三倍以下罚款；违法所得不足三万元的，并处三千元以上三万元以下罚款。

①超出诊疗活动范围从事诊疗活动、变更从业地点、诊疗活动范围未按规定

重新办理诊疗许可证的。

②使用伪造、变造、受让、租用、借用的动物诊疗许可证的。

动物诊疗场所不再具备《动物诊疗机构管理办法》设立动物诊疗机构规定条件，继续从事动物诊疗活动的，由县级以上地方人民政府农业农村主管部门给予警告，责令限期改正；逾期仍达不到规定条件的，由原发证机关收回、注销其动物诊疗许可证。

违反《动物诊疗机构管理办法》规定，动物诊疗机构有下列行为之一的，由县级以上地方人民政府农业农村主管部门责令限期改正，处一千元以上五千元以下罚款。

①动物诊疗机构变更机构名称或法定代表人（负责人）未办理变更手续的。

②动物诊疗机构未在诊疗场所悬挂动物诊疗许可证或者公示诊疗活动从业人员基本情况的。

③动物诊疗机构未使用规范的病历或未按规定为执业兽医师提供处方笺的，或者不按规定保存病历档案的。

④动物诊疗机构使用未在本机构备案从业的执业兽医从事动物诊疗活动的。

动物诊疗机构未按规定实施卫生安全防护、消毒、隔离和处置诊疗废弃物的，依照《中华人民共和国动物防疫法》第一百零五条第二款的规定予以处罚。即，由县级以上地方人民政府农业农村主管部门责令改正，处一千元以上一万元以下罚款；造成动物疫病扩散的，处一万元以上五万元以下罚款；情节严重的，吊销动物诊疗许可证。

违反《动物诊疗机构管理办法》规定，动物诊疗机构未按规定报告动物诊疗活动情况的，依照《中华人民共和国动物防疫法》第一百零八条的规定予以处罚。即，由县级以上地方人民政府农业农村主管部门责令改正，可以处一万元以下罚款；拒不改正的，处一万元以上五万元以下罚款，并可以责令停业整顿。

诊疗活动从业人员有以下行为之一的，依照《中华人民共和国动物防疫法》第一百零六条第一款的规定，对其所在的动物诊疗机构予以处罚。即，由县级以上地方人民政府农业农村主管部门责令停止动物诊疗活动，没收违法所得，并处三千元以上三万元以下罚款；对其所在的动物诊疗机构处一万元以上五万元以下罚款。

①执业兽医超出备案所在县域或者执业范围从事动物诊疗活动的。

②执业兽医被责令暂停动物诊疗活动期间从事动物诊疗活动的。

③执业助理兽医师未按规定开展手术活动，或者开具处方、填写诊断书、出具动物诊疗有关证明文件的。

④参加教学实践的学生或者工作实践的毕业生未经执业兽医师指导开展动物诊疗活动的。

1.2.5 附则

1. 乡村兽医的从业场所

乡村兽医在乡村从事动物诊疗活动的，应当有固定的从业场所。

2.《动物诊疗机构管理办法》施行后已取得动物诊疗许可证的机构应当符合规定。

《动物诊疗机构管理办法》施行前已取得动物诊疗许可证的机构，应当自 2022 年 10 月 1 日起一年内达到该办法规定的条件。

1.3 兽医处方格式及应用规范

为规范兽医处方管理，根据《中华人民共和国动物防疫法》《动物诊疗机构管理办法》《执业兽医和乡村兽医管理办法》，农业农村部制定了《动物诊疗病历管理规范》并对 2016 年出台的《兽医处方格式及应用规范》（农业部公告第 2450号）进行了修订，自 2024 年 5 月 1 日起执行（农业农村部公告第 734 号）。农业农村部 2016 年 10 月 8 日公布的《兽医处方格式及应用规范》同时废止。

1.3.1 基本要求

1. 兽医处方的定义

兽医处方是指执业兽医师在动物诊疗活动中开具的，作为动物用药凭证的文书。

2. 执业兽医开具兽医处方的要求

执业兽医开具兽医处方应当符合以下要求：

①执业兽医师根据动物诊疗活动的需要，按照兽药批准的使用范围，遵循安全、有效、经济的原则开具兽医处方。

②执业兽医师在备案单位签名留样或者专用签章、电子签名备案后，方可开具处方。兽医处方经执业兽医师签名、盖章或者电子签名后有效。

③执业兽医师利用计算机开具、传递兽医处方时，应当同时打印出纸质处方，其格式与手写处方一致。

④有条件的动物诊疗机构可以使用电子签名进行电子处方的身份认证。可靠的电子签名与手写签名或者盖章具有同等的法律效力。电子兽医处方上没有可靠的电子签名的，打印后需要经执业兽医师签名或者盖章方可有效。《兽医处方格式及应用规范》所称的可靠的电子签名是指符合《中华人民共和国电子签名法》规定的电子签名。

⑤兽医处方限于当次诊疗结果用药，开具当日有效。特殊情况下需延长处方有效期的，由开具兽医处方的执业兽医师注明有效期限，但有效期最长不得超过三天。

⑥除兽用麻醉药品、精神药品、毒性药品和放射性药品等特殊药品外，动物诊疗机构和执业兽医师不得限制动物主人或者饲养单位持处方到兽药经营企业购药。

1.3.2 处方笺格式

兽医处方笺规格和样式（见附图）由农业农村部规定，从事动物诊疗活动的单位应当按照规定的规格和样式印制兽医处方笺或者设计电子处方笺。兽医处方笺规格如下：

①兽医处方笺一式三联，可以使用同一种颜色纸张，也可以使用三种不同颜色纸张。

②兽医处方笺分为两种规格，小规格为：长 210mm、宽 148mm；大规格为：长 296mm、宽 210mm。小规格为横版，大规格为竖版。

ＸＸＸＸＸＸＸ处方笺（个体动物）

动物主人／饲养单位 _____ 病例号 _____

动物种类 _____ 动物性别 _____ 动物毛色 _____

体重 _____ 年（日）龄 _____ 开具日期 _____

诊断：　　　　　　　　　　Rp:

执业兽医师 _____ 发药人 _____

第一联

从事动物诊疗活动的单位留存

注：1."ＸＸＸＸＸＸＸ处方笺"中"ＸＸＸＸＸＸＸ"为从事动物诊疗活动的单位名称。

图 1　兽医处方笺样式 1

ＸＸＸＸＸＸＸ处方笺（群体动物）

动物主人／饲养单位 _____ 病例号 _____

动物种类 _____ 患病动物数量 _____ 同群动物数量 _____

体重 _____ 年（日）龄 _____ 开具日期 _____

诊断：　　　　　　　　　　Rp:

执业兽医师 _____ 发药人 _____

第一联

从事动物诊疗活动的单位留存

注：1."ＸＸＸＸＸＸＸ处方笺"中"ＸＸＸＸＸＸＸ"为从事动物诊疗活动的单位名称。

图 2　兽医处方笺样式 2

1.3.3 处方笺内容

兽医处方笺内容包括前记、正文、后记三部分，并符合以下标准：

1. 前记

对个体动物进行诊疗的，至少包括动物主人姓名或者饲养单位名称、病历号、开具日期和动物的种类、毛色、性别、体重、年（日）龄。对群体动物进行诊疗的，至少包括动物主人姓名或者饲养单位名称、病历号、开具日期和动物的种类、患病动物数量、同群动物数量、年（日）龄。

2. 正文

正文包括初步诊断情况和 Rp（拉丁文 Recipe "请取"的缩写）。Rp 应当分列兽药名称、规格、数量、用法、用量等内容；对于食品动物还应当注明休药期。

3. 后记

后记至少包括执业兽医师签名或者盖章、发药人签名或者盖章。

1.3.4 处方书写要求

兽医处方书写应当符合下列要求：

①动物基本信息、临床诊断情况应当填写清晰、完整，并与病历记载一致。

②字迹清楚，原则上不得涂改；如需修改，应当在修改处签名或者盖章，并注明修改日期。

③兽药名称应当以兽药的商品名或者国家标准载明的名称为准。兽药名称简写或者缩写应当符合国内通用写法，不得自行编制兽药缩写名或者使用代号。

④书写兽药规格、数量、用法、用量及休药期要准确规范。

⑤兽医处方中包含兽用化学药品、生物制品、中成药的，每种兽药应当另起一行。中药自拟方应当单独开具。

⑥兽用麻醉药品应当单独开具处方，每张处方用量不能超过一日量。兽用精神药品、毒性药品应当单独开具处方。

⑦兽药剂量与数量用阿拉伯数字书写。剂量应当使用法定计量单位：质量以千克（kg）、克（g）、毫克（mg）、微克（μg）为单位；容量以升（L）、毫升

（mL）为单位；有效量单位以国际单位（IU）、单位（U）为单位。

⑧片剂、丸剂、胶囊剂以及单剂量包装的散剂、颗粒剂分别以片、丸、粒、袋为单位；多剂量包装的散剂、颗粒剂以 g 或 kg 为单位；单剂量包装的溶液剂以支、瓶为单位，多剂量包装的溶液剂以 mL 或 L 为单位；软膏及乳膏剂以支、盒为单位；单剂量包装的注射剂以支、瓶为单位，多剂量包装的注射剂以 mL 或 L、g 或 kg 为单位，应当注明含量；兽用中药自拟方应当以剂为单位。

⑨开具纸质处方后的空白处应当划一斜线，以示处方完毕。电子处方最后一行应当标注"以下为空白"。

1.3.5 处方保存

①兽医处方开具后，第一联由从事动物诊疗活动的单位留存，第二联由药房或者兽药经营企业留存，第三联由动物主人或者饲养单位留存。

②兽医处方由处方开具、兽药核发单位妥善保存三年以上，兽用麻醉药品、精神药品、毒性药品处方保存五年以上。保存期满后，经所在单位主要负责人批准、登记备案，方可销毁。

1.4 动物诊疗病历管理规范

为规范动物诊疗病历管理，依据《中华人民共和国动物防疫法》《动物诊疗机构管理办法》《执业兽医和乡村兽医管理办法》等有关规定 2023 年 12 月 12 日农业农村部制定发布了《动物诊疗病历管理规范》（农业农村部公告第 734 号），自 2024 年 5 月 1 日起执行。

1.4.1 门（急）诊病历

门（急）诊病历内容包括基本信息、病历记录、处方、检查报告单、影像学检查资料、病理资料、知情同意书等。动物诊疗机构可以根据诊疗活动需要增加相关内容。

1.门（急）诊病历的基本信息

对个体动物进行诊疗的，门（急）诊病历的基本信息包括动物主人姓名或者饲养单位名称、联系方式、病历号和动物种类、性别、体重、毛色、年（日）龄等内容。对群体动物进行诊疗的，门（急）诊病历的基本信息包括动物主人姓名或者饲养单位名称、联系方式、病历号和动物种类、患病动物数量、同群动物数量、年（日）龄等内容。

2. 病历记录

病历记录包括就诊时间、主诉、现病史、既往史、检查结果、诊断及治疗意见、医嘱等。门（急）诊病历记录应当由接诊执业兽医师在动物就诊时完成并签名（盖章）确认。

3. 检查报告单

检查报告单包括基本信息、检查项目、检查结果、报告时间等内容。检查报告单应当由报告人员签名（盖章）确认。

4. 影像学检查资料

影像学检查资料包括通过 X 射线成像、超声波检测、计算机断层扫描、磁共振成像等检查形成的医学影像。

5. 病理资料

病理资料包括病理学检查图片或者病理切片等资料。

6. 门（急）诊病历的保存

门（急）诊病历应当在患病动物就诊结束后 24 小时内归档保存。

1.4.2 住院病历

住院病历内容包括基本信息、入院记录、病程记录、检查报告单、影像学检查资料、病理资料、知情同意书等。住院病历中基本信息、检查报告单、影像学检查资料、病理资料等内容要求与门（急）诊病历一致。动物诊疗机构可以根据诊疗活动需要增加相关内容。

1. 入院记录

入院记录包括入院时间、主诉、现病史、既往史、检查结果、入院诊断等内容。动物入院后，执业兽医师通过问诊、检查等方式获得有关资料，经归纳分析形成入院记录并签名（盖章）确认。

2. 病程记录

入院记录完成后，由执业兽医师对动物病情和诊疗过程进行连续性病程记录并签名（盖章）确认。病程记录包括患病动物住院期间每日的病情变化情况、重要的检查结果、诊断意见、所采取的诊疗措施及效果、医嘱以及出院情况等内容。

3. 住院病历的保存

住院病历应当在患病动物出院后三日内归档保存。

1.4.3 电子病历

1. 电子病历的种类和内容要求

电子病历包括门（急）诊病历和住院病历。电子病历内容应当符合纸质门（急）诊病历和住院病历的要求。

2. 使用电子病历系统的条件

动物诊疗机构使用电子病历系统应当具备以下条件：

①有数据存储、身份认证等信息安全保障机制。

②有相关管理制度和操作规程。

③符合其他有关法律、法规、规章规定。

3. 使用电子病历的要求

①电子病历系统应当能够完整准确保存病历内容以及操作时间、操作人员等信息，具备电子病历创建、修改、归档等操作的追溯功能，保证历次操作痕迹、操作时间和操作人员信息可查询、可追溯。

②电子病历系统应当对操作人员进行身份识别，为操作人员提供专有的身份标识和识别手段，并设置相应权限。操作人员对本人身份标识的使用负责。

③动物诊疗机构可以使用电子签名进行电子病历系统身份认证，可靠的电子签名与手写签名或者盖章具有同等法律效力。

④动物诊疗机构因存档等需要可以将电子病历打印后与纸质病历资料合并保存，也可以对纸质病历资料进行数字化采集后纳入电子病历系统管理，原件另行

妥善保存。

⑤需要打印电子病历时，动物诊疗机构应当统一打印的纸张、字体、字号、排版格式等。

1.4.4 病历填写

①病历填写应当客观真实、及时准确、完整规范。

②病历填写应当使用中文，规范使用医学术语，通用的外文缩写和无正式中文译名的症状、体征、疾病名称等可以使用外文。

③病历中的日期和时间应当使用阿拉伯数字书写，采用 24 小时制记录。

④医嘱应当由接诊执业兽医师书写，内容应当准确、清楚，并注明下达时间。

⑤纸质病历填写出现错误时，应当在修改处签名或者盖章，并注明修改日期。

⑥病历归档后原则上不得修改，特殊情况下确需修改的，应当经动物诊疗机构负责人批准，并保留修改痕迹。

⑦病历样式可参考附件形式，动物诊疗机构也可根据本机构实际情况设计病历样式。

1.4.5 病历管理

①动物诊疗机构应当设置病历管理部门或者指定专人负责病历管理工作，建立健全病历管理制度。设置病历目录表，确定本机构病历资料排列顺序，做好病历分类归档。定期检查病历填写、保存等情况。

②动物诊疗机构应当使用载明机构名称的规范病历，为就诊动物建立病历号。已建立电子病历的动物诊疗机构，可以将病历号与动物主人或者饲养单位信息相关联，使用病历号、动物主人信息或者饲养单位信息均能对病历进行检索。

③动物诊疗机构可以为动物主人或者饲养单位提供病历资料打印或者复制服务。打印或者复制的病历资料经动物主人或者饲养单位和动物诊疗机构双方确认无误后，加盖动物诊疗机构印章。

④除为患病动物提供诊疗服务的人员，以及经农业农村部门或者动物诊疗机构授权的单位或者人员外，其他任何单位或者个人不得擅自查阅病历。其他单位或者个人因科研、教学等活动，确需查阅病历的，应当经动物诊疗机构负责人批

准并办理相应手续后方可查阅。

⑤病历保存时间不得少于三年。保存期满后，经动物诊疗机构负责人批准并做好登记记录，方可销毁。

1.4.6 附则

1. 知情同意书

知情同意书，是指开展手术、麻醉等诊疗活动前，执业兽医师向动物主人或者饲养单位告知拟实施诊疗活动的相关情况，并由动物主人或者饲养单位签署是否同意该诊疗活动的文书。

2. 主诉

主诉，是指动物主人或者饲养单位对促使动物就诊的主要症状（或体征）及持续时间的描述。

3. 现病史

现病史，是指动物本次疾病的发生、演变、诊疗等方面的详细情况，应当按时间顺序书写。内容包括发病情况、主要症状特点及其发展变化情况、伴随症状、发病后诊疗经过及结果等。

4. 既往史

既往史，是指动物以往的健康和疾病情况。内容包括既往一般健康状况、疾病史、预防接种史、手术外伤史、驱虫史、食物或者药物过敏史等。

5. 检查结果

检查结果，是指所做的与本次疾病相关的临床检查、实验室检测、影像学检查等各项检查检验结果，应当分类别按检查时间顺序记录。

6. 入院诊断

入院诊断，是指经执业兽医师根据患病动物入院时情况，综合分析所作出的诊断。

7. 医嘱

医嘱，是指执业兽医师在动物诊疗活动中下达的医学指令，通常包括病情评估、用药指导、护理要点、注意事项、预后判断等。

8. 电子签名

电子签名，是指《中华人民共和国电子签名法》第二条规定的数据电文中，以电子形式所含、所附用于识别签名人身份并表明签名人认可其中内容的数据。

9. 可靠的电子签名

可靠的电子签名，是指符合《中华人民共和国电子签名法》第十三条有关条件的电子签名。

1.4.7 门（急）诊病历和住院病历样式

1. 门（急）诊病历样式

ＸＸＸＸＸＸＸ（急）诊病历（个体动物）	
普通□　　急诊□	
基本信息	动物主人 / 饲养单位 _____　病例号 _____ 联系方式 _____ 动物种类_____　动物性别 _____ 体重 _____ 毛色 _____ 年（日）龄 _____
门诊记录	就诊时间： （在此填写主诉、现病史、既往史、检查结果、诊断及治疗意见、医嘱等内容）
执业兽医师_____	

注：1."ＸＸＸＸＸＸＸ门（急）诊病历"中"ＸＸＸＸＸＸＸ"为从事动物诊疗活动的单位名称。

2. 处方、检查报告、影像学检查资料、病理资料、知青同意书等需要附页。

图 3　门（急）诊病历样式（个体动物）

<table>
<tr><td colspan="2">XXXXXXX（急）诊病历（群体动物）
普通☐　　急诊☐</td></tr>
<tr><td>基本信息</td><td>动物主人 / 饲养单位 ________________ 病例号 __________
联系方式 __________ 动物种类__________
患病动物数量 ________ 同群动物数量 ________ 年（日）龄 ______</td></tr>
<tr><td>门诊记录</td><td>就诊时间：
（在此填写主诉、现病史、既往史、检查结果、诊断及治疗意见、医嘱等内容）</td></tr>
<tr><td colspan="2">执业兽医师__________</td></tr>
</table>

注：1.“XXXXXXX门（急）诊病历”中“XXXXXXX”为从事动物诊疗活动的单位名称。

2. 处方、检查报告、影像学检查资料、病理资料、知青同意书等需要附页。

图 4　门（急）诊病历样式（群体动物）

2. 住院病历样式

<table>
<tr><td colspan="2">XXXXXXX住院病历
入院记录（个体动物）</td></tr>
<tr><td>基本信息</td><td>动物主人 / 饲养单位 ________________ 病例号 __________
联系方式 __________ 动物种类__________ 动物性别 ________
体重 ________ 毛色 ____________ 年（日）龄 ____________</td></tr>
<tr><td>入院记录</td><td>入院时间时间：
（在此填写主诉、现病史、既往史、检查结果、诊断及治疗意见、医嘱等内容）</td></tr>
<tr><td colspan="2">执业兽医师__________</td></tr>
</table>

注：1.“XXXXXXX住院病历”中“XXXXXXX”为从事动物诊疗活动的单位名称。

2. 病程记录、检查报告、影像学检查资料、病理资料、知青同意书等需要附页。病程记录样式见后页。

图 5　入院记录（个体动物）

<table>
<tr><td colspan="2">X X X X X X X 住院病历
入院记录（群体动物）</td></tr>
<tr><td>基本信息</td><td>动物主人 / 饲养单位 ______________ 病例号 ____________
联系方式 __________ 动物种类__________
患病动物数量 ________ 同群动物数量 ________ 年（日）龄 ______</td></tr>
<tr><td>入院记录</td><td>入院时间时间：
（在此填写主诉、现病史、既往史、检查结果、诊断及治疗意见、医嘱等内容）</td></tr>
<tr><td colspan="2">执业兽医师__________</td></tr>
</table>

注：1.“X X X X X X X 住院病历”中“X X X X X X X”为从事动物诊疗活动的单位名称。

2. 病程记录、检查报告、影像学检查资料、病理资料、知青同意书等需要附页。病程记录样式见后页。

图 6　入院记录（群体动物）

<table>
<tr><td colspan="2">X X X X X X X 住院病历
病程记录（个体动物）</td></tr>
<tr><td>基本信息</td><td>动物主人 / 饲养单位 ______________ 病例号 ____________
联系方式 __________ 动物种类__________ 动物性别 ________
体重 ________ 毛色 ____________ 年（日）龄 ____________</td></tr>
<tr><td>记录时间</td><td></td></tr>
<tr><td>记录内容</td><td>（在此记录患病动物住院时间每日的病情变化情况、重要的检查结果、诊断意见、所采取的诊疗措施及效果、医嘱以及出院情况等内容，出院情况可单独记录。）</td></tr>
<tr><td colspan="2">执业兽医师__________</td></tr>
</table>

注：1.“X X X X X X X 住院病历”中“X X X X X X X”为从事动物诊疗活动的单位名称。

图 7　病程记录（个体动物）

<table>
<tr><td colspan="2">X X X X X X X 住院病历
病程记录（群体动物）</td></tr>
<tr><td>基
本
信
息</td><td>动物主人 / 饲养单位 ________________________ 病例号 _______________
联系方式 _____________ 动物种类______________
体重 __________ 毛色 ________________ 年（日）龄 ________________</td></tr>
<tr><td>记录
时间</td><td></td></tr>
<tr><td>记
录
内
容</td><td>（在此记录患病动物住院时间每日的病情变化情况、重要的检查结果、诊断意见、所采取的诊疗措施及效果、医嘱以及出院情况等内容，出院情况可单独记录。）</td></tr>
<tr><td colspan="2">执业兽医师____________</td></tr>
</table>

注：1.“X X X X X X X 住院病历”中“X X X X X X X”为从事动物诊疗活动的单位名称。

图 8　病程记录（群体动物）

2.《中华人民共和国动物防疫法》相关内容介绍与解读

2.1《中华人民共和国动物防疫法》概述

《中华人民共和国动物防疫法》于 1997 年 7 月 3 日经第八届全国人民代表大会常务委员会第二十六次会议通过，2021 年 1 月 22 日第十三届全国人民代表大会常务委员会第二十五次会议第二次修订。

2.1.1 立法目的

加强对动物防疫活动的管理，预防、控制、净化、消灭动物疫病，促进养殖业发展，防控人畜共患传染病，保障公共卫生安全和人体健康。

2.1.2 调整对象

在中华人民共和国领域内的动物防疫及其监督管理活动适用《中华人民共和国动物防疫法》，但进出境动物、动物产品的检疫，适用《中华人民共和国进出境动植物检疫法》。

2.1.3 工作方针

我国对动物防疫实行预防为主，预防与控制、净化、消灭相结合的方针。

2.1.4 行政管理

（1）人民政府

县级以上人民政府对动物防疫工作实行统一领导，采取有效措施稳定基层机构队伍，加强动物防疫队伍建设，建立健全动物防疫体系，制定并组织实施动物疫病防治规划。乡级人民政府、街道办事处组织群众做好本辖区的动物疫病预防与控制工作，村民委员会、居民委员会予以协助。

（2）农业农村主管部门

国务院农业农村主管部门主管全国的动物防疫工作。县级以上地方人民政府农业农村主管部门主管本行政区域的动物防疫工作。县级以上人民政府其他有关部门在各自职责范围内做好动物防疫工作。军队动物卫生监督职能部门负责军队现役动物和饲养自用动物的防疫工作。

（3）其他政府部门

县级以上人民政府卫生健康主管部门和本级人民政府农业农村、野生动物保护等主管部门应当建立人畜共患传染病防治的协作机制。国务院农业农村主管部门和海关总署等部门应当建立防止境外动物疫病输入的协作机制。

（4）动物卫生监督机构

县级以上地方人民政府的动物卫生监督机构依照动物防疫法的规定，负责动物、动物产品的检疫工作。

（5）动物疫病预防控制机构

县级以上人民政府按照国务院的规定，根据统筹规划、合理布局、综合设置的原则建立动物疫病预防控制机构。动物疫病预防控制机构承担动物疫病的监测、检测、诊断、流行病学调查、疫情报告以及其他预防、控制等技术工作；承担动物疫病净化、消灭的技术工作。

2.1.5 分类

根据动物疫病对养殖业生产和人体健康的危害程度，动物防疫法规定的动物疫病分为三类。

（1）一类疫病

一类动物疫病是指口蹄疫、非洲猪瘟、高致病性禽流感等对人、动物构成特别严重危害，可能造成重大经济损失和社会影响，需要采取紧急、严厉的强制预防、控制等措施的动物疫病。

（2）二类疫病

二类动物疫病是指狂犬病、布鲁氏菌病、草鱼出血病等对人、动物构成严重危害，可能造成较大经济损失和社会影响，需要采取严格预防、控制等措施的动物疫病。

（3）三类疫病

三类动物疫病是指大肠杆菌病、禽结核病、鳖腮腺炎病等常见多发，对人、动物构成危害，可能造成一定程度的经济损失和社会影响，需要及时预防、控制的动物疫病。

一、二、三类动物疫病具体病种名录由国务院农业农村主管部门制定并公布。国务院农业农村主管部门应当根据动物疫病发生、流行情况和危害程度，及时增加、减少或者调整一、二、三类动物疫病具体病种并予以公布。人畜共患传染病名录由国务院农业农村主管部门会同国务院卫生健康、野生动物保护等主管部门制定并公布。

2.1.6 基本术语

（1）动物

动物防疫法所称的动物，是指家畜家禽和人工饲养、捕获的其他动物。

（2）动物产品

动物防疫法所称的动物产品，是指动物的肉、生皮、原毛、绒、脏器、脂、血液、精液、卵、胚胎、骨、蹄、头、角、筋以及可能传播动物疫病的奶、蛋等。

（3）动物疫病

动物防疫法所称的动物疫病，是指包括寄生虫病的动物传染病。

（4）动物防疫

动物防疫法所称的动物防疫，是指动物疫病的预防、控制、诊疗、净化、消灭和动物、动物产品的检疫，以及病死动物、病害动物产品的无害化处理。

2.1.7 社会力量与动物防疫工作

国家鼓励社会力量参与动物防疫工作。各级人民政府采取措施，支持单位和个人参与动物防疫的宣传教育、疫情报告、志愿服务和捐赠等活动。

2.1.8 行政相对人的责任

从事动物饲养、屠宰、经营、隔离、运输以及动物产品生产、经营、加工、贮藏等活动的单位和个人，依照动物防疫法和国务院农业农村主管部门的规定，做好免疫、消毒、检测、隔离、净化、消灭、无害化处理等动物防疫工作，承担动物防疫相关责任。

2.1.9 科学研究与国际合作交流

国家鼓励和支持开展动物疫病的科学研究以及国际合作与交流，推广先进适用的科学研究成果，提高动物疫病防治的科学技术水平。

2.1.10 宣传工作

各级人民政府和有关部门、新闻媒体，应当加强对动物防疫法律法规和动物防疫知识的宣传。

2.1.11 奖赏制度和保障制度

各级人民政府和有关部门按照国家有关规定对在动物防疫工作、相关科学研究、动物疫情扑灭中做出贡献的单位和个人给予表彰、奖励。有关单位应当依法为动物防疫人员缴纳工伤保险费。对因参与动物防疫工作致病、致残、死亡的人员，按照国家有关规定给予补助或者抚恤。

2.2 有关执业兽医与动物诊疗的管理制度

2.2.1 从事动物诊疗活动的条件

从事动物诊疗活动的机构，应当具备下列条件：
①有与动物诊疗活动相适应并符合动物防疫条件的场所。
②有与动物诊疗活动相适应的执业兽医。
③有与动物诊疗活动相适应的兽医器械和设备。
④有完善的管理制度。

2.2.2 动物诊疗机构的范围

动物诊疗机构包括动物医院、动物诊所以及其他提供动物诊疗服务的机构。

2.2.3 动物诊疗许可证的申请与审核

从事动物诊疗活动的机构，应当向县级以上地方人民政府农业农村主管部门申请动物诊疗许可证。受理申请的农业农村主管部门应当依照《中华人民共和国动物防疫法》和《中华人民共和国行政许可法》的规定进行审查。经审查合格的，发给动物诊疗许可证；不合格的，应当通知申请人并说明理由。

2.2.4 动物诊疗许可证内容及其变更的规定

动物诊疗许可证应当载明诊疗机构名称、诊疗活动范围、从业地点和法定代表人（负责人）等事项。动物诊疗许可证载明事项变更的，应当申请变更或者换发动物诊疗许可证。

2.2.5 动物诊疗活动中的防疫要求

动物诊疗机构应当按照国务院农业农村主管部门的规定，做好诊疗活动中的卫生安全防护、消毒、隔离和诊疗废弃物处置等工作。

2.2.6 诊疗活动中的执业规范

从事动物诊疗活动，应当遵守有关动物诊疗的操作技术规范，使用符合规定的兽药和兽医器械。

2.2.7 执业兽医和乡村兽医管理

（1）执业兽医资格考试制度

国家实行执业兽医资格考试制度。具有兽医相关专业大学专科以上学历的人员或者符合条件的乡村兽医，通过执业兽医资格考试的，由省、自治区、直辖市人民政府农业农村主管部门颁发执业兽医资格证书；从事动物诊疗等经营活动的，还应当向所在地县级人民政府农业农村主管部门备案。

（2）执业兽医执业备案管理

取得执业兽医资格证书，从事动物诊疗等经营活动的，还应当向所在地县级人民政府农业农村主管部门备案。

（3）执业兽医开具处方的规定

执业兽医开具兽医处方应当亲自诊断，并对诊断结论负责。

（4）执业兽医的继续教育

国家鼓励执业兽医接受继续教育。执业兽医所在机构应当支持执业兽医参加继续教育。

（5）乡村兽医的从业区域

乡村兽医可以在乡村从事动物诊疗活动。

（6）执业兽医、乡村兽医在动物防疫中的义务

执业兽医、乡村兽医应当按照所在地人民政府和农业农村主管部门的要求，参加动物疫病预防、控制和动物疫情扑灭等活动。

2.2.8 兽医行业协会的职责

兽医行业协会提供兽医信息、技术、培训等服务，维护成员合法权益，按照章程建立健全行业规范和奖惩机制，加强行业自律，推动行业诚信建设，宣传动物防疫和兽医知识。

2.2.9 动物疫情报告义务

从事动物疫病监测、诊疗等的单位和个人，发现动物染疫或者疑似染疫的，应当立即向所在地农业农村主管部门或者动物疫病预防控制机构报告，并迅速采取隔离等控制措施，防止动物疫情扩散。

2.2.10 从业规范

患有人畜共患传染病的人员不得直接从事动物疫病监测、诊疗等活动。

2.2.11 社会责任

国家鼓励和支持执业兽医、乡村兽医和动物诊疗机构开展动物防疫和疫病诊疗活动；鼓励养殖企业、兽药及饲料生产企业组建动物防疫服务团队，提供防疫服务。地方人民政府组织村级防疫员参加动物疫病防治工作的，应当保障村级防疫员合理劳务报酬。

2.2.12 法律责任

违反动物防疫法规定，患有人畜共患传染病的人员，直接从事动物疫病监测、检测、检验检疫，动物诊疗以及易感染动物的饲养、屠宰、经营、隔离、运输等

活动的，由县级以上地方人民政府农业农村或者野生动物保护主管部门责令改正；拒不改正的，处一千元以上一万元以下罚款；情节严重的，处一万元以上五万元以下罚款。

违反动物防疫法规定，未取得动物诊疗许可证从事动物诊疗活动的，由县级以上地方人民政府农业农村主管部门责令停止诊疗活动，没收违法所得，并处违法所得一倍以上三倍以下罚款；违法所得不足三万元的，并处三千元以上三万元以下罚款。

动物诊疗机构违反动物防疫法规定，未按照规定实施卫生安全防护、消毒、隔离和处置诊疗废弃物的，由县级以上地方人民政府农业农村主管部门责令改正，处一千元以上一万元以下罚款；造成动物疫病扩散的，处一万元以上五万元以下罚款；情节严重的，吊销动物诊疗许可证。

违反动物防疫法规定，未经执业兽医备案从事经营性动物诊疗活动的，由县级以上地方人民政府农业农村主管部门责令停止动物诊疗活动，没收违法所得，并处三千元以上三万元以下罚款；对其所在的动物诊疗机构处一万元以上五万元以下罚款。

执业兽医有下列行为之一的，由县级以上地方人民政府农业农村主管部门给予警告，责令暂停六个月以上一年以下动物诊疗活动；情节严重的，吊销执业兽医资格证书。

①违反有关动物诊疗的操作技术规范，造成或者可能造成动物疫病传播、流行的。

②使用不符合规定的兽药和兽医器械的。

③未按照当地人民政府或者农业农村主管部门要求参加动物疫病预防、控制和动物疫情扑灭活动的。

2.3 关于兽药的规范与制度

2.3.1《兽药管理条例》

为了加强兽药管理，保证兽药质量，防治动物疾病，促进养殖业的发展，维护人体健康，制定本条例。

该条例明确规定，国家实行兽用处方药和非处方药分类管理制度。

2.3.2《兽药生产质量管理规范》

为了加强兽药生产质量管理，根据《兽药管理条例》，制定兽药生产质量管理规范（兽药 GMP）。该规范是兽药生产管理和质量控制的基本要求，旨在确保持续稳定地生产出符合注册要求的兽药。

2.3.3《兽用处方药和非处方药管理办法》

为了加强兽药监督管理，促进兽医临床合理用药，保障动物产品安全，根据《兽药管理条例》，制定该办法。

该办法明确规定，兽用处方药的标签和说明书应当标注"兽用处方药"字样，兽用非处方药的标签和说明书应当标注"兽用非处方药"字样。

2.3.4《兽药标签和说明书管理办法》

为了加强兽药监督管理，规范兽药标签和说明书的内容、印制、使用活动，保障兽药使用的安全有效，根据《兽药管理条例》，制定该办法。

该办法明确规定了兽药标签和说明书应当载明的具体内容。

2.3.5《兽药注册办法》

为了保证兽药安全、有效和质量可控，规范兽药注册行为，根据《兽药管理条例》，制定该办法。

该办法明确规定，农业农村部负责全国兽药注册工作。农业农村部兽药审评委员会负责新兽药和进口兽药注册资料的评审工作。中国兽医药品监察所和农业农村部指定的其他兽药检验机构承担兽药注册的复核检验工作。

2.3.6《兽用生物制品经营管理办法》

为了加强兽用生物制品经营管理，保证兽用生物制品质量，根据《兽药管理条例》，制定该办法。

该办法明确规定了经营兽用生物制品应当建立的各项记录制度，配送兽用生物制品应当具备相应的冷链贮存、运输条件，以及符合委托经营的相关制度规定。

2.3.7《兽药进口管理办法》

为了加强进口兽药的监督管理，规范兽药进口行为，保证进口兽药质量，根据《中华人民共和国海关法》和《兽药管理条例》，制定该办法。

该办法规定了兽药应当从具备检验能力的兽药检验机构所在地口岸进口。兽药检验机构名单由农业农村部确定并公布。

2.3.8《兽药经营质量管理规范》

为了加强兽药经营质量管理，保证兽药质量，根据《兽药管理条例》，制定该规范。

该办法从兽药经营场所与设施、质量管理机构与人员、规章制度、兽药的采购与入库、兽药的陈列与储存、兽药的销售与运输以及售后服务等方面规范兽药经营活动。

2.3.9《兽用麻醉药品的供应、使用、管理办法》

县级以上兽医医疗单位（包括动物园、牧场）和科研大专院校等部门，可向当地畜牧（农业）局办理申请手续，经地区（市、州）畜牧（农业）局批准，核定供应级别后，发给"麻醉药品购用印鉴卡"，购用时需填写与印鉴卡相符的"麻醉药品订购单"，一式三份（印鉴卡、订购单可参照卫生部门的式样）。

2.3.10《兽药产品批准文号管理办法》

为了加强兽药产品批准文号的管理，根据《兽药管理条例》，制定本办法。

该办法规定，兽药产品批准文号的申请、核发和监督管理适用本办法。兽药生产企业生产兽药，应当取得农业农村部核发的兽药产品批准文号。兽药产品批准文号是农业农村部根据兽药国家标准、生产工艺和生产条件批准特定兽药生产企业生产特定兽药产品时核发的兽药批准证明文件。

2.3.11《中华人民共和国农业农村部　中华人民共和国公安部公告　第 800 号》

为了确保兽用麻醉药品和兽用精神药品合法、安全、合理使用，2024 年 7 月 5 日公安部和农业农村部共同发布了第 800 号公告。

该公告明确了兽用麻醉药品和兽用精神药品纳入兽用处方药管理，不得网络销售、不得进行广告宣传，严禁经兽用名义取得后供人使用。

2.3.12 兽用处方药目录

截至 2024 年 9 月 15 日，农业农村部共发布了四批兽用处方药目录。

分别是 2013 年 9 月 30 日发布的《兽用处方药品种目录（第一批)》（2013 年农业部公告 第 1997 号）、2016 年 11 月 28 日发布的《兽用处方药品种目录（第二批)》（2016 年农业部公告 第 2471 号）、2019 年 12 月 19 日发布的《兽用处方药品种目录（第三批)》（农业农村部公告 第 245 号）、2024 年 5 月 32 日发布的《兽用处方药品种目录（第四批)》（农业农村部公告 第 790 号）。

3. 目前宠物医疗管理政策的趋势

3.1 出台兽医法

虽然目前我国在宠物诊疗方面制定和发布了一大批法律规范，但立法的进程尚不能适应行业的发展速度。广大执业兽医期望尽快出台兽医法和宠物诊疗办法等配套规范。

我国在执业兽医资格实行"先上岗、再考证"的基础上，通过推动修法改革执业兽医资格考试的方式，允许兽医相关专业高校学生在校期间报考，考试合格的，毕业时即取得执业资格。同时，取消执业兽医注册和乡村兽医登记许可，使取得执业兽医资格的人员备案即可执业，具有兽医相关专业中等以上学历的人员备案即可担任乡村兽医。

3.2 出台执业兽医继续教育规范

中国宠物诊疗行业涌现诸多继续教育培训机构，而各宠物诊疗机构也在向着专科化发展，例如老年病、眼科、心脏科、骨科等。中国兽医协会设立执业兽医继续教育委员会，意在提高注册执业兽医师的专业水平和道德水平，保障执业质量，维护动物健康和公共卫生安全。宠物诊疗机构也在定期对兽医进行培训，加强对兽医的继续教育，不断提高兽医诊疗水平。

为了规范继续教育和培训，在国家层面（或国家协会层面）出台继续教育的规范性规定，以统一标准提高培训水平、规范培训机构的培训活动和行为，将有利于提升执业兽医整体的技术水准。

3.3 放眼全球贡献中国智慧

在宠物诊疗行业发挥"一带一路"的精神，通过提升整体宠物诊疗机构和从业人员的素质、能力、水平，带动周边国家和相关地区的宠物诊疗水平一同进步，从而在全球宠物诊疗行业贡献中国智慧和方案。因此，应当及早谋划，吸收和引进国际上先进的执业兽医管理和制度规范的理念，尽快研究和制定相关制度，形成我国执业兽医从业和管理的优势以及必要的产业规范。

附录 2

宠物保健品行业发展报告

本报告由华驰千盛联合美国动物保健品协会共同发布

数据来源及说明

调研背景及目的

东西部兽医联合北京华驰千盛生物科技有限公司进行的宠物保健品发展现状调研，是一项极具前瞻性和实用价值的项目。随着宠物经济的快速增长和宠物主人健康意识的提升，宠物保健品市场正迎来前所未有的发展机遇。

了解医院端态度：通过调研，掌握医院端（即兽医及医疗机构）在诊疗过程中对宠物保健品的看法和使用情况，包括是否推荐、推荐的理由及限制因素等，为行业提供医院视角的反馈。

品牌偏好分析：分析医院和宠主对不同宠物保健品品牌的偏好，揭示市场品牌竞争格局，为品牌建设和市场推广提供数据支持。

宠主认知与接受度：探究宠物主人在接诊过程中对宠物保健品的了解程度、购买意愿及实际使用情况，评估市场教育需求和潜力。

行业作用与未来趋势：明确宠物保健品在医院业务板块中的当前地位和未来发展趋势，为行业规划提供方向性指导。

研发方向需求：挖掘市场对宠物保健品的新需求、新趋势，为产品研发和创新提供科学依据，推动行业技术进步和产品升级。

调研方式

定性调研，通过线上问卷、线下填写、私域群访谈等方式，深层次、多角度的了解宠物医生和宠主对宠物保健品的认知。

采访对象中包括 20 余名行业专家和资深院长，受采医院为当地代表性医院。

样本数量

①宠物医院及宠物医生样本：2740 份。其中宠物医院院长 852 人，占比 31%；宠物医生 1888 人，占比 69%。

②宠物主人样本数量：5985 份。

③宠物诊疗机构：1757 份样本来自小型医院（年流水 300 万以内），570 份样本来自中型医院（年流水 300 万~500 万），307 份样本来自大型医院（年流水超过 500 万）。

1. 宠物保健品发展现状

1.1 宠物保健品定义

宠物保健品是宠物添加剂预混合饲料的一种，也叫宠物营养补充剂，在中国，宠物保健品主要是指为满足宠物对氨基酸、维生素、矿物质微量元素、酶制剂等营养性饲料添加剂的需要，由营养性饲料添加剂与载体或者稀释剂按照一定比例配制的饲料。

在美国，宠物保健品主要分为以下两种类别。

①营养保健品。旨在为动物提供"营养"的产品（食物），作为完整均衡饮食的组成部分。包括但不限于维生素和矿物质、必需脂肪酸、电解质等。

②健康保健品。"食品"以外的，旨在支持宠物正常、健康的功能性产品。包括关节支持、镇静、肝肾健康、眼部健康、免疫、抗过敏等产品。

宠物保健品能帮助宠物保持健康、补充营养，也能辅助治疗等作用。虽然不能代替药品，但是也起到了调节宠物生理活动的作用，对宠物临床诊疗有着重要的意义。

1.2 宠物保健品发展阶段

1.2.1 1990—2000 年（萌芽期）

中国宠物食品行业迎来发展机遇，宠物保健品行业进入起步阶段。此阶段的宠主宠物营养意识较低，因此宠物保健品的需求量不高。

1.2.2 2001—2010 年（成长期）

中国养宠人群不断扩大，宠物食品消费规模也快速增长。这一阶段是中国宠物保健品发展的成长阶段，但宠物保健品的普及程度相对较低，销售以线下为主。

1.2.3 2011—2020 年（发展期）

伴随着中国经济的发展和宠物数量的持续增多，以及互联网的迅猛发展对销售渠道的加持，中国宠物保健品行业迎来了高速发展时期。

1.2.4 2021 年至今（成熟期）

随着宠主消费能力和保健意识的增强以及兽医师对营养学的认识加深，宠物保健品在宠物消费中的占比不断提高。

1.3 宠物保健品分类

1.3.1 按加工工艺分类

宠物保健品的性状，根据其加工工艺分为以下几种：粉剂、片剂、膏剂、水剂、胶囊等。

1.3.2 按配方及作用分类

分为第一代、第二代、第三代、第四代。

第一代以维生素为主，属于营养补充类，如多种维生素的复合粉末、药片、水剂等。

第二代以补充蛋白质、微量元素等为主，属营养补充类，如补钙的钙粉、钙片等。

第三代以功能性成分为主，属于营养加强类，如卵磷脂、深海鱼油或海藻粉等单品。

第四代以药食同源成分为主，将中草药等功能性的原材料应用在宠物食品中，有的具备预防宠物疾病的功效。

1.3.3 按照功能划分

主要分为肠胃调理、护肤美毛、补钙健骨、关节养护、口腔护理、综合营养品等。

①肠胃调理：益生菌、健胃消食、护肠护胃产品等。

②护肤美毛：美毛磷脂、化毛膏、泪痕片、各类美毛营养膏产品等。

③补钙健骨：乳酸钙、免疫制剂、护关节、促成长产品等。

④关节养护：各类软骨素、氨基葡萄糖产品等。

⑤口腔护理：各类宠物牙膏、口腔护理液、洁齿水、口腔喷雾产品等。

⑥综合营养品：各类微量元素、维生素、复合补剂、氨基酸产品等。

1.4 宠物保健品市场规模

1.4.1 全球宠物保健品市场规模

宠物保健品市场与宠物行业的增长相对应，目前全球宠物保健品市场正处于迅猛发展阶段，欧睿国际发布的全球宠物护理市场报告数据显示，2023 年宠物保健品市场规模约为 81.39 亿美元，其中美国宠物保健品市场规模约为 30 亿美元。

1.4.2 中国宠物保健品市场规模

数据显示，2023 年我国宠物保健品行业市场规模约为 130 亿元。相较于宠物主粮市场，宠物保健品仍属于小众市场，在宠物食品中占比不到 10%。

1.5 宠物保健品驱动因素

1.5.1 养宠人群持续增加

越来越多的家庭加入养宠队伍，随着生活水平的提高和对宠物情感的关注，人们对宠物的消费需求在不断升级，有意愿为宠物购买更好的保健产品和服务。

1.5.1 科学养宠理念提升

宠物主人对宠物健康意识的不断提升，给宠物提供营养补充成为大多数养宠家庭的共识，为宠物保健品的开发和推广提供了良好的市场基础。

1.5.3 保健品功能被不断挖掘

随着科技的进步和研究的深入，出现越来越多的创新型保健品，其功能也在不断提升，能够满足不同宠物的健康需求，催生了更多的机遇，宠物保健品市场被持续看好。

1.6 宠物保健品发展制约因素

1.6.1 准入门槛低

宠物保健品市场的产品种类繁多，但准入门槛较低，质量和功效参差不齐，部分产品缺乏科学验证或临床试验支持。企业对产品研发重视不足，导致产品同质化严重，降低了宠物主人对产品甚至行业的信任度。

1.6.2 法律法规不完善

目前国内在宠物保健品方面的法律法规和质量标准都不太完善，急需出台相关的宠物保健品法律法规和质量标准，规范市场发展。

1.6.3 宠物主人认知因素

当下宠物主人对宠物保健品缺乏足够的认知和信任，需加强消费者教育，提高宠物主人对宠物保健品的认知水平。

1.7 兽医对保健品的认知

调研数据显示，越来越多的执业兽医师开始关注对宠物保健的学习与实践，约八成以上的宠物医院有宠物保健品业务，七成以上的兽医师参与过保健品相关知识的培训学习。

2. 宠物保健品在诊疗机构的应用概况

2.1 宠物诊疗机构开展保健品业务现状

有 81.67% 的宠物诊疗机构已开展宠物保健品业务，还有 18.33% 的宠物诊疗机构暂无宠物保健品业务。

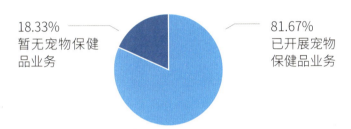

18.33%
暂无宠物保健品业务

81.67%
已开展宠物保健品业务

图 1　宠物诊疗机构开展保健品业务现状

2.2 宠物保健品在宠物医院所起到的作用

受访宠物医院院长认为宠物保健品在宠物医院中起到的主要作用为辅助治疗、增强免疫力、肠胃调理，分别占比 78.54%、61.40%、46.94%，仅有 6.26% 的院长认为没有作用。

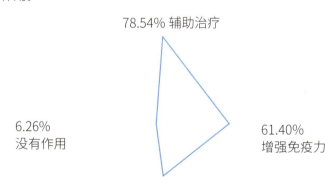

78.54% 辅助治疗

6.26%
没有作用

61.40%
增强免疫力

46.94% 肠胃调理

图 2　宠物保健品在宠物医院所起到的作用 ①

---

① 数据说明：多选题，总和大于 100%。

2.3 医院宠物保健品的销售趋势

七成以上的受访宠物医院院长认为所在医院的宠物保健品销售呈上升趋势。

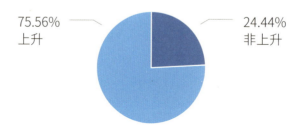

75.56%
上升

24.44%
非上升

图 3　医院宠物保健品的销售趋势

2.4 宠物保健品能够帮医院增加收益的比例

受访医生中，30.25% 认为宠物保健品能够帮医院增加 10% 以内的收益，39.2% 认为宠物保健品能够帮医院增加 10%~20% 的收益，17.73% 认为宠物保健品能够帮医院增加 20%~30% 的收益，9.83% 认为宠物保健品能够帮医院增加 40% 以上的收益，2.98% 认为没有明显收益。

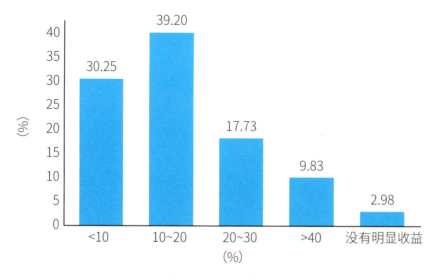

图 4　宠物保健品能够帮医院增加收益的比例

2.5 医院使用的保健品中需求量增长的品类

受访院长和医生表示使用的保健品中需求量增长较快的是维生素、鱼油、钙铁锌类和胃肠道类，占比分别为 53.06%、42.03%、35.32% 和 33.23%。关节类、肝肾类、神经情绪类、心肺类占比也均超过 10%，分别为 19.23%、13.86%、12.37%、11.77%。

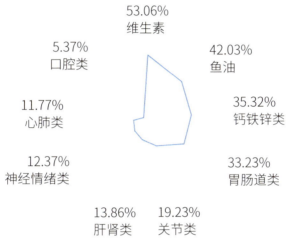

图 5　医院使用的保健品中需求量增长的品类占比 ①

2.6 宠物保健品选择品牌偏好

45.16% 的受访者偏好国产品牌，24.44% 的受访医生偏好进口品牌，30.40% 的受访医生无明显偏好。

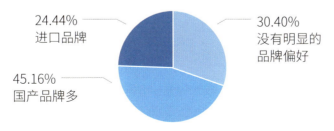

图 6　受访者宠物保健品选择品牌偏好

---

① 数据说明：多选题，总和大于 100%

2.7 宠物保健品的使用时间

41.90% 的受访者认为宠物保健品应该长期使用，31.13% 的受访者则认为宠物保健品使用时间根据宠物状况而定，26.97% 的医生认为宠物保健品应该短期使用。

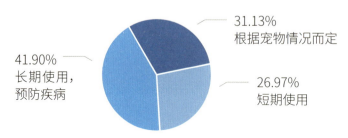

图 7　宠物保健品的使用时间

2.8 宠物保健品的剂型

53.20% 的受访者认为保健品应该以膏剂的形式出现，51.27% 认为应该以片剂的形式出现，40.39% 认为应该为液体的形式出现，14.31% 认为应该以粉剂的形式出现。

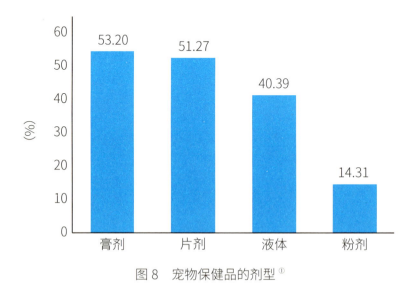

图 8　宠物保健品的剂型 ①

---

① 数据说明：多选题，总和大于 100%。

2.9 医生诊疗过程中是否愿意使用或推荐宠主使用保健品

87.48% 的医生愿意使用或推荐宠主使用保健品，12.52% 的医生不愿意使用和不推荐宠物保健。

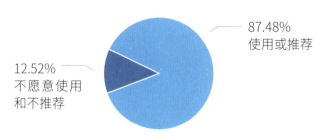

图 9　医生诊疗过程中是否愿意使用或推荐宠主使用保健品

2.10 宠主对宠物保健品的了解程度

40.98% 的受访者认为宠主对宠物保健品比较了解，47.09% 的受访者认为宠主对宠物保健品一般了解，11.92% 的受访者认为宠主对宠物保健品知之甚少。

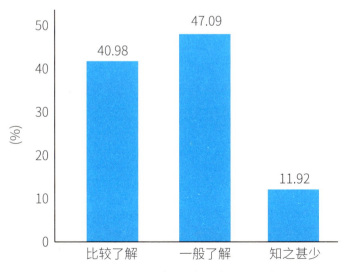

图 10　宠主对宠物保健品的了解程度

2.11 医生推荐宠物保健品时，宠主的态度

在医生推荐保健品时，45.60% 的宠主会选择相信，并当场购买；51.27% 的宠主会犹豫，考虑购买；仅有 3.13% 的宠主不会相信，并且不购买。

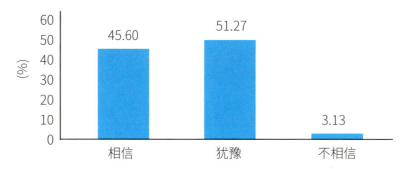

图 11　医生推荐宠物保健品时，宠主的态度

2.12 宠主在购买保健品时关注的因素

宠主在购买保健品时主要关注因素的占比分别是性价比 75.41%、功能效果 55.74%、品牌知名度 50.07%、天然成分 28.32%、医生推荐 20.88%、用户口碑 18.03%。

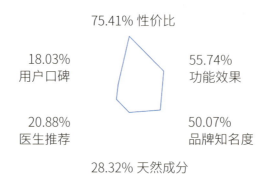

图 12　宠主在购买保健品时关注的因素 ①

———————————

① 数据说明：多选题，总和大于 100%。

2.13 宠物保健品的单价范围

受访者中，16.54% 认为宠物保健品单价应该在 50 元以下，45.31% 认为单价应该在 50~100 元之间，28.46% 认为单价应该在 100~300 元之间，6.86% 认为单价应该在 300~500 元之间。

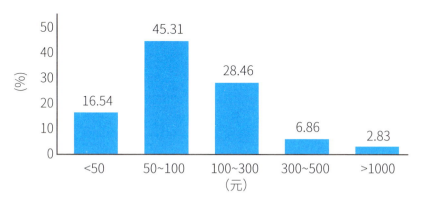

图 13　宠物保健品的单价范围

2.14 目前宠物保健品需要改进的地方

市场宣传、配方、生产工艺、质量、售后服务是受访者认为目前中国宠物保健品最亟须改进的前五个地方。

图 14　目前宠物保健品亟须改进的地方

2.15 医生认为宠主希望宠物保健品的研发注重因素

受访医生认为宠主希望宠物保健品的研发应该注重以下几个方面,其中安全性占比 73.17%,适口性占比 59.46%,有效性占比 51.42%,方便性占比 33.53%。

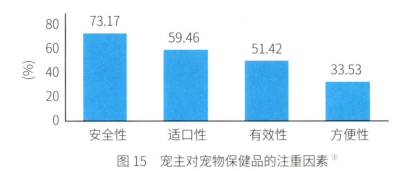

图 15　宠主对宠物保健品的注重因素①

2.16 厂商生产宠物保健品时注意事项

68.11% 的受访者认为厂商生产宠物保健品时应注意产品功效的准确性,51.56% 认为厂商要关注宠物的需求,45.45% 认为厂商要关注产品的价格和市场定位,24.14% 认为厂商要关注宠物医生的推荐,23.25% 认为厂商要多关注预防和治疗宠物疾病的药物。

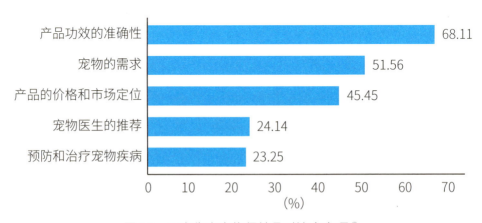

图 16　厂商生产宠物保健品时注意事项②

① 数据说明:多选题,总和大于 100%。
② 数据说明:多选题,总和大于 100%。

2.17 宠物医院保健品的进货渠道

受访者表示选择从经销商、批发商处购买的比例为 56.04%，其次是直接向生产商订购，比例为 54.25%，网上商城购买及微信朋友圈渠道进货的比例分别为 31.59% 和 16.84%。

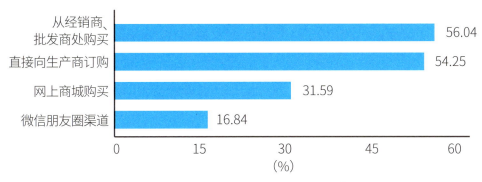

图 17　宠物医院保健品的进货渠道 [①]

2.18 医院引进保健品的因素

受访者表示医院引进保健品最看重品牌，价格、适口性和效果占比也较高。

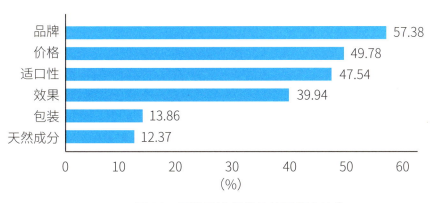

图 18　医院引进保健品的因素占比 [②]

---

① 数据说明：多选题，总和大于 100%。
② 数据说明：多选题，总和大于 100%。

2.19 小结

①宠物保健品持续受到医院认可并推荐，辅助治疗作用明显。

②国产品牌深入人心，宠物保健品长期使用理念提升。

③宠主对保健品认知加深，宠主自主权意识更强，消费降级明显，性价比为最受关注的因素，宠物保健品建议单价范围降低。

④厂商应在配方科学合理、安全及适口性、确保产品的功效性，契合宠主的需求和建议上提高重视度。

3. 宠物保健品消费概况

3.1 宠主养宠时间

养宠 1~2 年以内的宠主占比最多为 42.59%，养宠 1 年以内的宠主占比 25.93%，养宠 3~5 年以上的宠主占比 16.67%，养宠 5 年以上的宠主占比 14.81%。

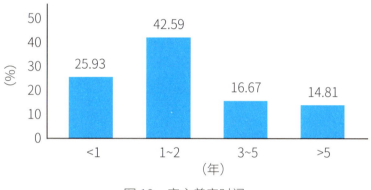

图 19　宠主养宠时间

3.2 宠主养宠数量

养 1 只宠物的宠主占比 50.00%，养 2~5 只宠物的宠主占比 46.30%，养 5 只以上宠物的宠主占比 3.70%。

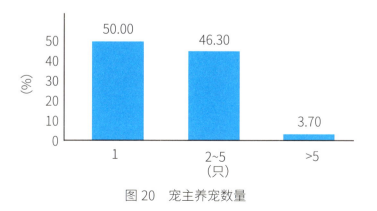

图 20　宠主养宠数量

3.3 宠物的种类

45.96% 的宠主是养猫人士，35.52% 的宠主是养犬人士，16.67% 宠主犬猫双全，1.85% 的宠主养的是包括异宠在内的其他宠物。

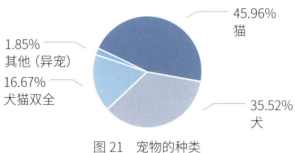

图 21　宠物的种类

3.4 喂养的猫咪年龄及种类

41.86% 宠主喂养的猫咪年龄是 1~2 岁，25.58% 的宠主喂养的猫咪年龄是 2~5 岁，18.6% 的宠主喂养的猫咪是 5 岁以上，13.95% 的宠主喂养的猫咪是 0~12 个月。23.26% 的宠主喂养的是普通猫咪（田园猫），65.11% 的宠主喂养的是短毛猫咪（英国短毛猫、美国短毛猫等），11.63% 的宠主喂养的是长毛猫咪（缅因猫、加菲猫等）

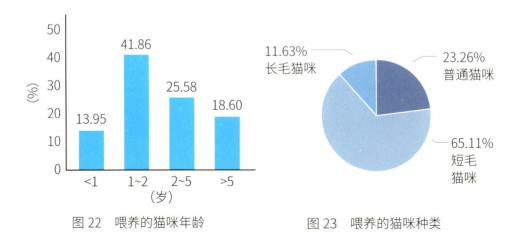

图 22　喂养的猫咪年龄　　　　图 23　喂养的猫咪种类

3.5 喂养的猫咪来源

41.16% 的宠主喂养的猫咪来源于亲人熟人送养，30.93% 的猫咪来源于线下集市和宠物店购买，15.28% 的猫咪来源于线上购买，9.63% 的猫咪来源于繁育舍挑选，3% 的猫咪来源于领养和救助。

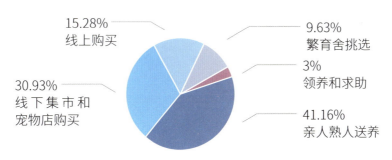

图 24　喂养的猫咪来源

3.6 喂养的犬年龄及种类

40% 的宠主喂养的犬年龄在 1~2 岁，30% 的宠主喂养的犬年龄是 0~12 个月，20% 的宠主喂养的犬年龄是 2~5 岁，10% 的宠主喂养的犬是 5 岁以上。

48% 的宠主喂养的是小型犬（泰迪、吉娃娃等），37% 的宠主喂养的是中型犬（柴犬、中华田园犬），15% 的宠主喂养的是大型犬（哈士奇、金毛等）

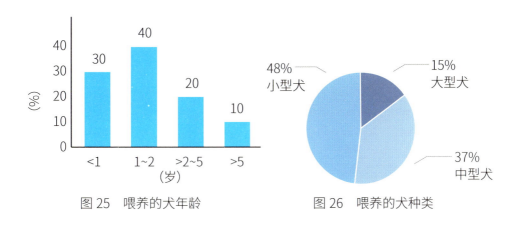

图 25　喂养的犬年龄　　　　图 26　喂养的犬种类

3.7 喂养的犬宠物来源

30.16% 的宠主喂养的犬来源于亲人熟人送养，29.43% 的犬来源于线下集市和宠物店购买，16.28% 的犬来源于线上购买，10.63% 的犬来源于繁育舍挑选，3.50% 的犬来源于领养救助。

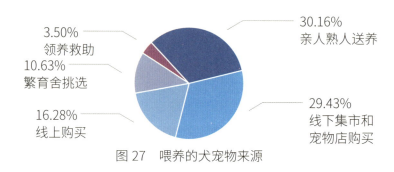

图 27　喂养的犬宠物来源

3.8 宠主获取养宠知识、宠物用品、医疗保健的信息渠道

受访宠主中，在宠物店获取信息占比 35.29%，在宠物医院获取信息占比 45.10%，在小红书、抖音平台获取信息占比分别为 64.71% 和 68.63%。

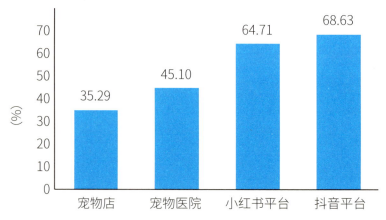

图 28　宠主获取养宠知识、宠物用品、医疗保健的信息渠道[①]

---

① 数据说明：多选题，总和大于 100%。

3.9 宠主在新媒体平台浏览宠物信息方式

受访宠主中，在新媒体平台中通过主动搜索关键词浏览信息的占比为 92.59%，通过关注博主、UP 主浏览信息的占比仅为 7.41%。

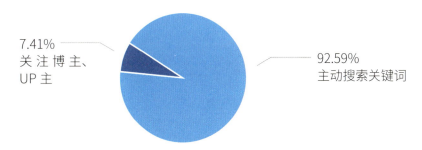

7.41%
关注博主、
UP 主

92.59%
主动搜索关键词

图 29 宠主在新媒体平台浏览宠物信息方式

3.10 宠主关注的博主、UP 主的类别

受访宠主中，日常关注新媒体类别主要包含萌宠类、猫舍犬舍类、宠物用品品牌类等账号较多，占比分别为 75.29%、65.10%、57.71%，宠物医生类占比 35.63%。

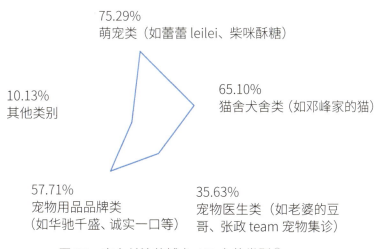

75.29%
萌宠类（如蕾蕾 leilei、柴咪酥糖）

10.13%
其他类别

65.10%
猫舍犬舍类（如邓峰家的猫）

57.71%
宠物用品品牌类
（如华驰千盛、诚实一口等）

35.63%
宠物医生类（如老婆的豆哥、张政 team 宠物集诊）

图 30 宠主关注的博主、UP 主的类别 [①]

---

① 数据说明：多选题，总和大于 100%。

3.11 宠主浏览宠物信息的风格偏好

受访宠主中，浏览关于宠物健康的科普类占比 77.78%，可爱、高颜值的宠物类 64.81%，宠物活动类 44.44%，搞笑娱乐类 40.74%，宠物吃播类 22.22%，专业技能教学类 20.37%。

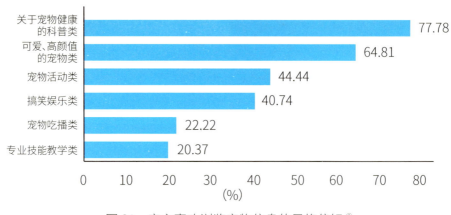

图 31　宠主喜欢浏览宠物信息的风格偏好 [①]

3.12 宠主对犬猫产品来源国的关注

受访宠主中，认为产品来自国产或国外进口均可的占比 61.11%，认为国外进口品牌更好的占比 20.37%，认为国产品牌更好的占比 18.52%。

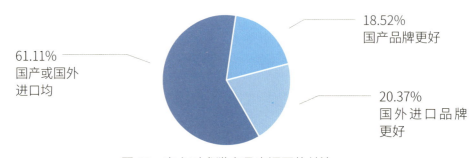

图 32　宠主对犬猫产品来源国的关注

---

① 数据说明：多选题，总和大于 100%。

3.13 宠主选择国产犬猫产品的原因

国产犬猫产品被宠主所选择的原因中，性价比更高占比 90.00%，愿意支持国产品牌占比 50.00%，国产品牌供货更稳定占比 20.00%。

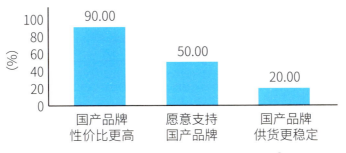

图 33　宠主选择国产犬猫产品的原因 [1]

3.14 宠主选择国外进口犬猫产品的原因

国外进口犬猫产品被宠主所选择的原因中，认为进口品牌犬猫产品标准高、更安全占比 81.82%，认为进口品牌品质更高占比 54.55%，认为进口品牌犬猫产品监管严格占比 45.45%，认为进口品牌更专业占比 36.36%。

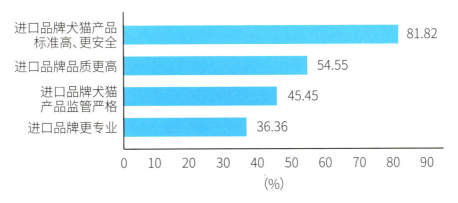

图 34　宠主选择国外进口犬猫产品的原因 [2]

---

① 数据说明：多选题，总和大于 100%。
② 数据说明：多选题，总和大于 100%。

3.15 宠主日常健康养宠的关注要点

受访宠主中，在日常落实健康养宠理念时，75.93% 的宠主选择了日常观察宠物精神状态，74.07% 的宠主选择了定时定量喂养，70.37% 的宠主选择了注意宠物饮水量，53.70% 的宠主选择了控制喂养食物。

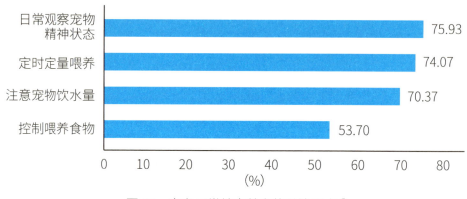

图 35　宠主日常健康养宠的关注要点 [①]

3.16 宠主对宠物保健品的看法

受访宠主中，认为宠物保健品需要日常定期喂养的占比 46.67%，阶段喂养（如幼年、老年或孕期）的占比 41.48%，生病或有症状时喂养的占比 11.85%。

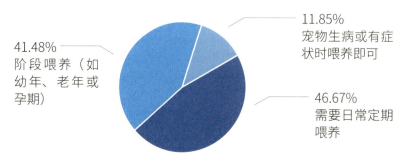

图 36　宠主对宠物保健品的看法

---

① 数据说明：多选题，总和大于100%。

3.17 宠主对宠物保健品类别的认知

在受访宠主中，对宠物保健品的类别判定情况如下：宠物益生菌占比85.19%，鱼油占比74.07%，钙片占比68.52%，消化促进剂占比48.15%，功能性主食猫条占比44.44%，化毛膏占比38.89%，驱虫药占比38.89%。

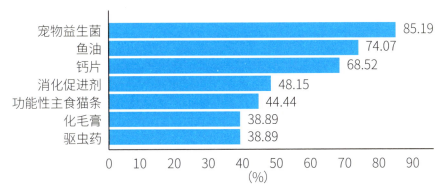

图 37　宠主对宠物保健品类别的认知 ①

3.18 宠主对宠物保健品品牌的认知度

受访宠主中，对宠物保健品品牌华驰千盛、卫仕、麦德氏、普安特、勃林格宠物、维普斯、凯塔斯的认知度占比分别为87.04%、64.81%、57.41%、50.00%、22.22%、14.81%、9.26%。

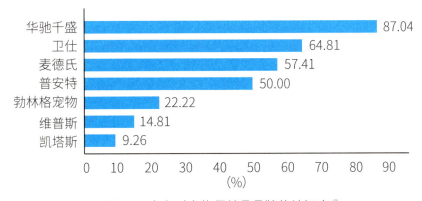

图 38　宠主对宠物保健品品牌的认知度 ②

---

① 数据说明：多选题，总和大于 100%。
② 数据说明：多选题，总和大于 100%。

3.19 宠主每月为每只宠物购买保健品的支出

受访宠主中，每月为每只宠物购买保健品的支出在 300 元以下的宠主占 53.71%，在 300~500 元的宠主占比 33.33%，超过 500 元的宠主占比 12.96%。

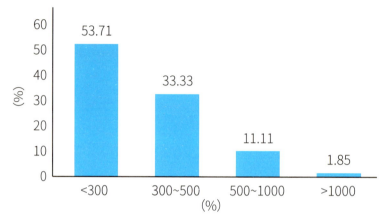

图 39　宠主每月为每只宠物购买保健品的支出

3.20 宠主遇到宠物出现小病症时的选择

受访宠主中，当遇到宠物生病且病状较小时，如消化不良等，有 37.04% 的宠主选择前往线下宠物医院就医，有 31.48% 的宠主选择线上咨询宠医，选择自行观察并买药或咨询养宠朋友的占比分别为 22.22%、9.26%。

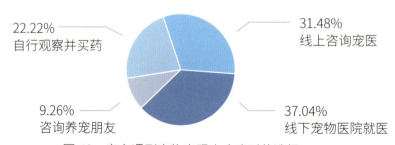

图 40　宠主遇到宠物出现小病症时的选择

3.21 宠主购买宠物保健品渠道

天猫、淘宝和京东是宠主购买宠物保健品的主要渠道，占比分别为 82.35%
和 66.67%，线下主渠道为宠物医院和宠物店，占比分别为 41.18% 和 31.37%。

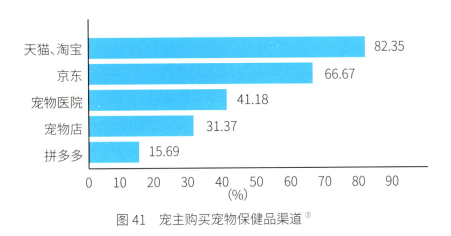

图 41　宠主购买宠物保健品渠道[①]

3.22 选择购买渠道的原因

75.93% 的宠主认为渠道的可信度，成为其选择购买渠道的首要因素。
62.96% 的宠主认为可选品牌、产品多，是考量购买渠道的第二大因素。促销
活动多、朋友推荐、物流高效快速的考量值则相对较低，占比分别为 44.44%、
25.93%、24.07%。

图 42　选择购买渠道的原因[②]

① 数据说明：多选题，总和大于 100%。
② 数据说明：多选题，总和大于 100%。

3.23 宠主购买宠物保健品关注的因素

70.37% 的宠主购买宠物保健品第一关注因素为产品适口性是否好，宠物是否爱吃。64.81% 宠主关注营养成分含量高否及是否有效。评价是否好、医生是否推荐、品牌知名度高不高等因素分别占比 44.44%、40.74%、33.33%。

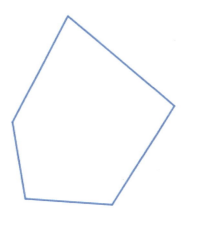

70.37%
产品适口性是否好，
宠物是否爱吃

33.33%
品牌知名度高
不高

64.81%
营养成分含量高
否及是否有效

40.74%
医生是否推荐

44.44%
评价是否好

图 43　宠主购买宠物保健品关注的因素 ①

---

① 数据说明：多选题，总和大于 100%。

3.24 宠主最期待的宠物保健品类型

72.37% 的宠主最期待肠胃调理的宠物保健品。超过一半的宠主期待护肤美毛、预防病症、增强免疫的宠物保健品，其占比分别为 68.52%、61.11%、57.41%。期待补钙壮骨、关节保护、口腔护理类型的宠物保健品的宠主分别占比 50.00%、44.44%、42.59%。

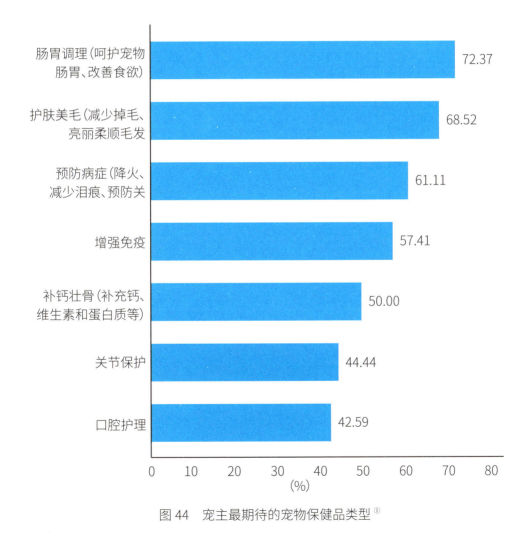

图 44　宠主最期待的宠物保健品类型 ①

---

① 数据说明：多选题，总和大于 100%。

3.25 宠主期待宠物保健品产品方向

79.63% 的宠主希望能够根据宠物不同的年龄段进行产品剂量包装，44.44% 的宠主希望能够根据不同宠物品种进行细分产品，35.19% 的宠物认为延续根据不同产品功效进行产品研发即可。

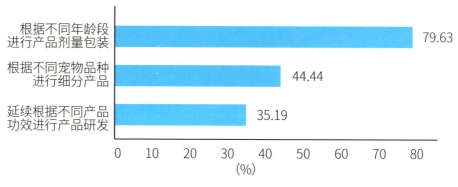

图 45　宠主期待宠物保健品产品方向 [1]

3.26 向周围人推荐宠物营养保健品的意愿

66.67% 的宠主会向周围人推荐宠物营养保健品，29.63% 的宠物会看情况推荐，3.70% 的不会推荐。

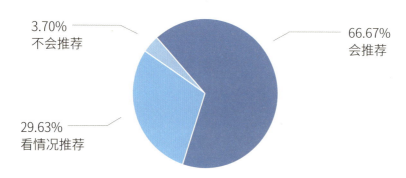

图 46　向周围人推荐宠物营养保健品的意愿

---

[1] 数据说明：多选题，总和大于 100%。

3.27 尝试新的宠物营养保健品意愿

92.60% 的宠主愿意尝试新的宠物营养保健品,7.40% 的宠主不愿意尝试新的宠物营养保健品。

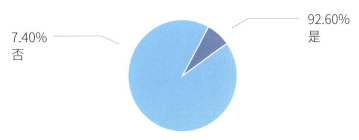

图 47　尝试新的宠物营养保健品意愿

3.28 宠主选择宠物医院看重的因素

88.89% 的宠主看重医院的口碑,62.96% 的宠主看中医生实力,57.41% 的宠主看中服务水平及医院设备环境,51.85% 的宠主看中价格,地理位置和品牌连锁占比分别为 31.48% 和 25.93%。

图 48　宠主选择宠物医院看重的因素 ①

① 数据说明:多选题,总和大于 100%。

3.29 宠主选择宠物医院的线上搜索平台

55.56% 的宠主会从美团上搜索选择宠物医院，51.85% 和 42.59% 的宠主会从抖音和地图搜索选择宠物医院，40.74% 的会从小红书搜索选择宠物医院，从快手搜索选择宠物医院的宠主有 9.26%。

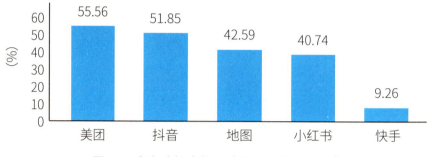

图 49　宠主选择宠物医院的线上搜索平台①

3.30 医生对宠物保健品的推荐是否会影响宠主

55.56% 的宠主会上电商平台搜索对标价格和甄别对症后，确定是否购买。44.44% 的宠主会根据对医生的信任程度，确定是否会买单。认为是套路和无条件相信宠物医生的推荐均为 0%。

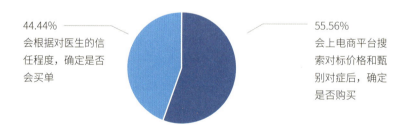

44.44%
会根据对医生的信任程度，确定是否会买单

55.56%
会上电商平台搜索对标价格和甄别对症后，确定是否购买

图 50　医生对宠物保健品的推荐是否会影响宠主②

---

① 数据说明：多选题，总和大于 100%。
② 数据说明：多选题，总和大于 100%。

3.31 小结

3.31.1 宠主特征

养宠 1~2 年的宠主占比最高，养 1 只宠物的宠主占比最高，养猫人士占比高于养犬人士 10 个百分点。

喂养的宠物来源占比最高的方式为亲人熟人送养，其次为线下集市和宠物店购买。短毛猫咪及小型犬更受宠主喜爱。

3.31.2 宠主对宠物保健品认知及使用情况

小红书、抖音成为宠主获取养宠知识、宠物用品、医疗保健的重要信息渠道。

宠主对宠物保健品国产进口敏感度不太明显，国产品牌性价比更高、进口品牌更安全成为宠主最主要选择的原因。

多数宠主都有科学健康养宠的意识，保健品需定期喂养的认知度也较高，对宠物保健品认知最深的是益生菌和鱼油等。

宠主购买宠物保健品月消费 300 元以下的占比最多，宠物有小症状时，线下就医和线上咨询医生均是宠主的主要处理方式。

3.31.3 宠主关于宠物保健品购买渠道和看重因素

线上渠道是宠主购买宠物保健品的主力渠道，渠道是否可信是选择购买渠道的首要因素。适口性是否好，宠物是否爱吃是宠主的第一关注要素。

宠主最期待调理肠胃、护肤美毛等类型保健品，并希望能够根据宠物不同年龄段和不同品种去细分产品。

口碑是宠主选择医院的最重要因素，其次为医生实力。美团、抖音、地图、小红书是宠主选择宠物医院的重要搜索平台。

4. 宠物保健品发展趋势

4.1 宠物保健品的认知增长点

2024 年，受访医生中认为宠物保健品应长期使用的占比在 41.88%，对标 2023 年提升 6%。宠主端认为应长期使用宠物保健品的占比 46.67%，对标 2023 年上涨了近 30 个百分点。双端对保健品要长期使用，"预防于大治疗"的理念逐步开始保持同频。

39.20% 的宠物医院宠物保健品营销额占比 10%~20%，和 2023 年保持持平状态，预防保健市场还有巨大的增长空间。而增长不是自然产生的，需要广大医生不断推动宠主加强预防保健意识，并推广好的宠物保健产品，从而减少宠物生病的频次。

4.2 宠物保健品的关注趋势

从双端对宠物保健品认为的定价范围，可以明显感知到消费降级，45.13% 的受访医院院长认为宠物保健品定价应在 50~100 元之间，2023 年这个比例范围在 100~300 元之间。宠主端每月为每只宠物购买保健品在 300 元以下消费占比最高，2023 年该项数据在 500 元左右占比最高。

国产宠物保健品关注度在双端有了明显的认知偏好，医生端对国产品牌的偏好相对 2023 年提升了 7 个百分点，宠主端也从 2023 年更偏好进口品牌，转变到 2024 年的国内国外品牌均可的态度，且认为国产品牌性价比更高。

4.3 宠主对宠物保健品的发展期待

00 后和 90 后目前是一线和二线城市养宠的主力军，未来宠物保健品的消费群体仍会以年轻人群为主。因此，针对这一消费群体的偏好和需求开发宠物保健品，将是市场增长的关键。

数据显示，近七成的宠物处于青年和中年，是最大的宠物年龄群体，在未来的 2~3 年，宠物老龄潮也会如期而至，宠主希望宠物健康产品能够针对宠物全生命周期（幼年、中年、老年）进行细分研发，对不同体重分剂量包装和区分宠物品种研发产品也提出了更精细化的需求。

4.4 宠主购买宠物保健品决策的关键因素

宠主的自主决策性更强，更相信自己通过各电商平台及信息平台搜出来相关信息进行下一步行为决策，医生的推荐仅占一部分因素。

产品及品牌信息在小红书、抖音等线上平台的曝光度和口碑会极大地影响宠主的决策。线上电商平台和线下医院价格是否统一也很大程度影响消费者的选择购买渠道。

产品适口性好坏和产品是否有效是宠主对宠物保健品购买与否最关键的两大因素。

4.5 宠主寻医决策路径对医院的启发

近七成宠主在宠物出现小症状时，会通过线上或线下进行医生问诊，医院应通过多渠道建设承接好这部分宠主的流量，并持续不断运营增加宠主信任感和用户黏性，而宠主选择哪家医院的搜索路径基于美团、抖音、地图、小红书等多个网上平台，其中口碑成为第一关注因素。医院可根据自身运营策略进行重点深度布局，并从宠物福利角度服务好宠物，让宠主安心，且需持续进行客户服务反馈问询，不断优化提升服务意识。

4.6 预防保健医学的重要性

随着宠物年龄结构的变化、多宠物家庭数量的增加，以及养宠人群逐渐趋向年轻化和高知识化，宠物主人对于高质量养宠生活的追求也日益迫切。他们渴望在宠物的全生命周期中，获得来自宠物医生的专业指导和贴心关怀。这一变化促使宠物诊疗服务逐渐从以治疗为主向预防保健为主转变，强调了在日常养护中预防疾病发生的重要性。

面对宠物医院日益显著的重资产化趋势，以及运营成本的不断攀升，推广预防保健医学成为了一种有效的对冲策略。预防保健医学更加注重医生的专业素养、医院的运营优化以及对客户需求的精细化管理。与依赖高端设备投入的传统诊疗模式不同，这一模式也预示着宠物医疗服务模式的转型升级。

5. 美国宠物保健品概况

5.1 美国宠物保健品发展概况

5.1.1 美国宠物保健品发展驱动因素

养宠物在美国很普遍，根据 MarketPlace 交易平台在 2024 年进行的消费者研究结果，18 岁及以上的美国成年人拥有一只犬的比例为 76%，拥有一只猫的比例为 57%。

在一份对 754 名美国宠物主人的调查研究报告中，32% 的宠物主人为宠物喂养了保健品。56% 的人表示至少每周给犬喂食补充剂。44% 的人表示至少每周给猫喂食补充剂。

购买宠物保健品的宠主往往是犬主人，88% 的宠物保健品购买者表示他们为犬购买。52% 的宠物保健品购买者表示他们为猫购买。40% 的购买者表示他们同时为犬猫购买保健品。

5.1.2 美国宠物保健品发展限制因素

在美国，虽然生活成本的增加抑制了许多类别的支出，但与宠物相关的支出往往是家庭预算中不可能减少的项目之一。

2023 年的一份研究探讨了生活成本和产品价格上涨对宠物购买的影响，只有 5% 的宠物家庭表示他们会减少与宠物相关的开支——少于那些会减少自己食物（19%）、交通（9%）或医疗保健支出（6%）的人。

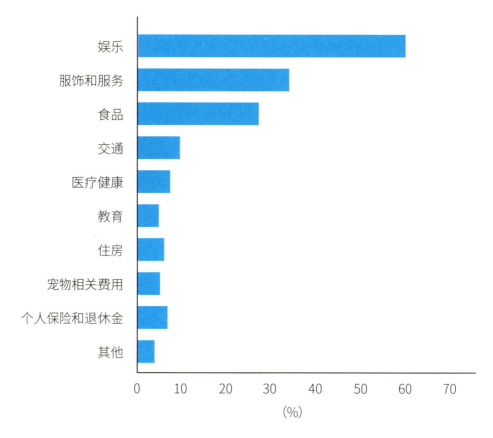

图 51　如果减少开支,宠物家庭会拟降低的费用类别

　　虽然宠物保健品品类可选择范围有限,但价格或生活成本的上涨仍会促使人们转向更实惠的产品或品牌。当被问及他们对宠物保健品成本增加 10% 有何反应时,29% 的宠物保健品购买者表示他们会寻找替代品。66% 的购买者则预计他们会继续购买相同的宠物保健品。

5.2 美国宠物保健品主要品牌及销售渠道

5.2.1 宠物保健品品牌

除了维特科学、康仕健、达仕健、天然宝和冠能等知名宠物保健品品牌外，近年来，快乐一爪、玛氏、Pet Honesty 和 PetLab Co 等新品牌的涌入改变了宠物保健品类别的面貌。

另外，风险投资、各种零售渠道和数字营销机会的结合，以及围绕产品形式、配方和品牌的创新，都促进了品类不断增长。

5.2.2 宠物保健品剂型喜好

基于对保健品类型或剂型的动物接受度（适口性）的考虑，软咀嚼片是最受追捧的。根据 MarketPlace 交易平台的研究，41% 的犬保健品购买者指出软咀嚼片是他们最喜欢的保健品剂型之一。在猫咪保健品购买者中，38% 的人作出了相同的选择。

这种类似零食的剂型在过去十年中促成了宠主购买类别的转变，宠主倾向于选择宠物喜欢的保健品类型。但这种对易于喂养并引起宠物积极反应的保健品的偏好，也导致了宠物零食与保健品的混淆。

虽然宠物零食与保健品不同，但一些零食品牌强调成分和相关好处，有时以类似于保健品的方式呈现这些属性。一些品牌将他们的零食定位为类似于保健品——并且在一些消费者心目中，它是一个有竞争力的替代品。由于缺乏适当的监管、剂量或喂养说明来证实和比较，一些宠主被引导误认为这些零食与保健品相当。零食也作为"食品"受到监管，其使用的成分和声明的功能应当是美国法律所允许的。

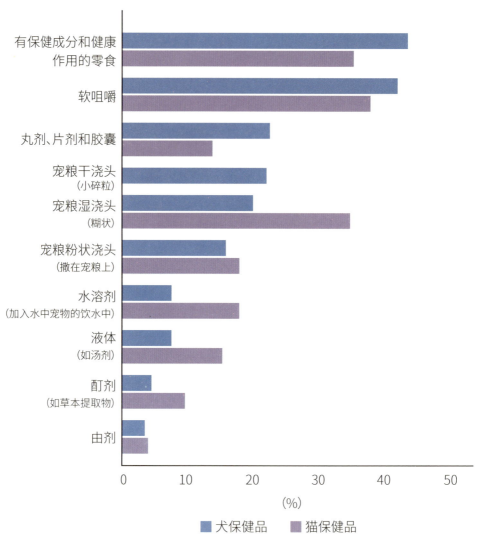

图 52　宠物保健品剂型喜好

5.2.3 销售渠道

无论是购买宠物保健品、食品、零食还是宠物护理产品，宠主在购买宠物产品时往往通过多渠道。

根据 MarketPlace 交易平台的研究，59% 的宠物保健品购物者表示在过去 12 个月内从 Chewy 购买过宠物产品。他们购买宠物用品的其他零售渠道还包括亚马逊（51%）、大型零食店（48%）和宠物专卖店（45%）等。

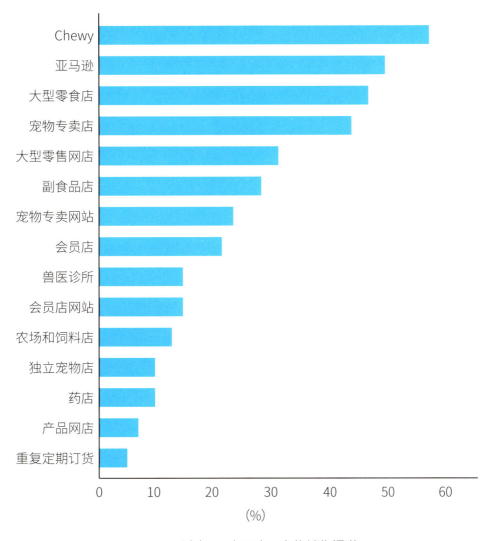

图 53　过去 12 个月购买宠物销售渠道

    直接面向消费者（D2C）是一种新兴的商业模式，对于寻求快速进入市场的新品牌来说可能是一种值得尝试的方法，但只有 6% 的宠物保健品顾客表示在过去一年中从 D2C 品牌网站购买了宠物商品。虽然 D2C 网站可以成为展示收入潜力的有效试验场，但它们通常需要战略促销计划和大量营销预算。

    长期、有效的增长战略通常需要最终扩展到多个零售渠道，以确保产品在宠物保健品购买者商店的更多地方有售。

5.3 兽医对宠物保健品的认知

5.3.1 宠物医院渠道建设

15% 的宠物保健品购买者表示，他们在过去一年中曾在兽医医院购买过某种宠物产品。除了由于兽医医院是一个方便的购买点之外，兽医的建议也是重要的影响因素。

虽然许多品牌都寻求打入兽医渠道，但这样做通常需要大量的临床研究、良好的分销商人脉和强大的销售策略。

5.3.2 产品标识

除兽医直接推荐之外，宠物保健品包装上的"兽医推荐"标记也对购物者产生显着的影响。对于 27% 的宠物保健品购买者来说，包装上的这条信息会引起他们积极的回应，并认为这是商品良好质量的标志。

值得注意的是，品牌必须考虑当前的法律法规来做出"兽医推荐"声明。咨询您的法律顾问对于您打算提出的任何声明都至关重要，包括"兽医推荐"或"兽医配方"。

通常"兽医推荐"声明可能需要具有统计意义的兽医样本量来验证他们对商品配方的推荐。与"临床证明"类似，安全甚至益处声明都必须由营销该产品的公司得到科学证实，以经得起来自监管和法律角度的审查挑战。一个需要严格遵循的基础是，所有声明或陈述都必须真实，在任何特定方面不对消费者产生误导。未能实现这些目标可能会导致监管行动，从而造成业务中断或法律挑战，这可能既费钱又耗时。

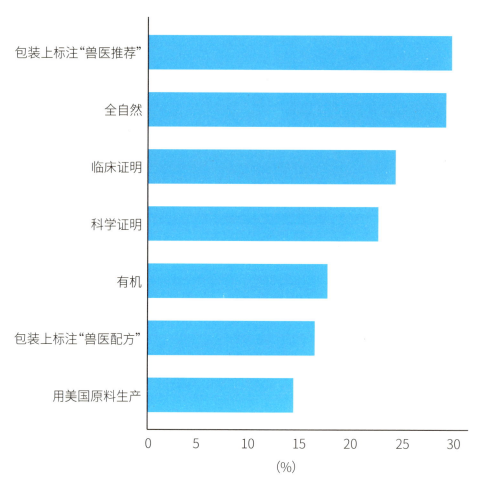

图 54 引起"正面"评价的产品标识

5.4 美国宠物保健品消费概况

5.4.1 与宠物相关的消费习惯

在 MarketPlace 交易平台 2024 年消费者研究中，几乎所有宠主都表示，与前一年相比，过去 12 个月在宠物上的支出大致相同或更多。其中 40% 的宠主表示，他们在过去 12 个月中在宠物身上的平均花费有所增加，55% 的宠主表示他们的支出与前一年大致相同。

5.4.2 影响购买的因素

1. 功能益处

在做出购买决定时，大多数宠物保健品购买者首先会寻找特定的功能益处，例如关节健康或支持消化。根据 MarketPlace 交易平台 2024 年报告，36% 的犬保健品购物者和 31% 的猫保健品购物者通过寻找特定的需求或功能益处进行购买。

当被问到考虑在过去 12 个月中购买宠物保健品寻求哪些好处时，宠主人最有可能购买关节、皮肤和皮毛以及日常保健方面的保健品。消化方面的保健品同样是宠主购买保健品的一个大类。

在犬保健品中，肠道健康和抗焦虑、镇静方面的保健品较受欢迎，而免疫、泌尿和肾脏方面的保健品在猫保健品中更受欢迎。

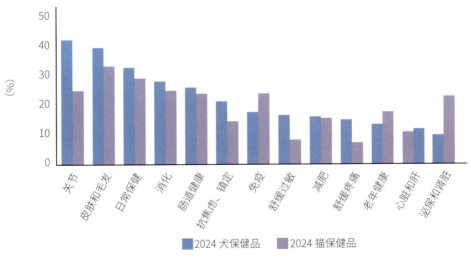

图 55　宠物保健品功能益处喜好

　　根据 MarketPlace 交易平台的 2024 年消费者研究，42% 的宠物保健品购买者认为益生菌对宠物的健康有益。欧米伽 3 和欧米伽 6、维生素 D 和鱼油等熟悉的成分也受到积极评价。

　　与前几年的数据相比，消费者对益生菌、欧米伽和益生元的认知都有所增加。相反，与之前的调查相比，更少的受访者认为大麻二酚是有益的。

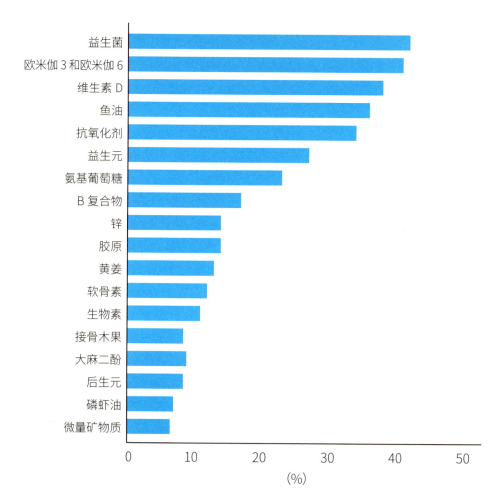

图 56　购买者对和功能益处相关成分的认知

2. 其他因素

虽然功能益处通常是购买过程中的首要考虑因素，但宠物保健品购买者在评估产品选项时也会考虑认证、特定的成分、剂型和评论等其他因素。

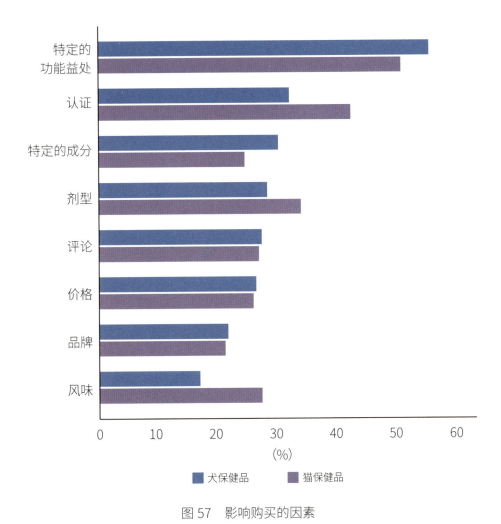

图 57　影响购买的因素

5.5 美国宠物保健品的发展趋势

宠物的人性化、宠物喜爱的产品、剂型的偏好以及围绕肠道健康的话题越来越受到关注，这些因素共同推动了宠物保健品类别的发展。

归根结底，可维持的宠物保健品趋势往往是那些具有明显功能益处的：宠物喜爱食用的软咀嚼粒，使宠物更容易爬楼梯的关节类保健品，或者使宠物拥有闪亮皮毛和健康皮肤的保健品。

关节、皮肤过敏和皮毛类保健品预计将仍然是宠物保健品购买者优先考虑的。此外，随着消费者对肠道健康的关注程度不断提高，我们预计对这种保健品的需求将继续升高。[①]

---

① 本报告数据来源于 MarketPlace2024 年 5 月对美国消费者的调查，以及 2022 年和 2023 年的调查数据。

5.6 美国动物保健品的监管注意事项

有些人仍然认为，在美国，动物保健品不受监管，或者这些产品的监管方式与人类产品相同。这两种观念都不正确。

类似于动物"膳食保健品"的产品是存在监管限制的。所有作为食品（营养品）销售的动物保健品均受《食品安全现代化法案》（FSMA）规定的规则所约束。

营养保健品在两个层面受到监管：联邦级别的美国食品和药物管理局、兽医中心（FDA-CVM）和各州的监管机构。

大多数人不知道许多常用的成分可能未被批准用于动物营养目的。包括但不限于葡萄糖胺、硫酸软骨素、甲基磺酰甲烷以及几乎所有草药成分（可以用作调味剂）。

联邦食品、药品和化妆品法案将食品（动物饲料）定义为：用于人类或其他动物的食物或饮料的物品……以及用于任何此类物品的组成部分。将药物定义为用于诊断、治愈、缓解、治疗或预防疾病的物品，或旨在影响身体结构或功能的物品，这些物品不是食物。美国法律规定，商品的预期用途（由标签声明确定）将决定商品的分类范围：食品或药品。标准还要求声明真实、不虚假或误导消费者，并得到证实。任何暗示"改进"的公开或暗示声明都可能面临争议，并可能导致业务中断。

鉴于这些标准，美国动物保健品协会建议对动物保健品的标签声明符合以下要求：营养（食品）保健品如果满足上述标准，并且声明与营养相关，商品中所含成分必须 100% 获得批准，才能用于动物食品，则允许使用结构标签声明。

以"健康益处"为目的销售的商品可以按照结构或功能指导，在没有营养参考的情况下，做出声明，该声明与人类膳食保健品的声明相似。

如果不遵循声明要求，美国食品药品管理局可能会发出警告信，如果未进行更正，还会采取进一步行动。

此外，对人类和动物产品都有重要影响的两个特定领域是供应链和海关。海关对原材料的审查在加强，品牌、制造商、原材料和原材料供应商都会受到影响。公司应该了解食品安全现代化法案的规定，认真检查其整个供应链以确保合规性。美国海关可能会拦截不合规的商品。

简而言之，目前只有符合动物食品要求的营养保健品才能出口到美国，且不会有被美国海关拦截的风险。

Market Place 是一家领先的市场研究公司，定期对宠物主人进行调查，并且刚刚完成了一份针对美国宠物保健品的新的深度报告。如果您想购买我们最新的市场报告，请联系：Nicole Hill - Nicole.Hill@marketplacebranding.com

如果您想了解有关美国和北美宠物保健品监管或美国动物保健品协会的更多信息，请联系：Bill Bookout – b.bookout@nasc.cc 和 Chris Wang-c.wang@nasc.cc。

美国宠物保健品发展概况由美国动物保健品协会提供，特别鸣谢：

联合撰稿人　比尔·波科奥特：美国动物保健品协会总裁
　　　　　　尼可·希尔：MarketPlace 策略高级总监

翻　译　　　王宏：美国动物保健品协会中国部主任